案例学
Python
（基础篇）

张晓博◎编著

清华大学出版社
北京

内 容 简 介

本书循序渐进地讲解 Python 语言的基本语法知识，并通过大量的实例讲解各个知识点的具体用法。本书分为 4 篇，共计 14 章。其中第 1 篇是准备开始篇，包括 Python 简要介绍；第 2 篇是基础语法篇，包括基本语法，Python 的面向对象，文件操作，标准库函数，异常处理，多线程开发；第 3 篇是典型应用篇，包括网络开发，Tkinter 图形化界面开发，数据库开发，Django Web 开发，数据可视化；第 4 篇是项目实战篇，通过两个大型实例的实现过程，详细讲解使用 Python 语言开发大型商业项目的过程，这两个项目是水果连连看游戏和人工智能版 NBA 季后赛预测分析系统。

本书适合初学 Python 的人员阅读，也适合计算机相关专业的师生阅读，还可供开发人员参考使用。

图书在版编目(CIP)数据

案例学 Python. 基础篇/张晓博编著. —北京：清华大学出版社，2023.5
ISBN 978-7-302-62909-2

Ⅰ. ①案… Ⅱ. ①张… Ⅲ. ①软件工具—程序设计 Ⅳ. ①TP311.561

中国国家版本馆 CIP 数据核字(2023)第 038382 号

责任编辑：魏　莹
封面设计：李　坤
责任校对：周剑云
责任印制：宋　林

出版发行：清华大学出版社
网　　址：http://www.tup.com.cn, http://www.wqbook.com
地　　址：北京清华大学学研大厦 A 座　　　邮　编：100084
社 总 机：010-83470000　　　　　　　　邮　购：010-62786544
投稿与读者服务：010-62776969, c-service@tup.tsinghua.edu.cn
质量反馈：010-62772015, zhiliang@tup.tsinghua.edu.cn
印 装 者：三河市少明印务有限公司
经　　销：全国新华书店
开　　本：185mm×230mm　　印　张：23　　字　数：556 千字
版　　次：2023 年 5 月第 1 版　　印　次：2023 年 5 月第 1 次印刷
定　　价：99.00 元

产品编号：096249-01

随着人工智能和大数据的蓬勃发展，Python 将会得到越来越多开发者的喜爱和应用。身边有很多朋友都开始使用 Python 语言进行开发。正是因为 Python 是一门如此受欢迎的编程语言，所以笔者精心地编写了本书，希望让更多的人能够掌握这门优秀的编程语言。

学习编程语言的正确选择

想从事程序开发的初学者都需要一本适合自己的图书来学习编程。笔者也是从初学者走过来的，因此十分理解广大初学者的内心需求。当对自己的程序开发水平有了一定的信心之后，本着分享技术的理念，开始了本书的创作。本书涵盖了 Python 基础入门和案例实战两部分内容，对实战知识不是点到为止地讲解，而是深入地探讨。采用**纸质书+配套视频资源+网络答疑**的形式，帮助初学者获得**基础入门+实例练习+项目实战**的学习效果。通过本书的学习，将解决绝大多数初学者的学习困惑，使初学者能够从零基础迈入Python 开发高手的行列。

本书特色

(1) 完全零基础，门槛低。

为了使初学者能够完全看懂本书的内容，本书遵循"从入门到精通"基础类图书的写法，循序渐进地讲解 Python 语言的基本知识。

(2) 案例有趣味性且实用，提高学习兴趣。

本书中的每一个案例都富有趣味性且与现实生活息息相关，一改传统编程书强迫灌输式的讲解方式，这样可以提高初学者的学习兴趣，在熟悉有趣的代码中学会编程。

(3) 提供在线技术支持，消除初学者的痛点。

对于自学编程的人来说，最大的痛点是遇到问题时无人可问。在购买本书后，读者将会得到本书创作团队的技术支持，可以获得一对一在线辅导服务，快速解决读者在学习中遇到的问题。此外，我们还会定期开展视频授课，让读者切身体会到与众多志同道合的朋友一起学习编程，将会是一件非常快乐的事情。

(4) 配套资源丰富，包含视频、PPT、源码。

书中每一章均提供了网络视频教学，这些视频能够帮助读者快速入门，增强学习的信心，从而理解所学知识。读者可通过扫描每章二级标题下的二维码，获取案例视频资源，既可在线观看也可以下载到本地随时学习。此外，本书的配套学习资源中还提供了全书案例的源代码，案例源代码读者可通过扫描下方的二维码获取。

扫码获取源代码

本书读者对象

- ❏ 初学编程的自学者
- ❏ 大中专院校的教师和学生
- ❏ 毕业设计的学生
- ❏ 软件测试人员
- ❏ 在职程序员
- ❏ 编程爱好者
- ❏ 相关培训机构的教师和学员
- ❏ 初级和中级程序开发人员
- ❏ 实习中的初级程序员

致谢

在写作本书的过程中得到了家人和朋友的鼓励，十分感谢大家给予我的巨大支持。本书从开始写作到最终出版，得到了清华大学出版社编辑的支持和辅助，在此一并表示感谢。由于作者水平有限，书中难免存在纰漏之处，诚请读者提出意见或建议，以便修订并使之更臻完善。感谢读者购买本书，希望这本书能为读者在编程路上领航，祝您阅读快乐！

编　者

目录

第 1 章

Python 简要介绍

在最近几年中，有一门编程语言从众多的编程语言中脱颖而出，成为使用者最多的开发语言，这门语言就是 Python(派森)。Python 语言究竟有什么神奇之处，能在传统开发语言中脱颖而出，让广大程序员们对它如痴如醉？在本章的内容中，将详细讲解 Python 语言的基础知识，与读者一起寻找这个问题的答案。

1.1 Python 语言介绍

近年来，编程界最耀眼的新星之一就是 Python。Python 的发展速度飞快，目前已经与 C、Java 并列为三大开发语言。

扫码看视频

1.1.1 Python 在 TIOBE 榜的排名

TIOBE 编程语言社区排行榜是编程语言流行趋势的一个重要的衡量指标，此榜单每月更新一次，排名基于互联网上有经验的程序员、课程和第三方厂商的数量。2022 年 10 月，TIOBE 刚刚发布了新的编程语言排行榜，排名前三的依次是 Python、C、Java。表 1-1 是最近两年 10 月榜单中前 3 名的排名信息。

表 1-1　2021 年 10 月与 2022 年 10 月编程语言使用率统计

2022 年 10 月排名	2021 年 10 月排名	编程语言	比　率
1	1	Python	17.08%
2	2	C	15.21%
3	3	Java	12.84%

注意：“TIOBE 编程语言社区排行榜”只是反映某个编程语言的热门程度，并不能说明一门编程语言好不好，或者一门语言所编写的代码数量多少。该排行榜可以用来考查大家的编程技能是否与时俱进，也可以在开发新系统时作为一个选择语言的依据。

1.1.2 Python 为什么这么火

相信“TIOBE 编程语言社区排行榜”中的排名很出乎大家的意料，Python 语言竟然排在 C 语言、Java、PHP 等众多常用开发语言的前面。Python 语言为什么这么火呢？Python 语言之所以如此受大家欢迎，主要有如下 3 个原因。

(1) 简单。

无论是对于广大学习者还是程序员，简单就代表了最大的吸引力。既然都能实现同样的功能，人们有什么理由不去选择更加简单的开发语言呢？例如在运行 Python 程序时，只需要简单地输入 Python 代码后即可运行，而不需要像其他语言(例如 C 或 C++)那样需要经过编译和连接等中间步骤。Python 可以立即执行程序，这样便形成了一种交互式编程体验和不同情况下快速调整的能力，往往在修改代码后能立即看到程序改变后的效果。

(2) 强大的胶水语言特性。

一个软件系统可以用多种语言编写，但是这些语言怎么相互连接呢？一种常用的做法是，把不同语言编写的模块打包，在最外层使用 Python 调用这些封装好的包，这种用法就是胶水语言的特性。在 Python 开发过程中，我们可以借助于第三方库实现各种各样的功能，这些第三方库可以用各种各样的语言开发实现，例如 C、C++、Java、C#等。也就是说，因为 Python 语言拥有胶水语言的特性，所以可以实现由其他语言实现的功能。

(3) 功能强大。

Python 语言可以被用来作为批处理语言，写一些简单工具，处理一些数据，作为其他软件的调试接口等。Python 语言可以用来作为函数语言，进行人工智能程序的开发，具有 Lisp 语言的大部分功能。Python 语言可以作为过程语言，进行我们常见的应用程序开发，可以和 Visual Basic 等语言一样应用。Python 语言可以作为面向对象语言，具有大部分面向对象语言的特征，经常作为大型应用软件的开发原型，然后再用 C++语言改写，而有些应用软件则是直接使用 Python 语言来开发。

1.2　安装 Python

古人云：工欲善其事，必先利其器。在使用 Python 语言开发软件之前，需要先搭建 Python 开发环境。在本节的内容中，将详细讲解安装 Python 的知识。

扫码看视频

1.2.1　选择版本

因为 Python 语言是跨平台的，可以在 Windows、Mac OS、Linux、UNIX 和各种其他系统上运行，所以 Python 可以安装在这些系统中。而且在 Windows 系统上写的 Python 程序，可以放到 Linux 系统上运行。

到目前为止，Python 最为常用的版本有两个：一个是 2.x 版，另一个是 3.x 版。这两个版本是不兼容的，因为目前 Python 正朝着 3.x 版本进化，在进化过程中，大量针对 2.x 版本的代码要修改后才能运行，所以，目前有许多第三方库还暂时无法在 3.x 版本上使用。读者可以根据自己的需要选择下载和安装，本书将以 Python 3.x 版本语法和标准库进行讲解。

1.2.2　在 Windows 系统中下载并安装 Python

(1) 登录 Python 官方网站，单击顶部导航中的 Downloads 链接，出现如图 1-1 所示的下载页面。

（2）因为当前计算机安装的是 Windows 系统，所以单击 Windows 链接，出现如图 1-2 所示的 Windows 版下载页面。

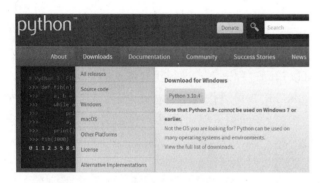

图 1-1　Python 下载页面

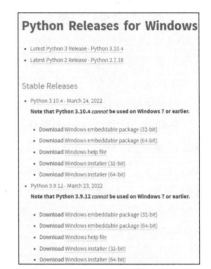

图 1-2　Windows 版下载页面

图 1-2 所示的都是 Windows 系统平台的安装包，其中 32-bit 适合 32 位操作系统，64-bit 适合 64 位操作系统。可以通过如下两种途径获取 Python。

- embeddable package：下载后就可以使用 Python，但是需要我们手动配置系统环境，这对新手来说会比较烦琐。
- executable installer：下载后得到一个*.exe 格式的安装文件，安装后即可使用 Python，并且在安装过程中可以自动配置系统环境，对新手来说比较友好。

（3）因为作者的计算机是 64 位操作系统，所以需要选择一个 64 位的安装包，单击当前 (作者写稿时)最新版本下面的链接 Windows installer (64-bit)开始下载，下载进度界面如图 1-3 所示。

（4）下载成功后得到一个.exe 格式的可执行文件，双击此文件开始安装。在第一个安装界面中勾选下面的两个复选框，然后单击 Install Now 选项，如图 1-4 所示。

> **注意**：勾选 Add Python 3.10 to PATH 复选框的目的，是把 Python 的安装路径添加到系统路径下面，以后在执行 cmd 命令时，输入 "python" 就会调用 python.exe。如果不勾选这个复选框，在 cmd 下输入 "python" 时会报错。

（5）弹出如图 1-5 所示的安装进度对话框，显示正在进行安装。

(6) 安装完成后的界面如图 1-6 所示，单击 Close 按钮即可完成安装。

图 1-3 下载进度界面

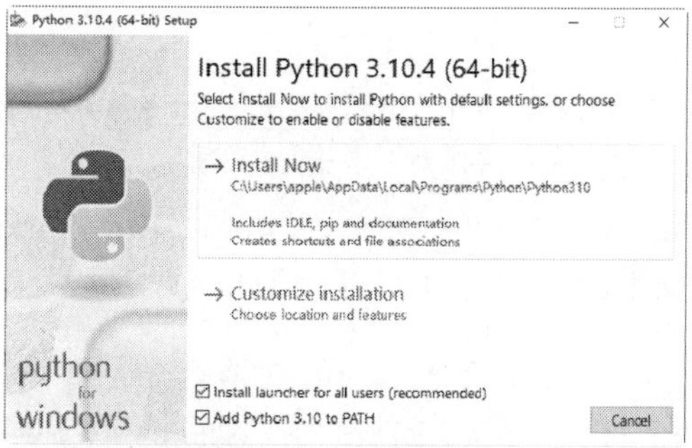

图 1-4 第一个安装界面

图 1-5 安装进度对话框

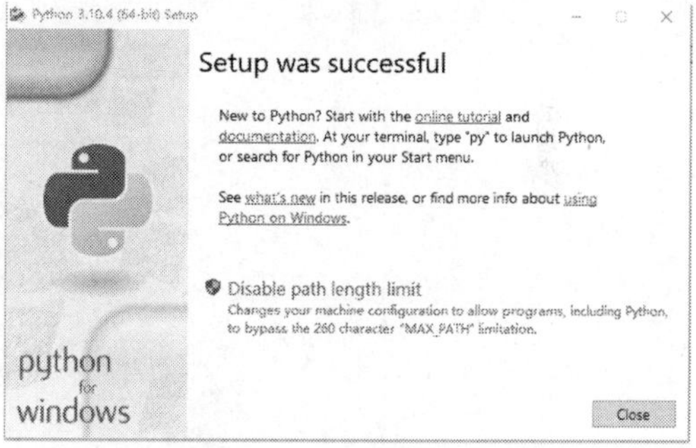

图 1-6 安装完成界面

(7) 依次选择"开始"→"运行"命令，输入"cmd"后打开 DOS 命令界面，然后输入"python"验证是否安装成功。出现如图 1-7 所示的界面时表示安装成功。

图 1-7 安装成功

1.2.3 安装 PyCharm

下面介绍一款著名的集成开发环境(Integrated Development Environment，IDE)开发工具：PyCharm，它可以帮助我们快速地编写并运行 Python 程序。PyCharm 具备基本的调试、语法高亮、Project 管理、代码跳转、智能提示、自动完成、单元测试、版本控制等功能，此外，PyCharm 还提供了一些高级功能，以支持 Django 框架下的专业 Web 开发。

> **注意：**在安装 PyCharm 之前需要先安装 Python。如果读者具有 Java 开发经验，会发现 PyCharm 和 IntelliJ IDEA 十分相似。如果读者拥有 Android 开发经验，就会发现 PyCharm 和 Android Studio 十分相似。事实也正是如此，PyCharm 不但跟 IntelliJ IDEA 和 Android Studio 外表相似，而且用法也相似。有 Java 和 Android 开发经验的读者可以快速上手 PyCharm，几乎不用额外花时间学习。

下载并安装 PyCharm 的基本流程如下。

(1) 登录 PyCharm 官方页面 http://www.jetbrains.com/pycharm/，单击 DOWNLOAD NOW 按钮，如图 1-8 所示。

图 1-8　PyCharm 官方页面

(2) 在打开的新页面中显示了可以下载 PyCharm 的两个版本，如图 1-9 所示。

图 1-9　专业版和社区版

- Professional：专业版，可以使用 PyCharm 的全部功能，但是要收费。
- Community：社区版，可以提供 Python 开发的大多数功能，完全免费。

并且在上方可以选择操作系统，PyCharm 提供了 Windows、MacOS 和 Linux 三大主流操作系统的下载版本，并且每种操作系统都分为专业版和社区版两种下载类型。

(3) 作者使用的是 Windows 系统专业版，单击 Windows 选项卡中 Professional 下面的 DOWNLOAD 按钮，在弹出的下载对话框中单击"下载"按钮，开始下载 PyCharm。

(4) 下载成功后将会得到一个形似 pycharm-professional-201x.x.x.exe 的可执行文件，用鼠标双击打开这个可执行文件，弹出如图 1-10 所示的欢迎安装界面。

图 1-10　欢迎安装界面

(5) 单击 Next 按钮后，弹出选择安装目录界面，在此可以设置 PyCharm 的安装位置，如图 1-11 所示。

(6) 单击 Next 按钮后，弹出安装选项界面，在此根据自己电脑的配置勾选对应的选项，因为作者使用的是 64 位系统，所以此处勾选 64-bit launcher 复选框。然后勾选 Create associations(创建关联 Python 源代码文件)中的.py 复选框，如图 1-12 所示。

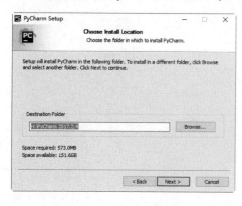

图 1-11　安装目录界面

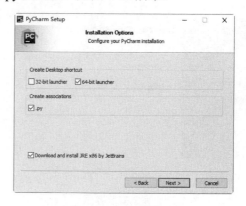

图 1-12　安装选项界面

（7）单击 Next 按钮后，弹出创建启动菜单界面，如图 1-13 所示。

（8）单击 Install 按钮，弹出安装进度界面，这一步的过程需要读者耐心等待一会儿，如图 1-14 所示。

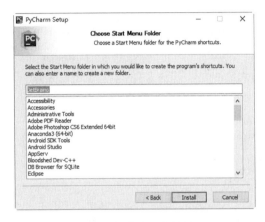

图 1-13　创建启动菜单界面

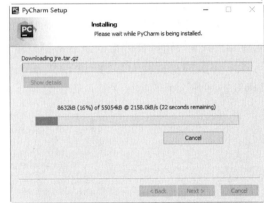

图 1-14　安装进度界面

（9）安装进度条完成后，弹出完成安装界面，如图 1-15 所示。单击 Finish 按钮完成 PyCharm 的全部安装工作。

（10）双击桌面中的快捷方式或选择"开始"菜单中的对应选项，启动 PyCharm。因为是第一次打开 PyCharm，会询问我们是否要导入先前的设置(默认为不导入)。因为我们是全新安装，所以这里直接单击 OK 按钮即可。接着 PyCharm 会让我们设置主题和代码编辑器的样式，读者可以根据自己的喜好进行设置，例如有 Visual Studio 开发经验的读者可以选择 Visual Studio 风格。完全启动 PyCharm 后的界面效果如图 1-16 所示。

图 1-15　完成安装界面

图 1-16　完全启动 PyCharm 后的界面效果

- 左侧区域面板：列表中会显示过去创建或使用过的项目工程，因为我们是第一次安装，所以暂时显示为空白。
- Create New Project 按钮：单击此按钮后，将弹出新建工程对话框，开始新建项目。
- Open 按钮：单击此按钮后，将弹出打开对话框，可打开已经创建的工程项目。
- Get from Version Control 按钮：单击该按钮后弹出项目的地址来源列表，里面有 CVS、Github、Git 等常见的版本控制分支渠道。
- Configure 按钮：单击该按钮后弹出与设置相关的列表，可以实现基本的设置功能。
- Get Help 按钮：单击该按钮后弹出与使用帮助相关的列表，可帮助开发者快速入门。

1.3 案例 1：第一个 Python 程序——石头、剪刀、布游戏

经过本章前面内容的学习，已经了解了安装并搭建 Python 开发环境的知识。在下面的内容中，将通过一个具体实例来认识 Python 程序。

扫码看视频

1.3.1 功能介绍

石头、剪刀、布又称"猜丁壳"，是一款古老而简单的游戏，这个游戏的主要目的是解决争议，因为三者相互制约，因此不论平局几次，总会有决出胜负的时候。游戏规则中，石头克剪刀，剪刀克布，布克石头。在本实例程序中，模拟用户与电脑进行石头、剪刀、布游戏对战，并输出获胜者。

1.3.2 具体实现

实例文件 first.py 的具体实现代码如下：

```
#随机函数
import random

computer = random.randint(1, 3)
print("电脑出的是: ", computer)
i = int(input("你要出什么? 1 代表石头, 2 代表剪刀, 3 代表布\n"))
if i == computer:
    print("平局")
elif (computer == 1 and i == 3) or (computer == 2 and i == 1) or (computer == 3 and i == 2):
    print("你赢了")
else:
    print("你输了")
print(computer, "---", i)
```

1.3.3 注释

通过注释可以帮助我们理解程序。注释并不会影响程序的运行结果，编译器会忽略所有注释。在 Python 程序中有两种类型的注释，分别是单行注释和多行注释。

1. 单行注释

单行注释是指只在一行中显示注释内容，Python 中的单行注释以"#"开头，具体语法格式如下：

```
#这是一个注释
```

例如在前面的实例文件 first.py 中，第一行代码就是一个单行注释：

```
#随机函数
```

再例如下面的代码，第一行代码也是一个单行注释：

```
#下面代码的功能是输出：Hello, World!
print("Hello, World!")
```

2. 多行注释

多行注释也称为成对注释，是从 C 语言继承过来的，这类注释的标记是成对出现的。在 Python 程序中，有两种实现多行注释的方法。

● 用三个单引号"'''"将注释括起来。
● 用三个双引号""""""将注释括起来。

例如，在下面使用三个单引号创建了多行注释：

```
'''
这是多行注释，用三个单引号
这是多行注释，用三个单引号
这是多行注释，用三个单引号
'''
print("Hello, World!")
```

在下面使用三个双引号创建了多行注释：

```
"""
这是多行注释，用三个双引号
这是多行注释，用三个双引号
这是多行注释，用三个双引号
"""
print("Hello, World!")
```

1.3.4　标识符和关键字

标识符和关键字都是具有某种意义的标记和称谓，就像人的外号一样。在上面的实例文件 first.py 中，已经使用了大量的标识符和关键字。例如代码中的分号、单引号、双引号等就是标识符，而代码中的 if、elif 等就是关键字。

Python 标识符的语法规则如下。

- 第一个字符必须是字母或下划线(_)。
- 剩下的字符可以是字母、数字或下划线。
- 大小写敏感。
- 标识符不能以数字开头；除了下划线，其他的符号都不允许使用。处理下划线最简单的方法是把它们当成字母字符。大小写敏感意味着标识符 foo 不同于 Foo，而这两者也不同于 FOO。
- 在 Python 3.x 中，非 ASCII 标识符也是合法的。

跟 Java、C 语言类似，关键字是 Python 系统保留使用的标识符，也就是说，只有 Python 系统才能使用，程序员不能使用这样的标识符。关键字是 Python 中的特殊保留字，开发者不能把它们用作任何标识符名称。Python 的标准库提供了一个 keyword module(关键字模板)，可以输出当前版本的所有关键字，执行后会输出如下所示的列表：

```
>>> import keyword      #导入名为keyword的内置标准库
>>> keyword.kwlist       # kwlist 能够列出所有内置的关键字
['False','None','True','and','as','assert','break','class','continue','def',
'del','elif','else','except','finally','for','from','global','if','import',
'in', 'is', 'lambda', 'nonlocal', 'not', 'or', 'pass', 'raise', 'return', 'try',
'while', 'with', 'yield']
```

1.3.5　变量

变量是计算机编程语言中，其值在程序的执行过程中可以发生变化的量。变量是计算机内存中的一块区域，变量可以存储规定范围内的值，而且值可以改变。基于变量的数据类型，解释器会分配指定内存，并决定什么数据可以被存储在内存中。常量是一块只读的内存区域，常量一旦被初始化就不能再改变。

Python 中的变量不需要声明，变量的赋值操作即是变量的声明和定义的过程。在内存中创建的每个变量都包括变量的标识、名称和数据这些信息。例如在上面的实例文件 first.py 中，i 就是一个变量。再例如在下面的代码中，将变量 i 的值设置为 1，系统会自动认为变量 i 是一个整型变量：

```
x = 1                                #赋值定义一个变量 x
print(id(x))                         #打印变量 x 的标识
```

1.3.6 输入和输出

对于所有的软件程序来说，输入和输出是用户与程序进行交互的主要途径。通过输入程序，能够获取程序运行所需的原始数据；通过输出程序，能够将数据的处理结果输出，让开发者了解程序的运行结果。

(1) 输入。

要想在 Python 程序中实现输入信息的功能，就必须调用其内置函数 input()，其语法格式如下：

```
input([prompt])
```

参数 prompt 是可选的，可选的意思是既可以使用，也可以不使用。参数 prompt 用来提供用户输入的提示信息字符串。当用户输入程序所需要的数据时，就会以字符串的形式返回。也就是说，函数 input()不管输入的是什么，最终返回的都是字符串。如果需要输入数值，则必须经过类型转换处理。

例如在前面的实例文件 first.py 中，通过如下 input()函数实现了输入功能：

```
i = int(input("你要出什么？1 代表石头，2 代表剪刀，3 代表布"))
```

(2) 输出。

输出就是显示执行结果，在 Python 中，这个功能是通过函数 print()实现的。使用 print 加上字符串，就可以在屏幕上输出指定的文字。比如输出"hello, world"，用下面的代码即可实现：

```
>>> print ('hello, world')
```

在本书前面的实例中已经多次用到了这个函数，函数 print()的语法格式如下：

```
print (value,…,sep='', end='\n')        #此处只展示了部分参数
```

各个参数的具体说明如下。

- value：用户要输出的信息，后面的省略号表示可以有多个要输出的信息。
- sep：多个要输出信息之间的分隔符，其默认值为一个空格。
- end：print()函数中所有输出信息之后添加的符号，默认值为换行符。

例如在前面的实例文件 first.py 中，使用 print()函数实现了打印输出功能。

在 Python 程序中，print 也可以同时使用多个字符串，以逗号","隔开，就可以连成一串输出，例如下面的代码：

```
>>> print ('The quick brown fox', 'jumps over', 'the lazy dog')
The quick brown fox jumps over the lazy dog
```

这样 print 会依次打印每个字符串，遇到逗号 "," 时就会输出一个空格，因此输出的字符串如图 1-17 所示进行了拼接。

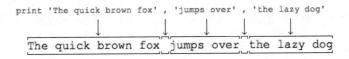

图 1-17　输出多个字符串

另外，print 也可以打印整数或计算结果，例如下面的演示代码：

```
>>> print (300)
300
>>> print (100 + 200)
300
```

我们甚至可以把计算 100 + 200 的结果打印得更漂亮一点，例如下面的演示代码：

```
>>> print ('100 + 200 =', 100 + 200)
100 + 200 = 300
```

在此提醒大家需要注意的是，对于 100 + 200 来说，Python 解释器自动计算出结果 300，但是，"100 + 200 ="是字符串而非数学公式，Python 把它视为字符串，这里与其他编程语言(例如 C、Java)是有区别的。

1.3.7　使用 IDLE 运行程序

IDLE 是 Python 自带的开发工具，它是应用 Python 第三方库的图形接口库 Tkinter 开发的一个图形界面开发工具。当在 Windows 系统下安装 Python 时，会自动安装 IDLE，在 "开始" 菜单的 Python 3.x 子菜单中就可以找到它，如图 1-18 所示。在 Windows 系统下，IDLE 的界面如图 1-19 所示，标题栏与普通的 Windows 应用程序相同，而其中所写的代码是自动着色的。

接下来使用 IDLE 调试运行前面的实例文件 first.py，具体流程如下。

(1) 打开 IDLE，依次选择 File→New File 命令，在打开的新建文件中输入实例文件 first.py 的代码。在 IDLE 编辑器中的效果如图 1-20 所示。

(2) 依次选择 File→Save 命令，将其保存为文件 first.py，如图 1-21 所示。

(3) 按下键盘中的 F5 键，或依次选择 Run→Run Module 命令运行当前代码，如图 1-22 所示。

图 1-18 "开始"菜单中的 IDLE　　　　　图 1-19 IDLE 的界面

图 1-20 输入代码

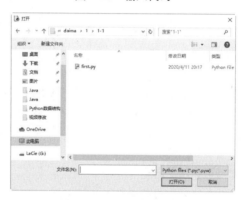

图 1-21 保存为文件 first.py

(4) 本实例执行后，先使用 print()函数打印输出电脑出的是什么(石头、剪子、布中的一种)，然后用 input()函数询问用户出什么(石头、剪子、布中的一种)，当用户输入要出的数字并按下 Enter 键后，会显示谁获胜。例如用户输入"2"后的执行效果如图 1-23 所示。

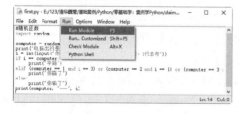

图 1-22 运行当前代码　　　　　　　　　图 1-23 执行效果

1.3.8　使用 PyCharm 运行 Python 程序

接下来使用 PyCharm 调试运行前面的实例文件 first.py，具体流程如下。

(1) 打开 PyCharm，单击图 1-16 中的 Create New Project 按钮，弹出 New Project 对话框，选择左侧列表中的 Pure Python 选项，如图 1-24 所示。

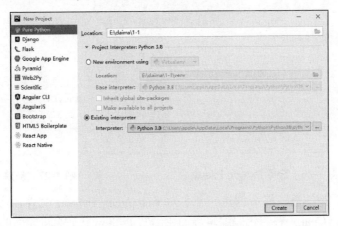

图 1-24　New Project 对话框

● Location：Python 项目工程的保存路径。

● Interpreter：选择 Python 的版本，很多开发者在电脑中安装了多个版本，例如 Python 2.7、Python 3.7 或 Python 3.10 等。这一功能十分人性化，使得不同版本的切换十分方便。

(2) 单击 Create 按钮后，将再创建一个 Python 工程，如图 1-25 所示。依次选择 File→New Project 菜单命令，也可以实现创建 Python 工程的功能。

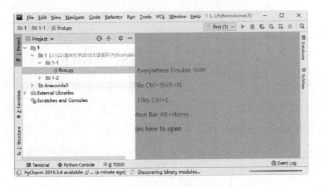

图 1-25　创建的 Python 工程

（3）右击左侧的工程名，在弹出的快捷菜单中依次选择 New→Python File 命令，如图 1-26 所示。

（4）弹出 New Python file 对话框，在 Name 文本框中给将要创建的 Python 文件起一个名字，例如 first，如图 1-27 所示。

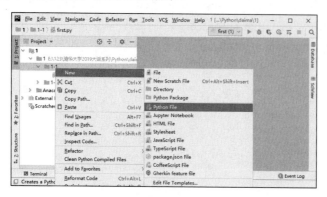

图 1-26　选择 Python File 命令

图 1-27　新建 Python 文件

（5）单击 OK 按钮后，将会创建一个名为 first.py 的 Python 文件，选择左侧列表中的 first.py 选项，在 PyCharm 右侧代码编辑界面中编写 Python 代码，将前面的实例文件 first.py 的代码复制进来，如图 1-28 所示。

图 1-28　PyCharm 中的实例文件 first.py

（6）开始运行文件 first.py，在运行之前会发现 PyCharm 界面顶部菜单中的"运行"和"调试"按钮 都是灰色的，处于不可用状态。这时需要我们对控制台进行配置，方法是单击"运行"按钮旁边的黑色倒三角，然后选择 Edit Configurations 命令(或者依次选择 PyCharm 菜单中的 Run→Edit Configurations 命令)，进入 Run/Debug Configurations 配置界面，如图 1-29 所示。

（7）单击左上角的绿色加号，在弹出的列表中选择 Python 选项，设置右侧界面中的 Scrip

选项为我们前面刚刚编写的文件 first.py 的路径。

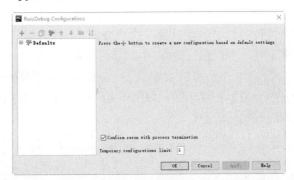

图 1-29　选择 Edit Configurations 命令进入 Run/Debug Configurations 配置界面

(8) 单击 OK 按钮，返回 PyCharm 代码编辑界面，此时会发现"运行"和"调试"按钮全部变为可用状态，单击后，可以运行文件 first.py。也可右击左侧列表中的文件 first.py，在弹出的快捷菜单中选择 Run 'first'命令来运行文件 first.py，如图 1-30 所示。

(9) 在 PyCharm 底部的调试面板中将会显示文件 first.py 的执行效果，如图 1-31 所示。

图 1-30　选择 Run 'first'命令运行文件 first.py

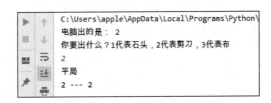

图 1-31　文件 first.py 的执行效果

1.3.9　缩进

如果学习过其他高级程序设计语言，就会知道通过缩进会使程序代码的结构变得清晰，即便写在同一行内也是正确无误的。但是 Python 语言却不一样，不同的代码缩进会影响程序的正确性，Python 要求编写的代码最好全部使用缩进来分层(块)。一般来说，行尾的":"表示下一行代码缩进的开始，即使没有使用括号、分号、大括号等进行语句(块)的分隔，通过缩进分层，结构也非常清晰。

Python 语言规定，缩进只使用空白实现，必须使用 4 个空格来表示每级缩进。使用 Tab 字符和其他数目的空格虽然都可以编译通过，但不符合编码规范。支持 Tab 字符和其他数目的空格仅仅是为了兼容旧版本的 Python 程序和某些有问题的编辑器。应确保使用一致数量的缩进空格，否则编写的程序将显示错误。

例如我们修改前面的实例文件 first.py，将代码 print("平局")前面的缩进取消，在 PyCharm 中会提示程序出错，如图 1-32 所示。这说明 Python 的代码缩进十分重要，必须遵循缩进规则来编写代码。

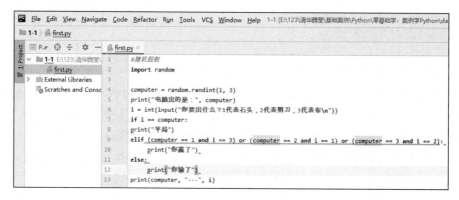

图 1-32　提示出错

第 2 章

基 本 语 法

在学习 Python 语言时，需要先掌握基本的语法知识，因为开发者需要根据语法规则编写代码。与 Java、C 等编程语言类似，Python 语言也包含字符串、数据类型、列表、元组、字典、条件语句、循环语句、函数等语法知识。在本章的内容中，将通过具体实例的实现过程，详细讲解 Python 语言的基本语法知识。

2.1 字符串

在 Python 程序中，虽然变量不需要声明，但是在使用前必须赋值，在变量被赋值以后才会创建该变量。在 Python 语言中，变量就是变量，它没有类型，我们所说的"类型"是变量所指的内存中对象的类型。Python 语言中的基本数据类型有：Numbers(数字)、String(字符串)、List(列表)、Tuple(元组)和 Dictionary(字典)。在本节内容中，将详细讲解字符串类型的知识和用法。

扫码看视频

2.1.1 案例 1：统计某玄幻小说的点击量

1. 实例介绍

假设某玄幻小说《斗破苍 X》在某时间段的点击量是 1000000，请编写程序打印输出这则信息。

2. 知识点介绍

在 Python 程序中，字符串通常由单引号"'"、双引号""、三个单引号或三个双引号包围的一串字符组成。当然这里说的单引号和双引号都是英文字符符号。

(1) 单引号字符串与双引号字符串本质上是相同的。但当字符串内含有单引号时，如果用单引号字符串，就会导致无法区分字符串内的单引号与字符串标志的单引号，就要使用转义字符串；如果用双引号字符串，则在字符串中直接书写单引号即可。例如：

```
'abc"dd"ef'
"'acc'd'12"
```

(2) 三引号字符串可以由多行组成，单引号或双引号字符串则不行，当需要使用大段多行的字符串时就可以使用它。例如：

```
'''
这就是
字符串
'''
```

在 Python 程序中，字符串中的字符可以包含数字、字母、中文字符、特殊符号，以及一些不可见的控制字符，如换行符、制表符等。例如下面列出的都是合法的字符串：

```
'abc'
'123'
"ab12"
"大家"
```

```
'''123abc'''
"""abc123"""
```

在 Python 程序中，字符串还可以通过序号(序号从 0 开始)来取出其中的某个字符，例如'abcde'[1]取得的值是'b'。

3. 编码实现

本实例的实现文件是 dianji.py，用两个字符串变量分别表示小说的名字和点击量，然后使用 Python 的打印函数打印输出这两个变量的值。代码如下：

```
var1 = '斗破苍 X 的点击量是'     #定义第 1 个字符串
var2 = "10000000"              #定义第 2 个字符串
print (var1[0:8])              #截取第 1 个字符串中的第 0 个到第 8 个字符，注意，不包括第 8 个字符
print (var2[0:7])              #截取第 2 个字符串中的第 0 个到第 7 个字符，注意，不包括第 7 个字符
```

4. 实例解析

在上述代码中，使用方括号截取了字符串 var1 和 var2 的值。执行后会输出：

```
斗破苍 X 的点击量是
1000000
```

2.1.2　案例 2：修改某网络小说的名字

1. 实例介绍

假设某网络作家将作品命名为"Hello 斗破苍 X!"，后来修改为"Hello 蜀山 X!"。

2. 知识点介绍

在 Python 程序中，开发者可以对已存在的字符串进行修改，并赋值给另一个变量。

3. 编码实现

本实例的实现文件是 name.py，用变量 var1 表示最初的名字"Hello 斗破苍 X!"，然后修改变量 var1 中的某个字符。代码如下：

```
var1 = 'Hello 斗破苍 X!'                        #定义一个字符串
print ("最初的名字是: ",var1)                   #输出字符串原来的值
#截取字符串中的前 6 个字符
print ("修改为: ", var1[:6] + '蜀山 X!')
```

4. 实例解析

在本实例中，将字符串中的"斗破苍 X"修改为"蜀山 X"。执行后会输出：

最初的名字是：Hello 斗破苍 X！
修改为：Hello 蜀山 X！

2.1.3 案例 3：打印输出老师对某学生的评价

1. 实例介绍

本学期即将结束，老师将对班上的学生进行评价，假设对某学生的评价是听话、聪明、爱劳动、漂亮等。

2. 知识点介绍

在 Python 程序中，当需要在字符中使用特殊字符时，就要用到反斜杠"\"表示的转义字符。Python 中常用的转义字符的具体说明如表 2-1 所示。

表 2-1　Python 中常用的转义字符

转义字符	说　　明
\(在行尾时)	续行符
\\	反斜杠符号
\'	单引号
\"	双引号
\a	响铃
\b	退格(Backspace)
\e	转义
\000	空
\n	换行
\v	纵向制表符
\t	横向制表符
\r	回车
\f	换页
\oyy	八进制数，yy 代表的字符，例如 "\o12" 代表换行
\xyy	十六进制数，yy 代表的字符，例如 "\x0a" 代表换行
\other	其他的字符以普通格式输出

有时我们并不想让上面的转义字符生效，而只是想显示字符串原来的意思，这时就要用 r 和 R 来定义原始字符串。如果想在字符串中输出反斜杠 "\"，就需要使用 "\\" 来实现。

3. 编码实现

本实例的实现文件是 ping.py，使用转义字符\n、\\、\'和 r'\t\r'。代码如下：

```
print ("听话\n 聪明")                    #普通换行
print ("爱劳动\\漂亮")                   #显示一个反斜杠
print ("女汉子\'热情\'")                 #显示单引号
print (r'\t\r')                         #r 的功能是显示原始数据，也就是不用转义
```

4. 实例解析

在上述代码中，第 1 行用转义字符 "\n" 实现换行，第 2 行用转义字符 "\\" 显示一个反斜杠，第 3 行用两个转义字符 "\'" 显示两个单引号，第 4 行用 "r" 显示原始字符串，这个功能也可以使用 R 来实现。执行后会输出：

```
听话
聪明
爱劳动\漂亮
女汉子'热情'
\t\r
```

2.1.4 案例 4：查询某小说主人公的基本信息

1. 实例介绍

假设某小说主人公的名字是萧炎，年龄 18 岁，请打印输出这些信息。

2. 知识点介绍

Python 语言支持格式化字符串的输出功能，虽然这样可能会用到非常复杂的表达式，但是在大多数情况下，只需要将一个值插入一个字符串格式符 "%" 中即可。在 Python 程序中，字符串格式化的功能和使用与 C 语言中的函数 sprintf 类似，常用的字符串格式化符号如表 2-2 所示。

表 2-2 Python 字符串格式化符号

符　号	描　述
%c	格式化字符及其 ASCII 码
%s	格式化字符串
%d	格式化整数
%u	格式化无符号整型
%o	格式化无符号八进制数

续表

符　　号	描　　述
%x	格式化无符号十六进制数
%X	格式化无符号十六进制数(大写)
%f	格式化浮点数字，可指定小数点后的精度
%e	用科学计数法格式化浮点数
%E	作用同%e，用科学计数法格式化浮点数
%g	%f 和%e 的简写
%G	%f 和%E 的简写
%p	用十六进制数格式化变量的地址

3. 编码实现

本实例的实现文件是 ge.py，使用格式化字符%s 和%d 分别打印输出字符串和整数。代码如下：

```
#%s 是格式化字符串
#%d 是格式化整数
print ("天赋异禀的少年武者%s，今年已经%d 岁了!" % ('萧炎', 18))
```

4. 实例解析

在本实例中用到%s 和%d 两个格式化字符，%s 用于打印输出字符串内容"萧炎"，%d 用于输出数字 18。执行后会输出：

```
天赋异禀的少年武者萧炎，今年已经 18 岁了!
```

2.2　数字类型

在 Python 程序中，数字类型 Numbers 用于存储数值。数字类型是不允许改变的，这就意味着如果改变 Numbers 数据类型的值，需要重新分配内存空间。从 Python 3 开始，只支持 int、float、bool、complex(复数)共计 4 种数字类型，删除了 Python 2 中的 long(长整数)类型。

扫码看视频

● 2.2.1　案例 5：查询某变量属于什么类型

1. 实例介绍

提供多个变量并分别赋值，然后查询这些变量的数据类型，并打印输出查询结果。

2. 知识点介绍

Python 支持如下 4 种数字类型。

(1) 整型(int)。

整型就是整数，包括正整数、负整数和零，不带小数点。在 Python 语言中，整数的取值范围是很大的。Python 中的整数还可以以几种不同的进制进行书写。0+"进制标志"+数字代表不同进制的数。现实中有如下 4 种常用的进制标志。

● 0o[0O]数字：表示八进制整数，例如：0o24、0O24。

● 0x[0X]数字：表示十六进制整数，例如：0x3F、0X3F。

● 0b[0B]数字：表示二进制整数，例如：0b101、0B101。

● 不带进制标志：表示十进制整数。

(2) 浮点型。

浮点型(float)数据由整数部分与小数部分组成，浮点型数据也可以使用科学计数法表示 $(2.5e2 = 2.5×10^2 = 250)$。当按照科学计数法表示时，一个浮点数的小数点位置是可变的，比如，$1.23×10^9$ 和 $12.3×10^8$ 是相等的。浮点数可以采用数学写法，如 1.23、3.14、−9.01 等。但是对于很大或很小的浮点数，就必须用科学计数法表示，把 10 用 e 替代，如 $1.23×10^9$ 就是 1.23e9，或者 12.3e8，0.000012 可以写成 1.2e-5 等。

(3) 布尔型。

布尔型是一种表示逻辑值的简单类型，它的值只能是"真"或"假"这两个值中的一个。布尔型是所有的诸如 a<b 这样的关系运算的返回类型。在 Python 语言中，布尔型的取值只有 True 和 False 两个，注意大小写，分别用于表示逻辑上的"真"或"假"。

(4) 复数型。

在 Python 程序中，复数型即 complex 型，由实数部分和虚数部分构成，可以用 a + bj 或者 complex(a,b)表示，复数的实部 a 和虚部 b 都是浮点型。表 2-3 演示了 int 型、float 型和 complex 型的对比。

表 2-3　int 型、float 型和 complex 型的对比

int	float	complex
10	0.0	3.14j
100	15.20	45.j
−786	−21.9	9.322e−36j
80	32.3e18	.876j
−490	−90.	-.6545+0J
−0x260	−32.54e100	3e+26J
0x69	70.2E−12	4.53e−7j

3. 编码实现

本实例的实现文件是 leix.py，使用内置函数 type() 获取各个变量的类型信息。代码如下：

```
#注意下面代码中的赋值方式
#将 a 赋值为整数 20
#将 b 赋值为浮点数 5.5
#将 c 赋值为布尔数 True
#将 d 赋值为复数 4+3j
a, b, c, d = 20, 5.5, True, 4+3j
print(type(a), type(b), type(c), type(d))
```

4. 实例解析

在本实例中创建了 4 个变量 a、b、c、d，然后分别为这 4 个变量赋值，在 print() 函数中使用内置函数 type() 获取各个变量的类型信息。执行后会输出：

```
<class 'int'> <class 'float'> <class 'bool'> <class 'complex'>
```

2.2.2 案例 6：查询某小说的好评数量

1. 实例介绍

某网站统计了××小说最近两天的好评量，请使用 Python 类型转换知识打印输出好评信息。

2. 知识点介绍

在 Python 程序中，通过表 2-4 中列出的内置函数，可以实现数据类型转换功能，这些函数能够返回一个新的对象，表示转换的值。

表 2-4　类型转换函数

函　数	描　述
int(x [,base])	将 x 转换为一个整数
float(x)	将 x 转换为一个浮点数
complex(real [,imag])	创建一个复数
str(x)	将对象 x 转换为字符串
repr(x)	将对象 x 转换为表达式字符串
eval(str)	计算在字符串中的有效 Python 表达式，并返回一个对象
tuple(s)	将序列 s 转换为一个元组

函　数	描　述
list(s)	将序列 s 转换为一个列表
set(s)	转换为可变集合
dict(d)	创建一个字典。d 必须是一个序列(key,value)元组
frozenset(s)	转换为不可变集合
chr(x)	将一个整数转换为一个字符
unichr(x)	将一个整数转换为 Unicode 字符
ord(x)	将一个字符转换为它的整数值
hex(x)	将一个整数转换为一个十六进制字符串
oct(x)	将一个整数转换为一个八进制字符串

3. 编码实现

本实例的实现文件是 rate.py，用变量 aa 表示昨日好评数，用变量 bb 表示今日好评数。代码如下：

```
print ("下面是××小说网某小说的好评统计：")
aa = int("124")                              #正确
print ("昨日好评数：", aa)                    #result=124
bb = int(123.45)                             #正确
print ("今日好评数：", bb)                    #result=123
```

4. 实例解析

在上述代码中，通过函数 int()可以实现以下两个功能。

(1) 把符合数学格式的数字型字符串转换成整数。

(2) 把浮点数转换成整数，但只是简单地取整，并不是四舍五入。

执行后会输出：

```
下面是××小说网某小说的好评统计：
昨日好评数： 124
今日好评数： 123
```

2.3　运算符和表达式

在 Python 程序中，有了变量和字符串，还必须使用某种方式将变量和字符串的关系表示出来，只有这样才能用程序解决现实中的问题，此时运算符和表达式便应运而生。运算符和表达式的作用是为变量建立一种组合联系，实现对变量

扫码看视频

的处理，以满足现实中某个项目需求的某一个具体功能。

2.3.1 案例7：计算某计算机专业学生的期末考试成绩

1. 实例介绍

计算机专业学生 A 的三门考试成绩是：Python 语言 95 分，Java 语言 92 分，C 语言 89 分，请计算此学生的平均成绩。

2. 知识点介绍

算术运算符是用来实现数学运算功能的，算术运算符和我们的生活密切相关，算术表达式是由算术运算符和变量连接起来的式子。下面假设变量 a 为 10，变量 b 为 20，则对变量 a 和 b 进行各种算术运算的结果如表 2-5 所示。

表 2-5　算术运算符

运算符	功　　能	实　　例
+	加运算符，实现两个对象相加	a + b 输出结果是：30
-	减运算符，得到负数或表示用一个数减去另一个数	a – b 输出结果是：–10
*	乘运算符，实现两个数相乘或是返回一个被重复若干次的字符串	a * b 输出结果是：200
/	除运算符，实现 b 除以 a	b / a 输出结果是：2.0
%	取模运算符，返回除法的余数	b % a 输出结果是：0
**	幂运算符，实现返回 a 的 b 次幂	a**b 为 10 的 20 次方，输出结果是：100000000000000000000
//	取整除运算符，返回商的整数部分，不包含余数	9//2 输出结果 4，9.0//2.0 输出结果是：4.0

3. 编码实现

本实例的实现文件是 exam.py，功能是使用算术运算符计算平均成绩。代码如下：

```
python = 95                              #定义变量，存储 Python 的分数
java = 92                                #定义变量，存储 Java 的分数
c = 89                                   #定义变量，存储 C 语言的分数
sub = python - java                      #计算 Python 和 Java 语言的分数差
avg = (python + java + c) / 3            #计算平均成绩
print("Python 课程和 Java 语言课程的分数之差： " + str(sub) + " 分")
print("3 门课的平均分： " + str(avg) + " 分")
```

4. 实例解析

本实例中创建了 3 个变量，分别表示 Python 语言、Java 语言和 C 语言的考试成绩，然后用算术运算符计算出平均成绩。执行后会输出：

```
Python 课程和 Java 语言课程的分数之差： 3 分
3 门课的平均分： 92.0 分
```

2.3.2　案例 8：某麦当劳餐厅的本月畅销商品

1. 实例介绍

某麦当劳餐厅规定，某商品的月销量超过 30000(包含 30000)就是本店的热销商品。假设本月有如下三种商品的销量超过 30000。

- 薯条：销量 60000。
- 麦乐鸡：销量 40000。
- 圣代：30000。

2. 知识点介绍

比较运算符也称为关系运算符，使用关系运算符可以表示两个变量或常量之间的关系，例如，经常用关系运算来比较两个数字的大小。

在 Python 中一共有 6 个比较运算符，下面假设变量 a 的值为 10，变量 b 的值为 20，则使用 6 个比较运算符进行处理的结果如表 2-6 所示。

表 2-6　比较运算符

运算符	功　　能	实　　例
==	等于运算符：用于比较对象是否相等	(a == b)返回 False
!=	不等于：用于比较两个对象是否不相等	(a != b) 返回 True
>	大于：用于返回 a 是否大于 b	(a > b) 返回 False
<	小于：用于返回 a 是否小于 b。所有比较运算符返回 1 表示真，返回 0 表示假。这分别与特殊的变量 True 和 False 等价。注意这些变量名的大写	(a < b) 返回 True
>=	大于等于：用于返回 a 是否大于等于 b	(a >= b) 返回 False
<=	小于等于：用于返回 a 是否小于等于 b	(a <= b) 返回 True

3. 编码实现

本实例的实现文件是 shangpin.py，代码如下：

```
a = 60000;                          #赋值a
b = 40000;                          #赋值b
c = 30000;                          #赋值c
print("市场调查：本月的热销商品包含薯条吗？");
print(a >= 30000);
print("市场调查：本月的热销商品包含麦乐鸡吗？");
print(b >= 30000);
print("市场调查：本月的热销商品包含圣代吗？");
print(c >= 30000);
print("薯条、麦乐鸡和圣代都是本月的热销商品。");
```

4. 实例解析

本实例中定义了 3 个变量 a、b 和 c，分别表示三种商品的销量。执行后会输出：

```
市场调查：本月的热销商品包含薯条吗？
True
市场调查：本月的热销商品包含麦乐鸡吗？
True
市场调查：本月的热销商品包含圣代吗？
True
薯条、麦乐鸡和圣代都是本月的热销商品。
```

2.3.3　案例 9：货物搬运计算器

1. 实例介绍

某天，餐厅经理安排员工 A 去搬运货物，货物是 100kg 鸡翅、300kg 土豆、200kg 可乐，店里有一辆小推车，每次可以拉 80kg 货物。请问员工 A 需要跑几趟完成任务，最后一次需要拉多少货物呢？

2. 知识点介绍

赋值运算符的含义是给某变量或表达式设置一个值，例如 a=5，表示将值 5 赋给变量 a，这表示一见到 a，就知道它的值是数字 5。在 Python 语言中共有 7 种复合赋值运算符，各种赋值运算符的运算过程如表 2-7 所示。

表 2-7　赋值运算符的运算过程

运算符	功　能	实　例
=	简单的赋值运算符	c = a + b，表示将 a + b 的运算结果赋值给 c
+=	加法赋值运算符	c += a 等效于 c = c + a
-=	减法赋值运算符	c -= a 等效于 c = c - a

续表

运算符	功　能	实　例
*=	乘法赋值运算符	c *= a 等效于 c = c * a
/=	除法赋值运算符	c /= a 等效于 c = c / a
%=	取模赋值运算符	c %= a 等效于 c = c % a
**=	幂赋值运算符	c **= a 等效于 c = c ** a
//=	取整除赋值运算符	c //= a 等效于 c = c // a

3. 编码实现

本实例的实现文件是 fuhe.py，代码如下：

```
A=100;                              #变量 A 表示鸡翅
K=300;                              #变量 K 表示土豆
Q=200;                              #变量 Q 表示可乐
J=80;                               #变量 J 表示小推车
zong=A+K+Q;                         #变量 zong 表示货物总量
la1=zong/J+1;                       #变量 la1 表示需要跑几趟，记住后面加 1 才是正确的结果
la2=zong%J;                         #变量 la2 计算余数，这个余数就是最后一次需要拉的货物质量
print("搬运货物的总重量是：",zong,"kg，");
print("小推车每次可以拉 80kg 货物，需要跑",la1,"趟运完所有货物，");
print("最后一次需要拉",la2,"kg，这个",la2,"就是余数。");
```

4. 实例解析

在本实例中定义了 7 个变量，并分别为这 7 个变量赋值，执行后会输出：

```
搬运货物的总重量是：  600 kg，
小推车每次可以拉 80kg 货物，需要跑 8.5 趟运完所有货物，
最后一次需要拉 40 kg，这个 40 就是余数。
```

2.3.4　案例 10：输出显示某上市公司第四季度的营收金额

1. 实例介绍

假设某上市公司第四季度的营收是 128 亿美元，请用位运算符打印输出这个营收数据。

2. 知识点介绍

在 Python 程序中，使用位运算符可以操作二进制数据，位运算可以直接操作整数类型的位。也就是说，按位运算符是把数字看作二进制数来进行计算的。在 Python 语言中有 6 个位运算符，假设变量 a 的值为 60(111100)，变量 b 的值为 13(1101)，则在表 2-8 中展示了

各个位运算符的计算过程。

表 2-8　位运算符和位表达式

运算符	功　　能	举　　例
&	按位与运算符：参与运算的两个值，如果两个相应位都为 1，则该位的结果为 1，否则为 0	(a & b) 的输出结果 12，二进制解释：0000 1100
|	按位或运算符：只要对应的两个二进位有一个为 1，结果位就为 1	(a | b) 的输出结果 61，二进制解释：0011 1101
^	按位异或运算符：当两个对应的二进位相异或时，结果为 1	(a ^ b)的输出结果49，二进制解释：0011 0001
~	按位取反运算符：对数据的每个二进制位取反，即把 1 变为 0，把 0 变为 1	(~a)的输出结果-61，二进制解释：1100 0011，一个有符号二进制数的补码形式
<<	左移动运算符：运算数的各二进位全部左移若干位，由<<右边的数指定移动的位数，高位丢弃，低位补 0	a << 2 的输出结果 240，二进制解释：1111 0000
>>	右移动运算符：把>>左边的运算数的各二进位全部右移若干位，>>右边的数指定移动的位数	a >> 2 的输出结果 15，二进制解释：0000 1111

3. 编码实现

本实例的实现文件是 ying.py，定义了两个变量 a 和 b，然后对 a 和 b 实现位与运算。代码如下：

```
①a=129;
②b=128;
③print("××年麦当劳第四季度营收达"+str(a&b)+"亿美元！");
```

4. 实例解析

①、②分别定义两个变量 a 和 b，并分别设置它们的初始值。

③使用 print()函数打印输出 a&b 的运算结果。因为 a 的值是 129，转换成二进制就是10000001，而 b 的值是 128，转换成二进制就是 10000000。根据与运算符的运算规则，只有两个位都是 1 时的运算结果才是 1，所以 a&b 的运算过程是：

```
a       10000001
b       10000000
a&b     10000000
```

由此可以知道，a&b 的运算结果是 10000000，转换成十进制就是 128，所以执行后会输出：

××年麦当劳第四季度营收达 128 亿美元！

2.3.5　案例 11：某店家的双十一促销活动

1. 实例介绍

某网店正在进行双十一商品促销活动的预热，根据用户的消费金额提供折扣。

2. 知识点介绍

在 Python 语言中，逻辑运算就是将变量用逻辑运算符连接起来，并对其进行求值的一个运算过程。在 Python 程序中，有 and、or、not 三种运算符用于逻辑运算。假设变量 a 的值为 10，变量 b 的值为 20，表 2-9 演示了 Python 中 3 个逻辑运算符的处理过程。

表 2-9　Python 中 3 个逻辑运算符的处理过程

运算符	逻辑表达式	功　能	例　子
and	a and b	布尔"与"运算符：如果 a 为 False，a and b 返回 False，否则返回 b 的计算值	(a and b)返回 20
or	a or b	布尔"或"运算符：如果 a 是非 0，返回 a 的值，否则返回 b 的计算值	(a or b)返回 10
not	not a	布尔"非"运算符：如果 a 为 True，返回 False。如果 a 为 False，则返回 True	not(a and b)返回 False

3. 编码实现

本实例的实现文件是 luo.py，代码如下：

```
print("\n 双十一促销活动提前预热中……")                    #输出提示信息
# 输入时间，由于 input()方法返回的结果为字符串类型，所以需要进行类型转换
intTime = int(input("请输入时间中的小时(范围：0~23)："))
# 判断是否满足活动参与条件(使用了 if 条件语句)
# 如果输入的时间大于等于 10 并小于等于 11 则输出"恭喜您"提示
if (intTime >= 10 and intTime <= 11):
    print("恭喜您，获得了折扣活动参与资格，快快选购吧！")     #输出提示信息
else:                                        #如果输入的时间不是大于等于 10 并小于等于 11
    print("对不起，您来晚一步，期待下次活动……")              #输出提示信息
```

4. 实例解析

在上述代码中，用到了 if 语句，表示如果输入的时间大于等于 10 并小于等于 11，则打

印输出"恭喜您，获得了折扣活动参与资格，快快选购吧！"。有关 if 语句的用法，将在本章 2.7 节中进行讲解。如果输入的时间不是大于等于 10 并小于等于 11，则打印输出"对不起，您来晚一步，期待下次活动……"。运行上述程序，例如输入 10 后，会输出：

```
双十一促销活动提前预热中……
请输入时间中的小时(范围：0~23)：10
恭喜您，获得了折扣活动参与资格，快快选购吧！
```

2.4　使用列表

在 Python 程序中，列表也被称为序列，是 Python 语言中最基本的一种数据结构，与其他编程语言(例如 C、C++、Java)中的数组类似。

2.4.1　案例 12：输出显示某学生的出生年份

扫码看视频

1. 实例介绍

在列表中保存了两名学生的名字和出生年份，请打印输出指定学生的信息。

2. 知识点介绍

列表中的每个元素都分配一个数字，这个数字表示这个元素的位置或索引，第一个索引是 0，第二个索引是 1，依此类推。列表由一系列按特定顺序排列的元素组成，开发者可以创建包含字母表中所有字母、数字 0~9 或所有家庭成员姓名的列表，也可以将任何东西加入列表中，其中的元素之间可以没有任何关系。因为列表通常包含多个元素，所以通常给列表指定一个名称，例如命名为 letters、digits 或 names。Python 使用中括号"[]"来表示列表，并用逗号来分隔其中的元素。

3. 编码实现

本实例的实现文件是 tong.py，创建了列表 list1，然后通过序号打印输出了列表中的值。代码如下：

```
list1 = ['同学 A', '同学 B', 2001, 2002];      #定义第 1 个列表 list1
print ("名字: ", list1[0])                     #输出列表 list1 中的第 1 个元素
print ("出生年份 ", list1[2:3])                #输出列表 list1 中的第 3 个元素
```

4. 实例解析

在 Python 程序中，因为列表是一个有序集合，所以要想访问列表中的元素，只需将该元素的位置或索引告诉 Python 即可。要想访问列表元素，可以指出列表的名称，再指出元

素的索引，并将其放在方括号内。在上述代码中定义了列表 list1，执行后会输出：

```
名字： 同学 A
出生年份 [2001]
```

2.4.2 案例 13：将某网店畅销手机品牌中的"华为"修改为 OPPO

1. 实例介绍

在列表中保存某网店本月的畅销手机品牌，请将里面的"华为"修改为 OPPO。

2. 知识点介绍

在程序中创建的大多数列表都是动态的，这表示列表被创建后，将随着程序的运行而发生变化。更新列表元素是指修改列表中元素的值，修改列表元素的语法与访问列表元素的语法类似。在修改列表元素时，需要指定列表名和将要修改的元素的索引，再指定该元素的新值。

3. 编码实现

本实例的实现文件是 xiu.px，代码如下：

```
phone = ['华为','苹果','三星','小米']       #定义一个列表
print(phone)                              #输出显示列表中的元素
phone[0] = 'OPPO'                         #将列表中的第一个元素修改为 OPPO
print(phone)
```

4. 实例解析

在本实例中创建了列表 phone，列表 phone [0]的原始值是"华为"，经过修改后变为了 OPPO。执行后会输出：

```
['华为','苹果','三星','小米']
['OPPO','苹果','三星','小米']、
```

通过上述执行效果可以看出，只是第一个元素的值发生了改变，其他列表元素的值没有发生变化。当然我们可以修改任何列表元素的值，而不仅仅是第一个列表元素的值。

2.4.3 案例 14：修改购物车中的商品

1. 实例介绍

使用列表保存购物车中的商品，向列表中添加一个新商品，然后删除列表中的某个商品。

2. 知识点介绍

(1) 添加元素。

在 Python 程序中，使用方法 insert()可以在列表的任何位置添加新元素，在插入时需要指定新元素的索引和值。方法 insert()的语法格式如下：

```
list.insert(index, obj)
```

上述语法中参数的具体说明如下。

- obj：将要插入列表中的元素。
- index：元素 obj 需要插入的索引位置。

(2) 删除元素。

如果知道要删除的元素在列表中的具体位置，可使用 del 语句实现删除功能。

3. 编码实现

本实例的实现文件是 car.py，首先创建列表 car，然后使用方法 insert()在列表中添加新元素"雪糕"，最后使用 del 语句删除列表中的第一个元素。代码如下：

```
car = ['手机', '牛肉', '衣服', '运动鞋']        #定义一个列表 car
print(car)                                    #输出显示列表 car 中的元素
car.insert(0, '雪糕')                          #在列表位置 0 处添加新元素"雪糕"
print(car)                                    #输出添加元素后列表 car 中的元素
del car[0]                                    #删除列表中索引值为 0 的元素
print(car)                                    #再次显示列表 car 中的元素
```

4. 实例解析

在上述代码中，列表 car 的原始值包含 4 个元素，然后使用方法 insert()在列表中添加新元素"雪糕"，此时列表 car 最终包含 5 个元素。最后使用 del 语句删除列表中索引值为 0 的元素，也就是删除元素"雪糕"。执行后会输出：

```
['手机', '牛肉', '衣服', '运动鞋']
['雪糕', '手机', '牛肉', '衣服', '运动鞋']
['手机', '牛肉', '衣服', '运动鞋']
```

2.5　元组

在 Python 程序中，可以将元组看作是一种特殊的列表。唯一与列表不同的是，元组内的数据元素不能发生改变。不但不能改变其中的数据项，而且也不能添加和删除数据项。当开发者需要创建一组不可改变的数据时，通常会把这些数

扫码看视频

据放到一个元组中。

2.5.1 案例15：查询某学生的信息

1. 实例介绍

创建两个元组，一个用于保存某学生的名字和班级，一个用于保存此学生的学号和考试成绩，然后尝试删除某个元组。

2. 知识点介绍

在 Python 程序中，创建元组的基本形式是用小括号"()"将数据元素括起来，各个元素之间用逗号","隔开。元组与字符串和列表类似，下标索引也是从 0 开始的，并且也可以进行截取和组合等操作。对元组的常见操作有如下两种。

- 连接：在 Python 程序中，元组一旦创立就不可被修改；但是在现实程序应用中，开发者可以对元组进行连接组合。
- 删除：可以使用 del 语句来删除整个元组。

3. 编码实现

本实例的实现文件是 stu.py，代码如下：

```
tup1 = (12001, 94.56);                   #定义元组 tup1
tup2 = ('三年级', '小菜')                  #定义元组 tup2
#下面一行代码修改元组元素的操作是非法的
#tup1[0] = 100
tup3 = tup2 + tup1;                       #创建一个新的元组 tup3
print (tup3)                              #输出元组 tup3 中的值
del tup1;                                 #删除元组 tup1
#因为元组 tup1 已经被删除，所以不能显示里面的元素
print ("元组 tup1 被删除后，系统会出错！")
print (tup1)
```

4. 实例解析

在上述代码中定义了两个元组 tup1 和 tup2，然后将这两个元组进行连接组合，将组合后的值赋给新元组 tup3，此时执行后输出新元组 tup3 中的元素值。接着使用 del 语句删除元组，在删除元组 tup1 后，最后一行代码中使用 print (tup1)输出元组 tup1 的值时会出现系统错误，执行后会输出：

```
Traceback (most recent call last):
  File "stu.py", line 10, in <module>
    print (tup1)
```

```
NameError: name 'tup1' is not defined
('三年级', '小菜', 12001, 94.56)
元组 tup1 被删除后，系统会出错！
```

2.5.2   案例 16：提取某平台最畅销商品和最不畅销商品的销量

1．实例介绍

在两个元组中分别保存某平台的商品名和对应的销量，然后分别提取元组中销量最多和最少的商品。

2．知识点介绍

在 Python 程序中，可以使用内置方法获取元组中的最大值和最小值。

- len(tuple)：计算元组的元素个数。
- max(tuple)：返回元组中元素的最大值。
- min(tuple)：返回元组中元素的最小值。

3．编码实现

本实例的实现文件是 sales.py，代码如下：

```
car = ['奥迪', '宝马', '奔驰', '雷克萨斯']        #创建列表 car
print(len(car))                                 #输出列表 car 的长度
tuple2 = ('5000', '4000', '8000')               #创建元组 tuple2
print("最畅销产品的销量是",max(tuple2))           #显示元组 tuple2 中元素的最大值
tuple3 = ('5000', '4000', '8000')               #创建元组 tuple3
print("最不畅销产品的销量是",min(tuple3))         #显示元组 tuple3 中元素的最小值
list1= ['京东', '淘宝', '天猫', '拼多多']          #创建列表 list1
tuple1=tuple(list1)                             #将列表 list1 的值赋予元组 tuple1
print("最受欢迎的电商平台是",tuple1)              #再次输出元组 tuple1 中的元素
```

4．实例解析

在本实例中首先创建了列表 car，然后创建了 3 个元组 tuple2、tuple3 和 tuple1，执行后会输出：

```
4
最畅销产品的销量是 8000
最不畅销产品的销量是 4000
最受欢迎的电商平台是 ('京东', '淘宝', '天猫', '拼多多')
```

2.6　字典

在 Python 程序中，字典是一种比较特别的数据类型，字典中的每个成员都是以"键:值"对的形式成对存在的。字典以大括号"{}"包围，并且是以"键:值"对的方式声明里面数据集合。字典与列表相比，最大的不同在于字典是无序的，其成员位置只是象征性的，在字典中通过键来访问成员，而不能通过其位置来访问成员。

扫码看视频

2.6.1　案例 17：修改某学生的资料

1. 实例介绍

在字典中保存某学生的资料，包括名字、年龄和所学专业，然后向里面添加或修改某资料信息。

2. 知识点介绍

在 Python 程序中，字典可以存储任意类型对象。字典中的每个键和值中的 key 和 value 对之间必须用冒号":"分隔，每个键值对之间用逗号","分隔，整个字典包括在大括号"{}"中。创建字典的语法格式如下：

```
d = {key1 : value1, key2 : value2 }
```

对上述语法格式的具体说明如下。

- 字典是一系列"键:值"构成的，每个键都与一个值相关联，我们可以使用键来访问与之相关联的值。
- 在字典中可以存储任意个"键:值"。
- 每个 key:value 键值对中的键(key)必须是唯一的、不可变的，但值(value)则可以不唯一。
- 键值可以取任何数据类型，可以是数字、字符串、列表乃至字典。

在 Python 程序中，要想获取字典中某个键的值，可以通过访问键的方式来显示对应的值。字典是一种动态结构，可以随时在其中添加键值对。在添加键值对时，需要首先指定字典名，然后用中括号将键括起来，在最后写明这个键的值。对于字典中不再需要的信息，可以使用 del 语句将相应的键值对信息彻底删除。在使用 del 语句时，必须指定字典名和要删除的键。

3. 编码实现

本实例的实现文件是 chengji.py，创建了字典 dict，然后修改了字典中的某个键值对的信息。代码如下：

```
#创建字典 dict
dict = {'Name': '同学A', 'Age': 19, 'Class': '外语'}
dict['Age'] = 20;                                      #更新 Age 的值
dict['School'] = "山东大学"                             #添加新的键值
print ("dict['Age']: ", dict['Age'])                   #输出键 Age 的值
print ("dict['School']: ", dict['School'])             #输出键 School 的值
print (dict)                                           #显示字典 dict 中的元素
del dict['Name']                                       #删除键 Name
print (dict)                                           #显示字典 dict 中的元素
```

4. 实例解析

在本实例中，更新了字典中键 Age 的值为 20，然后添加了新键 School，最后使用 del 语句删除了字典中键为 Name 的元素。执行后会输出：

```
dict['Age']: 20
dict['School']: 山东大学
{'Name': '同学A', 'Age': 20, 'Class': '外语', 'School': '山东大学'}
{'Age': 20, 'Class': '外语', 'School': '山东大学'}
```

2.6.2 案例 18：遍历输出简历中的信息

1. 实例介绍

在字典中保存了某人简历中擅长的编程语言是 Python、C、Ruby 和 Java，请遍历输出这些信息。

2. 知识点介绍

在 Python 程序中，一个字典可能只包含几个键值对，也可能包含数百万个键值对。因为字典可能包含大量的数据，所以 Python 支持对字典进行遍历。我们可以使用内置方法 keys()遍历字典，以列表的形式返回一个字典中的所有键。

方法 keys()的语法格式如下：

```
dict.keys()
```

方法 keys()没有参数，只有返回值，能够返回一个字典所有的键。

3. 编码实现

本实例的实现文件是 bian.py，代码如下：

```python
favorite_languages = {
    'Python': '1',
    'C': '2',
    'Ruby': '3',
    'Java': '4',
    }
print("下面是某人简历中擅长的编程语言：")
x = favorite_languages.keys()
print(x)
```

4. 实例解析

在本实例中创建了字典 favorite_languages，然后使用内置方法 keys()遍历了字典的信息。执行后会输出：

```
下面是某人简历中擅长的编程语言：
dict_keys(['Python', 'C', 'Ruby', 'Java'])
```

2.7 条件语句

条件语句也被称为选择语句，功能是在多个代码语句中选择执行其中的一行或几行代码。在 Python 语言中，条件语句是一种选择结构，因为是通过 if 关键字实现的，所以也被称为 if 语句。

扫码看视频

2.7.1 案例 19：车票价格调查问卷系统

1. 实例介绍

假设某铁路部门对某车次的车票价格面向社会做问卷调查，收集大家所能承受的车票价格，注意，要求是整数。

2. 知识点介绍

本实例可以通过 if 语句来实现。在 Python 语言中，可以根据关键字 if 后面的布尔表达式的结果值来选择将要执行的代码语句。也就是说，if 语句有"如果……则"之意。if 语句由保留字 if、条件表达式和位于后面的语句组成，条件表达式通常是一个布尔表达式，结果为 True 或 False。如果条件为 True，则执行语句并继续处理其后的下一条语句；如果条件为 False，则跳过该语句并继续处理整个 if 语句的下一条语句，其具体执行流程如图 2-1 所示。

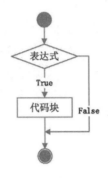

图 2-1　if 语句的执行流程

在 Python 程序中，最简单的 if 语句的语法格式如下：

```
if 判断条件:
        执行语句……
```

上述语法格式的含义是当"判断条件"成立时(非零)执行后面的语句，而执行的内容可以是多行，以缩进来区分表示同一范围。当条件为假时，跳过其后缩进的语句，其中的条件可以是任意类型的表达式。

3. 编码实现

本实例的实现文件是 train.py，在本实例中使用 if 语句判断变量 x 的值是否小于 0，并根据判断结果执行取反操作。代码如下：

```
x = input('请输入你所能承受的车票价格(整数):')    #提示输入一个整数
x = int(x)                                      #将输入的字符串转换为整数
if x < 0:                                       #如果 x 小于 0
        x = -x                                  #如果 x 小于 0，则将 x 取负值
print(x)                                        #输出 x 的值
```

4. 实例解析

通过上述代码实现了一个用于输出用户输入的整数绝对值的程序。其中 x=-x 是 if 语句条件成立时被选择执行的语句。执行后提示用户输入一个整数，假如用户输入-500，则输出其绝对值 500。执行后会输出：

```
请输入你所能承受的车票价格(整数):500
500
```

2.7.2 案例 20：比较两款同类商品的价格

1. 案例介绍

假设有两款华为品牌的笔记本电脑，其中商品 A 的定价是 6999 元，商品 B 的定价是 7999 元。请编写 Python 程序，比较商品 A 和商品 B 的价格。

2. 知识点介绍

在前面介绍的 if 语句中，并不能对条件不符合的内容进行处理，所以 Python 引进了另外一种条件语句 if...else，基本语法格式如下：

```
if 表达式:
    代码块 1
else:
    代码块 2
```

根据 if...else 语句的字面意思理解，在上述语法中，如果满足"表达式"则执行"代码块 1"，如果不满足则执行"代码块 2"。if...else 语句的执行流程如图 2-2 所示。

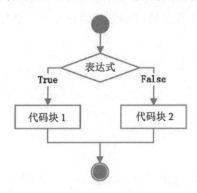

图 2-2   if...else 语句的执行流程

3. 编码实现

实例文件 else.py 的具体实现代码如下：

```
A = 6999;                              #商品 A 的价格
B = 7999;                              #商品 B 的价格
if A>B:                                #如果 A 的价格大于 B
    print("商品 A 的价格要高一些")

else:                                  #如果 A 不大于 B
    print("商品 B 的价格要高一些")
```

4. 实例解析

在上述代码中，两个缩进的 print() 函数是被选择执行的语句。请注意，if 和 else 有相同的缩进，而两行 print 代码有相同的缩进，而且两行 print 不能跟 if 和 else 有相同的缩进。代码运行后将会比较商品 A 和商品 B 的价格，执行后会输出：

商品 B 的价格要高一些

2.7.3 案例 21：判断是否为酒后驾车

1. 实例介绍

假设某国法律规定：车辆驾驶员的血液酒精含量小于 20mg/100ml 不构成酒驾；酒精含量大于或等于 20mg/100ml 为酒驾；酒精含量大于或等于 80mg/100ml 为醉驾。现编写 Python 程序判断是否为酒后驾车。

2. 知识点介绍

在 Python 语言中，在 if 语句中继续使用 if 语句的用法称为嵌套。对于嵌套的 if 语句，写法上跟不嵌套的 if 语句在形式上的区别就是缩进不同，例如下面就是一种嵌套的 if 语句的语法格式：

```
if condition1:
        if condition2:
                语句1
        elif condition3:
                语句2
else:
        语句3
```

在 Python 程序中，嵌套用法的功能非常强大，可以用多个嵌套实现比较复杂的功能。尽管如此，还是建议大家尽量少用嵌套太深的 if 语句。对于多层嵌套的语句可以进行适当的修改，尝试减少嵌套的层次，这样可以方便阅读和理解程序。

3. 编码实现

本实例的实现文件是 jiu.py，创建变量 proof，然后根据变量 proof 的值执行不同的分支语句。代码如下：

```
proof = int(input("输入驾驶员每 100ml 血液酒精的含量："))
if proof < 20:
    print("驾驶员不构成酒驾")
else:
```

```
if proof < 80:
    print("驾驶员已构成酒驾")
else:
    print("驾驶员已构成醉驾")
```

4. 实例解析

通过题目给出的法律规定可知，是否构成酒驾的界限值为 20mg/100ml。而在已确定为酒驾的范围(大于等于 20mg/100ml)中，是否构成醉驾的界限值为 80mg/100ml，整个代码执行流程如图 2-3 所示。

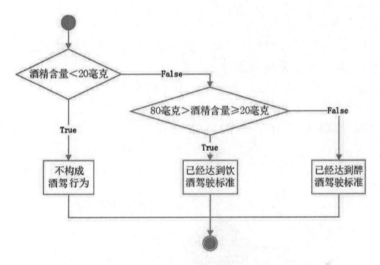

图 2-3　判断是否为酒后驾车的执行流程

执行后将提示用户输入一个整数，例如输入"100"后，会输出：

```
输入驾驶员每 100ml 血液酒精的含量：100
驾驶员已构成醉驾
```

2.8　for 循环语句

在 Python 语言中，for 循环语句是一种十分重要的程序结构。其特点是，在给定条件成立时，反复执行某程序段，直到条件不成立为止。给定的条件称为循环条件，反复执行的程序段称为循环体。

扫码看视频

45

2.8.1 案例 22：秒针计时器

1. 实例介绍

设置每隔一秒钟打印输出一个整数，并且从 1 开始顺序输出整数。

2. 知识点介绍

在 Python 程序中，for 循环语句的基本语法格式如下：

```
for iterating_var in sequence:
    statements
```

在上述语法中，各个参数的具体说明如下。

- iterating_var：表示循环变量。
- sequence：表示遍历对象，通常是元组、列表和字典等。
- statements：表示执行语句。

上述 for 循环语句的执行流程如图 2-4 所示。

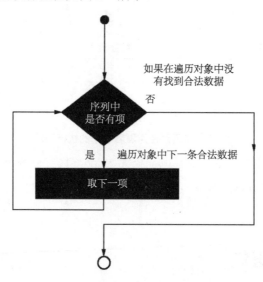

图 2-4　for 循环语句的执行流程

3. 编码实现

本实例的实现文件是 for01.py，代码如下：

```
import time
num_list = [1, 2, 3, 4, 5, 6]
```

```
for i in num_list:
    print(i)
    time.sleep(1)  # 暂停 1 秒
```

4. 实例解析

在本实例中，使用 time 模块中的函数 sleep()暂停一秒输出整数。执行后会输出：

```
1
2
3
4
5
6
```

2.8.2　案例 23：获取两个整数之间的所有素数

1. 实例介绍

素数又称质数，一个大于 1 的自然数，除了 1 和它自身外，不能被其他自然数整除的数叫质数；否则称为合数(规定 1 既不是质数也不是合数)。

2. 知识点介绍

本实例通过 for 语句和 for…else 语句嵌套实现，在 for…else 语句中，else 中的语句会在循环执行完(即 for 不是通过 break 跳出而中断的)的情况下执行。for…else 循环语句的语法格式如下：

```
for iterating_var in sequence:
    statements1
else:
    statements2
```

在上述语法中，各个参数的具体说明如下。

- iterating_var：表示循环变量。
- sequence：表示遍历对象，通常是元组、列表和字典等。
- statements1：表示 for 语句中的循环体，它的执行次数就是遍历对象中值的数量。
- statements2：else 语句中的 statements2，只有在循环正常退出(遍历完所有遍历对象中的值)时执行。

我们可以在一个 for 语句中使用另外一个 for 语句，即在 for 循环中又使用一个 for 循环，这种 for 循环语句的形式如下：

```
for iterating_var in sequence1:
    for iterating_var in sequence2:
    statements1
```

3. 编码实现

本实例的实现文件是 qian.py，创建了两个变量 x1 和 x2，然后获取 x1 和 x2 之间的所有素数。代码如下：

```
#提示我们输入一个整数
x = (int(input("请输入一个整数值作为开始: ")),int(input("请输入一个整数值作为结尾: ")))
x1 = min(x)                                    #获取输入的第 1 个整数
x2 = max(x)                                    #获取输入的第 2 个整数
for n in range(x1,x2+1):                       #使用外循环语句生成要判断素数的序列
        for i in range(2,n-1):                 #使用内循环生成测试的因子
                if n % i == 0:                 #生成测试的因子能够整除，则不是素数
                        break
        else:                                  #上述条件不成立，则说明是素数
                print("你输入的",n,"是素数。")
```

4. 实例解析

在上述代码中，首先使用输入函数获取用户指定的序列开始和结束，然后使用 for 语句构建两层嵌套的循环语句，用来获取素数并输出结果。使用外循环语句生成要判断素数的序列，使用内循环生成测试的因子。并且使用缩进来表示 else 子句属于内嵌的 for 循环语句，如果多缩进一个单位，则表示属于其中的 if 语句；如果少缩进一个单位，则表示属于外层的 for 循环语句。因此，Python 中的缩进是整个程序的重要构成部分。

执行后将提示用户输入两个整数作为范围，例如分别输入 100 和 105 后会输出：

```
请输入一个整数值作为开始: 100
请输入一个整数值作为结尾: 105
你输入的 101 是素数。
你输入的 103 是素数。
```

2.9 while 循环语句

在 Python 程序中，除了 for 循环语句以外，while 语句也是十分重要的循环语句，其特点和用法跟 for 语句十分相似。

扫码看视频

2.9.1 案例24：制作国庆假期游玩攻略

1. 实例介绍

为国庆节7天假期制作一个游玩攻略，循环打印输出每天的旅行计划。

2. 知识点介绍

本实例通过循环语句来实现，while循环语句的语法格式如下：

```
while condition
    statements
```

在上述语法中，当condition为真时，将循环执行后面的语句，一直到条件为假时退出循环。如果第一次条件表达式就是假，那么while循环将被忽略，如果条件表达式一直为真，那么while循环将一直执行。也就是说，while循环中的执行语句部分会一直循环执行，直到条件不能被满足为假时才退出循环，并执行循环体后面的语句。while循环语句常被用在计数循环中。while循环语句的执行流程如图2-5所示。

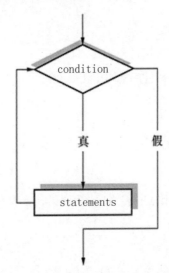

图2-5 while循环语句的执行流程

3. 编码实现

本实例的实现文件是jia.py，代码如下：

```
print ("国庆假期的安排：")
count = 1                              #设置count的初始值为1
```

```
while (count <= 7):                          #如果 count 小于 7 则执行下面的 while 循环
    print ('假期第', count,'天：去××玩')
    count = count + 1                        #每次 while 循环，count 值递增 1
print ("假期结束!")
```

4. 实例解析

在 Python 程序中，while 循环语句主要用于构建比较特别的循环。while 循环语句最大的特点就是不知道循环多少次，当不知道语句块或者语句需要重复多少次时，使用 while 语句是最好的选择。当 while 的表达式的结果是真时，while 语句重复执行一条语句或者语句块。在本实例中创建了变量 count，只要 count 的值小于等于 7 就会执行 while 循环。执行后会输出：

```
国庆假期的安排：
假期第 1 天：去××玩
假期第 2 天：去××玩
假期第 3 天：去××玩
假期第 4 天：去××玩
假期第 5 天：去××玩
假期第 6 天：去××玩
假期第 7 天：去××玩
假期结束!
```

2.9.2　案例 25：智能电脑护眼系统

1. 实例介绍

当时间超过两个小时，打印输出"你已经连续看电脑 2 小时了，停下来，休息一下！"。

2. 知识点介绍

在 Python 程序中也可以使用 while…else 循环语句，具体语法格式如下：

```
while <条件>:
    <语句 1>
else:
    <语句 2>           #如果循环未被 break 终止，则执行
```

while…else 循环与 for 循环不同的是，while 语句只有在测试条件为假时才会停止。在 while 语句的循环体中一定要包含改变测试条件的语句，以保证循环能够结束，以避免出现死循环。while 语句包含与 if 语句相同的条件测试语句，如果条件为真就执行循环体；如果条件为假，则终止循环。while 语句也有一个可选的 else 语句块，它的作用与 for 循环中的 else 语句块一样，若 while 循环不是由 break 语句终止，则会执行 else 语句块中的语句。而

continue 语句也可以用于 while 循环,其作用是跳过 continue 后的语句,提前进入下一个循环。

3. 编码实现

本实例的实现文件是 else.py,代码如下:

```
count = 0                                        #设置 count 的初始值为 0
while count < 2:                                 #如果 count 值小于 2 则执行循环
    print ("你已经看电脑",count, "小时")          #如果 count 值小于 2 则输出提示信息
    count = count + 1                            #每次循环,count 值加 1
else:                                            #如果 count 值大于等于 2
    print ("你已经连续看电脑",count, "小时了,停下来,休息一下! ")     #则输出提示信息
```

4. 实例解析

在本实例中,执行 while 循环的前提条件是 count < 2,每次循环 count 值加 1,当 count 值变为 2 时不满足循环条件,则会执行后面的 else 语句。执行后会输出:

```
你已经看电脑 0 小时
你已经看电脑 1 小时
你已经连续看电脑 2 小时了,停下来,休息一下!
```

2.9.3 案例 26:个税计算器

1. 实例介绍

某国政府规定个税起征点是 3500 元,个税税率如表 2-10 所示。

表 2-10 某国的个税税率

级　数	范　　围	税　率	速算扣除数(元)
工资、薪金所得适用个人所得税七级超额累进税率表(新的个税级差表)			
1	全月应纳税额不超过 1500 元	3%	—
2	全月应纳税额超过 1500 元至 4500 元	10%	105.00
3	全月应纳税额超过 4500 元至 9000 元	20%	555.00
4	全月应纳税额超过 9000 元至 35000 元	25%	1 005.00
5	全月应纳税额超过 35000 元至 55000 元	30%	2 755.00
6	全月应纳税额超过 55000 元至 80000 元	35%	5 505.00
7	全月应纳税额超过 80000 元	45%	13 505.00

请编写程序，根据输入的工资计算出需要缴纳的个税。

2. 知识点介绍

本实例联合使用 if、break 和 while 循环语句实现，在 Python 程序中，break 语句的功能是终止循环语句，即循环条件没有 False 条件或者序列还没被完全递归完时，也会停止执行循环语句。break 语句通常用在 while 循环语句和 for 循环语句中，具体语法格式如下：

```
break
```

在 Python 程序中，break 语句的执行流程如图 2-6 所示。

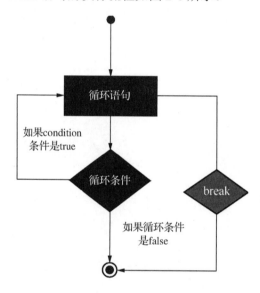

图 2-6　break 语句的执行流程

3. 编码实现

本实例的实现文件是 br.py，代码如下：

```
money = float(input("请输入您的工资(单位为元)："))         #输入工资，是一个浮点数
sum = 0
money1 = money-3500                                    #工资金额以 3500 为分界，计算 money1 纳税额的值
while True:
    if money>3500:                                     #如果工资大于 3500，则按照下面的几个情况进行计算
        if money1-80000>0:                             #如果 money1 大于 80000
            sum += (money1-80000)*0.45
            money1 = 80000
        if money1-55000>0:                             #如果 money1 大于 55000 小于等于 80000
            sum +=(money1-55000)*0.35
```

```
            money1 =55000
        if money1-35000>0:              #如果 money1 大于 35000 小于等于 55000
            sum +=(money1-35000)*0.3
            money1 =35000
        if money1-9000>0:               #如果 money1 大于 9000 小于等于 35000
            sum +=(money1-9000)*0.25
            money1 =9000
        if money1-4500>0:               #如果 money1 大于 4500 小于等于 9000
            sum +=(money1-4500)*0.2
            money1 = 4500
        if money1-1500>0:               #如果 money1 大于 1500 小于等于 4500
            sum +=(money1-1500)*0.1
            money1 = 1500
        if 0<money1<=1500 :             #如果 money1 小于等于 1500
            sum +=money1*0.03
            break
    else:
        break
print("个人所得税为:%.5f 元" %sum)
s = money-sum
print("实发工资: %.5f 元"%s)
```

4. 实例解析

在本实例中创建了两个变量 money 和 sum，分别表示工资和个税。首先判断输入的工资是否大于 3500，如果大于 3500 则需要交税，交税规则根据后面的 if 分支语句进行计算。例如，输入月薪 10000 后会输出：

```
请输入您的工资(单位为元)：10000
个人所得税为:745.00000 元
实发工资: 9255.00000 元
```

2.10 函数

函数是 Python 语言程序的基本构成模块之一，通过对函数的调用，可以实现软件项目需要的功能。在 Python 语言项目中，几乎所有的功能都是通过一个个函数实现的。

扫码看视频

2.10.1 案例 27：××速运快递称重系统

1. 实例介绍

假设现在××速运的快递员正在为客户打包，客户要求将所有商品用 4 个包裹打包，每个包裹中各个商品的重量(单位：千克)如下。

- 第 1 个包裹中的商品重量分别是：1, 2, 3, 4。
- 第 2 个包裹中的商品重量分别是：3, 4, 5, 6。
- 第 3 个包裹中的商品重量分别是：2.8, 2, 5.8。
- 第 4 个包裹中的商品重量分别是：1, 2, 2.4。

请编写程序，帮助快递员给每个包裹称重。

2. 知识点介绍

本项目通过函数来实现，在 Python 程序中，必须先定义(声明)函数，然后才能调用。在 Python 程序中，使用关键字 def 可以定义一个函数，定义函数的语法格式如下：

```
def<函数名>(参数列表):
    <函数语句>
    return<返回值>
```

在上述语法中，参数列表和返回值不是必需的，return 后也可以不跟返回值，甚至连 return 也没有。如果 return 后没有返回值，并且没有 return 语句，这样的函数都会返回 None 值。有些函数可能既不需要传递参数，也没有返回值。

调用函数就是使用函数，在 Python 程序中，当定义一个函数后，就相当于给了函数一个名称，指定了函数里包含的参数和代码块结构。完成这个函数的基本结构定义工作后，就可以通过调用的方式来执行这个函数，也就是使用这个函数。

3. 编码实现

本实例的实现文件是 weight.py，代码如下：

```
def tpl_sum(T):                    #定义函数tpl_sum()
    result = 0                     #定义result的初始值为0
    for i in T:                    #遍历T中的每一个元素i
        result += i                #计算各个元素i的和
    return result                  #函数tpl_sum()最终返回计算的和

# 使用函数tpl_sum()计算列表内元素的和
print("快递1的重量为: ", tpl_sum([1, 2, 3, 4]), "千克")
# 使用函数tpl_sum()计算列表内元素的和
print("快递2的重量为: ", tpl_sum([3, 4, 5, 6]), "千克")
# 使用函数tpl_sum()计算列表内元素的和
print("快递3的重量为: ", tpl_sum([2.8, 2, 5.8]), "千克")
# 使用函数tpl_sum()计算列表内元素的和
print("快递4的重量为: ", tpl_sum([1, 2, 2.4]), "千克")
```

4. 实例解析

在上述代码中定义了函数 tpl_sum()，该函数的功能是计算列表内元素的和。然后在最后的 4 行代码中分别调用 4 次函数，并且这 4 次调用的参数不一样。执行后会输出：

```
快递 1 的重量为： 10 千克
快递 2 的重量为： 18 千克
快递 3 的重量为： 10.6 千克
快递 4 的重量为： 5.4 千克
```

2.10.2　案例 28：输出两名学生的资料信息

1. 实例介绍

创建一个函数，两个参数分别表示学生的名字和年龄。然后调用这个函数两次，分别打印输出两名学生的资料信息。

2. 知识点介绍

在 Python 程序中，参数是函数的重要组成元素。Python 中的函数参数有多种形式，例如，在调用某个函数时，既可以向其传递参数，也可以不传递参数，但是这都不会影响函数的正常调用。另外还有一些情况，比如函数中的参数数量是不确定的，可能为 1 个，也可能为几个甚至几十个。

3. 编码实现

本实例的实现文件是 two.py，定义了函数 printinfo()，设置其参数 age 的默认值是 19。代码如下：

```python
#定义函数 printinfo()，参数 age 的默认值是 19
def printinfo( name, age = 19 ):
    "打印任何传入的字符串"
    print ("名字: ", name);                    #打印显示函数的参数 name

    print ("年龄: ", age);                      #打印显示函数的参数 age
    return;
#下面调用函数 printinfo()，设置参数 age 的值是 20，参数 name 的值是"T 小白"
print ("下面是编程群最活跃的两个群友的资料: ")
print ("-----------------------")
printinfo( age=20, name="T 小白" );
print ("-----------------------")
printinfo( name="Python 大神" );               #重新设置参数 name 的值为"Python 大神"
```

4. 实例解析

本实例用到了默认参数，当在 Python 程序中调用函数时，如果没有传递参数，则会使用默认参数(也被称为默认值参数)。在上述代码中，在最后一行代码中调用函数 printinfo() 时，没有指定参数 age 的值，但是执行后使用了其默认值。执行后会输出：

```
下面是编程群最活跃的两个群友的资料：
------------------------
名字： T 小白
年龄： 20
------------------------
名字： Python 大神
年龄： 19
```

2.10.3 案例 29：根据身高和体重计算 BMI 指数

1. 实例介绍

BMI 是 Body Mass Index(体重指数)的缩写，是国际上常用的衡量人体肥胖程度和是否健康的重要标准。BMI 指数的计算公式是：

体重指数 BMI=体重/身高的平方 (国际单位 kg/㎡)

某体检中心制定了适合中国人的 BMI 参考标准，如表 2-11 所示。

表 2-11 BMI 指数中国标准

BMI 分类	中国参考标准
偏瘦	<18.5
正常	18.5～23.9
偏胖	24～26.9
肥胖	27～29.9

假设现在给出了 5 名舍友的身高和体重，请利用不定长参数编写一个函数，计算 5 名舍友的 BMI 指数。

2. 知识点介绍

本实例通过不定长参数实现，在 Python 程序中，可能需要一个函数能处理比当初声明时更多的参数，这些参数叫作不定长参数。不定长参数也被称为可变参数，其基本语法格式如下：

```
def functionname([formal_args,] *var_args_tuple ):
    "函数_文档字符串"
    function_suite
    return [expression]
```

在上述语法中，加了星号"*"的变量名会存放所有未命名的变量参数。如果在函数调用时没有指定参数，它就是一个空元组，开发者也可以不向函数传递未命名的变量。由此可见，在自定义函数时，如果参数名前加上一个星号"*"，则表示该参数是可变长参数。在调用该函数时，如果依次序将所有的其他变量都赋予了值，剩下的参数将会收集在一个元组中，元组的名称就是前面带星号的参数名。

3. 编码实现

本实例的实现文件是 bmi.py，代码如下：

```
def fun_bmi_upgrade(*person):
    '''
        *person: 可变参数, 该参数中需要传递带 3 个元素的列表,
        分别为姓名、身高(单位: 米)和体重(单位: 千克)
    '''
    for list_person in person:
        for item in list_person:
            person = item[0]   # 姓名
            height = item[1]   # 身高(单位: 米)
            weight = item[2]   # 体重(单位: 千克)
            print("\n" + "=" * 13, person, "=" * 13)
            print("身高: " + str(height) + "米 \t 体重: " + str(weight) + "千克")
            bmi = weight / (height * height)   #用于计算 BMI 指数, 公式为"体重/身高的平方"
            print("BMI 指数: " + str(bmi))          #输出 BMI 指数
            # 判断身材是否合理
            if bmi < 18.5:
                print("您的体重过轻, 小心被风刮跑了~@_@~")
            if bmi >= 18.5 and bmi <= 23.9:
                print("正常范围, 注意保持 (-_-)")
            if bmi >= 24 and bmi <= 26.9:
                print("您的体重偏胖, 减肥吧~@_@~")
            if bmi >= 27 and bmi <= 29.9:
                print("您的体重肥胖, 锻炼吧 ~@_@~")
            if bmi >= 30:
                print("重度肥胖, 你危险了 ^@_@^")


# ******************************调用函数********************************#
list_w = [('张三', 1.70, 65), ('李四', 1.77, 50), ('王五', 1.72, 66)]
list_m = [('小王', 1.80, 75), ('小友', 1.75, 110)]
fun_bmi_upgrade(list_w, list_m)   # 调用函数指定可变参数
```

4. 实例解析

在上述代码中，在最后一行代码中调用了函数 fun_bmi_upgrade()，其中参数是两个长度不同的列表。执行后会输出：

```
============= 张三 =============
身高: 1.7 米    体重: 65 千克
BMI 指数: 22.49134948096886
正常范围，注意保持（-_-）

============= 李四 =============
身高: 1.77 米    体重: 50 千克
BMI 指数: 15.9596653994701394
您的体重过轻，小心被风刮跑了~@_@~

============= 王五 =============
身高: 1.72 米    体重: 66 千克
BMI 指数: 22.30935640886966
正常范围，注意保持（-_-）

============= 小王 =============
身高: 1.8 米    体重: 75 千克
BMI 指数: 23.148148148148145
正常范围，注意保持（-_-）

============= 小友 =============
身高: 1.75 米    体重: 110 千克
BMI 指数: 35.91836734693877
重度肥胖，你危险了 ^@_@^
```

2.10.4　案例 30：计算年底应得的奖金总额

1. 实例介绍

企业给员工发放年底奖金，根据为公司创造的利润计算提成，具体奖金制度如下。

- 当利润(I)低于或等于 10 万元时，奖金可提 10%。
- 当利润(I)高于 10 万元、低于 20 万元时，低于 10 万元的部分按 10%提成，高于 10 万元的部分，可提成 7.5%。
- 当利润(I)在 20 万元到 40 万元之间时，高于 20 万元的部分，可提成 5%；40 万元到 60 万元之间时，高于 40 万元的部分，可提成 3%；60 万元到 100 万元之间时，高于 60 万元的部分，可提成 1.5%，高于 100 万元时，超过 100 万元的部分按 1%提成。

请编写一个程序，从键盘输入当月的利润(I)，计算出应得的奖金总额？

2. 知识点介绍

本实例使用模块技术来实现，在 Python 程序中，导入模块的方法有多种，下面将首先讲解导入整个模块的方法。要想让函数变为是可导入的，需要先创建一个模块。模块是扩展名为.py 格式的文件，里面包含要导入程序中的代码。

在 Python 程序中，还可以根据项目的需要，只导入模块文件中的特定函数，这种导入方法的语法格式如下：

```
frommodule_name import function_name
```

如果需要从一个文件中导入多个指定的函数，函数之间可以用逗号隔开。具体语法格式如下：

```
frommodule_name import function_name0,function_name1,function_name2
```

如果从外部模板文件中导入的函数名称可能与程序中现有的函数名称发生冲突，或者函数的名称太长，可以使用关键字 as 指定简短而独一无二的别名。另外，除了可以使用关键字 as 给函数指定简短而独一无二的别名外，还可以使用关键字 as 给模块文件指定一个别名。

3. 编码实现

(1) 将文件 jiafa.py 作为外部模块文件，在里面编写计算奖金总额的函数 fun()。具体实现代码如下：

```
def fun():
    profit = 0
    I = int(input("请输入利润(单位：万元)："))
    if (I <= 10):
        profit = 0.1 * I
    elif (I <= 20):
        profit = 10 * 0.1 + (I - 10) * 0.075
    elif (I <= 40):
        profit = 10 * 0.1 + (20 - 10) * 0.075 + (I - 20) * 0.05
    elif (I <= 60):
        profit = 10 * 0.1 + (20 - 10) * 0.075 + (40 - 20) * 0.05 + (I - 40) * 0.03
    elif (I <= 100):
        profit = 10 * 0.1 + (20 - 10) * 0.075 + (40 - 20) * 0.05 + (60 - 40) * 0.03
            + (I - 60) * 0.015
    else:
        profit = 10 * 0.1 + (20 - 10) * 0.075 + (40 - 20) * 0.05 + (60 - 40) * 0.03
            + (100 - 60) * 0.015 + (I - 100) * 0.01

    print("你应得的奖金是：", profit,"万元")
```

(2) 实例文件 yong.py 的功能是导入文件 jiafa.py 中的所有模块功能(其实只是定义了一个函数 fun()而已)，在导入时将模块文件 jiafa.py 的别名设置为 mm。

具体实现代码如下：

```
import jiafa as mm
mm.fun();
```

4. 实例解析

在上述代码中，通过 import 语句给模块 jiafa 指定了别名 mm，但该模块中所有函数的名称都没变。当调用函数 fun()时，可编写代码 mm.fun()而不是 jiafa.fun()，这样不仅可以使代码变得更加简洁，而且还可以让开发者不再关注模块名，而专注于描述性的函数名。这些函数名明确地指出了函数的功能，对理解代码而言，它们比模块名更加重要。执行后可以根据为公司创造的利润计算出应得的奖金，例如输入 18 后会输出：

```
请输入利润(单位：万元)：18
你应得的奖金是：1.6 万元
```

第 3 章

Python 的面向对象

　　Python 是一门面向对象的编程语言，在使用 Python 编写软件程序时，首先应该使用面向对象的思想来分析问题，抽象出项目的共同特点。面向对象编程技术是软件开发的核心，在本章的内容中，将向读者详细介绍面向对象编程技术的知识，为读者步入本书后面的学习打下坚实的基础。

3.1 类和对象

类和对象是 Python 语言面向对象技术中的重要组成，相比其他面向对象语言，Python 可以很容易地创建出一个类和对象。同时，Python 也支持面向对象的三大特征：封装、继承和多态。

扫码看视频

3.1.1 案例 1：打印输出某产品的说明书

1. 实例介绍

要求在类中创建一个方法，通过此方法打印输出说明书信息。

2. 知识点介绍

在 Python 程序中，把具有相同属性和方法的对象归为一个类，例如可以将人类、动物和植物看作是不同的"类"。在使用类之前，必须先定义这个类，在 Python 程序中，定义类的语法格式如下：

```
class ClassName:
语句
```

- class：定义类的关键字。
- ClassName：类的名称，Python 语言规定，类的首字母大写。

在 Python 程序中，类只有被实例化后才能够使用。类的实例化与函数调用类似，只要使用类名加小括号的形式就可以实例化类。类实例化以后会生成该类的一个实例，一个类可以实例化成多个实例，实例与实例之间不会相互影响，类实例化以后就可以直接使用了。

3. 编码实现

本实例的实现文件是 shuo.py，首先创建类 MyClass，然后创建此类的对象实例 myclass。代码如下：

```
class MyClass:                          #定义类 MyClass
    "这是一个类"
  def pp(self):                         #定义方法 pp()
      print ("这是产品说明书")          #这是方法 pp 的功能

myclass = MyClass()                     #实例化类 MyClass
myclass.pp()                            #调用类 MyClass 中的方法 pp() 打印文本信息
```

4. 实例解析

在本实例中，首先定义了一个自定义类 MyClass，然后在类体中设置了一行类的说明信息 "这是一个类."，然后在类体中创建了方法 pp()，方法 pp() 的功能是打印文本 "这是产品说明书"。通过代码 myclass = MyClass() 实例化类 MyClass，并调用运行类方法 pp()，最终执行后会输出：

```
这是产品说明书
```

3.1.2　案例 2：查询某富豪的财富有多少

1. 实例介绍

某权威杂志列出了全球富豪财富信息，请使用类和对象打印输出某富豪的财富信息。

2. 知识点介绍

在 Python 程序中，类实例化后就生成了一个对象。类是对象的抽象，而对象是类的具体实例。类是抽象的，不占用内存，而对象是具体的，占用存储空间。

3. 编码实现

本实例的实现文件是 caifu.py，代码如下：

```python
class MyClass:  # 定义类 MyClass
    """一个简单的类实例"""
    i = 123456789101112                          #设置变量 i 的初始值

    def f(self):  # 定义类方法 f()

        return '富豪 A 的身份是××集团的创始人，'    #打印显示文本


x = MyClass()                                    #实例化类
#下面两行代码分别访问类的属性和方法
print(x.f())                                     #类 MyClass 中的方法 f 输出
print("富豪 A 的财产有: ", x.i, "元")             #显示 MyClass 中的属性 i 的值
```

4. 实例解析

在上述代码中，创建了一个新的类实例并将该对象赋给局部变量 x。x 的初始值是一个空的 MyClass 对象，通过最后两行代码分别对 x 对象成员进行了赋值。执行后会输出：

```
富豪 A 的身份是××集团的创始人，
富豪 A 的财产有: 123456789101112 元
```

3.2 类方法

要想用类来解决实际问题，还需要定义一个具有一些属性和方法的类，只有这样，才能构建出符合真实世界中的事物特征的类和对象。

扫码看视频

3.2.1 案例 3：查询微信账号昵称和微信钱包中的余额

1. 实例介绍

创建两个方法，分别打印输出某人的微信账号昵称和微信钱包中的余额。

2. 知识点介绍

在 Python 程序中，可以使用关键字 def 在类的内部定义一个方法。在类中定义方法后，可以让类具有一定的功能。在类外部调用该类的方法时就可以完成相应的功能，或改变类的状态，或达到其他目的。定义类方法的方式与其他一般函数的定义方式相似，但是有如下 3 点区别：

- 方法的第一个参数必须是 self，而且不能省略。
- 方法的调用需要实例化类，并以"实例名.方法名(参数列表)"的形式进行调用。
- 必须整体缩进一个单位，表示这个方法属于类体中的内容。

3. 编码实现

本实例的实现文件是 mony.py，代码如下：

```
class SmplClass:                        #定义类 SmplClass
    def info(self):                     #定义类方法 info()
        print('abc')                    #打印显示文本

    def mycacl(self, x, y):             #定义类方法 mycacl()
        return x + y                    #返回参数 x 和 y 的和


sc = SmplClass()                        #实例化类 SmplClass
print('我的微信账号是：')

sc.info()                               #调用实例对象 sc 中的方法 info()
print('我的微信钱包余额是：')
print(sc.mycacl(300, 4),"元")           #调用实例对象 sc 中的方法 mycacl()
```

4. 实例解析

在上述代码中，首先定义了一个具有 info() 和 mycacl() 两个方法的类，然后实例化该类，并调用这两个方法。其中，第一个方法调用的功能是直接输出信息，第二个方法调用的功能是计算参数 x 和 y 的和。执行后会输出：

```
我的微信账号是：
abc
我的微信钱包余额是：
304 元
```

3.2.2 案例 4：计算某商品的利润

1. 实例介绍

在类 Complex 中创建了构造方法__init__()，用于打印输出某商品的利润。

2. 知识点介绍

在 Python 程序中，在定义类时可以定义一个特殊的构造方法，即__init__()方法，注意 init 前后分别是两个下划线"_"。构造方法用于类实例化时初始化相关数据，如果在这个方法中有相关参数，则实例化时就必须提供。如果在类中定义了__init__()方法，那么类的实例化操作会自动调用__init__()方法。接下来仍然可以这样创建一个新的实例：

```
x = MyClass()
```

构造方法__init__()可以有参数，参数通过构造方法__init__()传递到类的实例化操作上。

3. 编码实现

本实例的实现文件是 lirun.py，代码如下：

```
class Complex:                            # 定义类
    def __init__(self, ××, SX):           #定义构造方法
        self.r = ××                       #初始化构造方法参数
        self.i = SX                       #初始化构造方法参数

print("一碗米线的利润你知道吗？")
x = Complex(0.1, 2.4)                     #实例化类
print("在",x.r, "到", x.i, "之间")         #显示两个方法参数
```

4. 实例解析

在本实例中定义了类 Complex，然后在此类中创建了构造方法__init__()。执行后会输出：

一碗米线的利润你知道吗?
在 0.1 到 2.4 之间

3.2.3 案例 5：输出显示某游戏的萌宠信息

1. 实例介绍

在类中创建两个方法，分别打印输出某宠物的两个技能。然后创建多个对象实例，各个对象实例分别调用方法打印输出对应的技能信息。

2. 知识点介绍

在 Python 程序中，可以将类看作是创建实例的一个模板。只有在类中创建实例，这个类才会变得有意义。例如创建宠物狗类 Dog，这只是一系列说明，只是让 Python 知道如何创建表示特定"宠物狗"的实例，但并没有创建实例对象，所以此时运行类后不会显示任何内容。要想使类 Dog 变得有意义，可以根据类 Dog 创建实例，然后就可以使用点"."符号表示法来调用类 Dog 中定义的任何方法。并且在 Python 程序中，可以按照需求根据类创建任意数量的实例。另外，在本实例中使用内置方法 title()输出了 name 的值。

3. 编码实现

本实例的实现文件是 chong.py，代码如下：

```
class Dog():
        """小狗狗"""
        def __init__(self, name, age):
                """初始化属性 name 和 age."""
                self.name = name
                self.age = age
        def wang(self):
                """模拟狗狗汪汪叫."""
                print(self.name.title() + " 汪汪")
        def shen(self):
                """模拟狗狗伸舌头."""
                print(self.name.title() + "伸舌头")
my_dog = Dog('将军', 6)                                    #第 13 行
your_dog = Dog('锤石', 3)                                  #第 14 行

print("我宠物的名字是 " + my_dog.name.title() + ".")        #第 15 行
print("我的宠物已经" + str(my_dog.age) + "岁了! ")          #第 16 行
my_dog.wang()                                             #第 17 行
print("\n 你宠物的名字是 " + your_dog.name.title() + ".")    #第 18 行
print("你的宠物已经" + str(your_dog.age) + "岁了! ")        #第 19 行
your_dog.wang()                                          #第 20 行
```

4. 实例解析

在上述实例代码中创建了类 Dog，在第 13 行代码中创建了一个 name 为"将军"、age 为 6 的 Dog 对象实例，当运行这行代码时，Python 会使用实参"将军"和 6 调用类 Dog 中的方法__init__()。方法__init__()会创建一个表示特定 Dog 的实例，并使用我们提供的值来设置属性 name 和 age。另外，虽然在方法__init__()中并没有显式地包含 return 语句，但是 Python 会自动返回一个表示这个 Dog 的实例。在上述代码中，将这个实例存储在变量 my_dog 中。

而在第 14 行代码中创建了一个新的实例，其中 name 为"锤石"，age 为 3。第 13 行中的 Dog 实例和第 14 行中的 Dog 实例各自独立，都有自己的属性，并且能够执行相同的操作。例如在第 15、16、17 行代码中，独立输出了实例对象 my_dog 的信息。而在第 18、19、20 行代码中，独立输出了实例对象 your_dog 的信息，执行后会输出：

```
我宠物的名字是 将军.
我的宠物已经 6 岁了!
将军 汪汪

你宠物的名字是 锤石.
你的宠物已经 3 岁了!
锤石 汪汪
```

3.2.4 案例 6：打印输出某天猫旗舰店的信息

1. 实例介绍

创建一个私有方法，用于打印输出某天猫店铺的客服旺旺。创建一个公有方法，用于打印输出某天猫店铺的联系地址。

2. 知识点介绍

在 Python 程序中声明的方法，默认都是公有的方法。私有方法是指只能在声明它的类中调用，不能被外部调用。要想让某个方法为私有的，只需将其名称以两个下划线开头即可。

3. 编码实现

本实例的实现文件是 shop.py，代码如下：

```python
class Site:                          #定义类Site
    def __init__(self, name, url):   #定义构造方法
        self.name = name             #公共属性
        self.__url = url             #私有属性
```

```
    def who(self):
        print('店名    : ', self.name)
        print('网址 : ', self.__url)
    def __foo(self):                        #定义私有方法
        print('客服旺旺: 123××x')
    def foo(self):                          #定义公共方法
        print('联系地址：北京××')
        self.__foo()
x = Site('×××天猫旗舰店', 'www.tmall.com/××x/')

x.who()                                     #这行代码正常输出
x.foo()                                     #这行代码正常输出
#x.__foo()                                  #这行代码报错
```

4. 实例解析

在上述实例代码中定义了类 Site，然后在此类中创建了私有方法__foo(self)，在类中可以使用。在最后一行代码中，想尝试在外部调用私有方法__foo，这在 Python 中是不允许的。执行后会输出：

```
店名    : ×××天猫旗舰店
网址 : www.tmall.com/××x/
联系地址：北京××
客服旺旺：123××x
```

3.2.5 案例 7：输出显示某公司的客户类型和数量

1. 实例介绍

在类中创建析构方法，用于打印输出某公司的客户类型和数量。

2. 知识点介绍

在 Python 程序中，析构方法是固定的__del__()，注意在“del”前后各有两个下划线“__”。当使用内置方法 del()删除对象时，会调用它本身的析构函数。另外，当一个对象在某个作用域中调用完毕后，在跳出其作用域时，析构函数也会被调用一次，这样可以使用析构方法__del__()释放内存空间。

3. 编码实现

本实例的实现文件是 kehu.py，代码如下：

```
class NewClass(object):                     #定义类 NewClass
    num_count = 0                           #所有的实例都共享此变量，不能单独为每个实例分配
```

```
        def __init__(self,name):              #定义构造方法
            self.name = name                   #实例属性
            NewClass.num_count += 1            #设置变量 num_count 值加 1
            print (name,NewClass.num_count)
        def __del__(self):                     #定义析构方法 __del__
            NewClass.num_count -= 1            #设置变量 num_count 值减 1
            print ("Del",self.name,NewClass.num_count)
        def test(self):                        #定义方法 test()
            print ("aa")
aa = NewClass("普通客户")                      #定义类 NewClass 的实例化对象 aa
bb = NewClass("大客户")                        #定义类 NewClass 的实例化对象 bb

cc = NewClass("集团客户")                      #定义类 NewClass 的实例化对象 cc
del aa                                         #调用析构函数
del bb                                         #调用析构函数
del cc                                         #调用析构函数
print ("Over")
```

4. 实例解析

在上述实例代码中，num_count 是全局的，这样每当创建一个实例时，构造方法 __init__()就会被调用，num_count 的值递增 1。当程序结束后，所有的实例都会被析构，即调用方法 __del__()，每调用一次，num_count 的值递减 1。执行后会输出：

```
普通客户 1
大客户 2
集团客户 3
Del 普通客户 2
Del 大客户 1
Del 集团客户 0
Over
```

3.2.6　案例 8：提醒乘客地铁即将进站

1. 实例介绍

创建类方法和静态方法，分别用于打印输出地铁进站时的广播信息。

2. 知识点介绍

在 Python 程序中，可以将类中的方法分为多种，其中最常用的有实例方法、类方法和静态方法，具体说明如下。

- 实例方法：本书前面用到的所有类中的方法都是实例方法，其隐含调用的参数是类的实例。

- 类方法：隐含调用的参数是类。在定义类方法时，应使用装饰器@classmethod 进行修饰，并且必须有默认参数"cls"。
- 静态方法：没有隐含调用的参数。类方法和静态方法的定义方式都与实例方法不同，它们的调用方式也不同。在定义静态方法时，应该使用修饰符@staticmethod 进行修饰，并且没有默认参数。

在调用类方法和静态方法时，可以直接由类名进行调用，在调用前无须实例化类。另外，也可以使用该类的任意一个实例进行调用。

3. 编码实现

本实例的实现文件是 zhan.py，代码如下：

```
class Jing:                              #定义类Jing
    def __init__(self,x=0):              #定义构造方法
        self.x = x                       #设置属性
    @staticmethod                        #使用静态方法装饰器
    def static_method():                 #定义静态类方法
        print('地铁即将进站, ')
    @classmethod                         #使用类方法装饰器
    def class_method(cls):               #定义类方法，默认参数是cls
        print('请大家注意安全!')
Jing.static_method()                     #没有实例化类，通过类名调用静态方法

Jing.class_method()                      #没有实例化类，通过类名调用类方法
dm = Jing()                              #实例化类
dm.static_method()                       #通过类实例调用静态方法
dm.class_method()                        #通过类实例调用类方法
```

4. 实例解析

在上述实例代码中，在类 Jing 中同时定义了静态方法和类方法，然后在未实例化时使用类名进行调用，最后在实例化后用类实例再次进行调用。执行后会输出：

```
地铁即将进站,
请大家注意安全!
地铁即将进站,
请大家注意安全!
```

3.3　属性

属性是对现实世界中实体特征的抽象，提供了对类或对象性质的访问。例如在汽车类中，汽车的颜色就是一个属性，红色、白色可以作为属性的取值。再举一个例子，长方形是一个对象，则长和宽是长方形的两个属性。

扫码看视频

3.3.1　案例 9：查询邮政编码

1. 实例介绍

使用两个属性分别表示城市名和邮编，然后打印输出几个常见城市的邮编信息。

2. 知识点介绍

在 Python 程序中，属性是对类进行建模必不可少的内容。我们既可以在构造方法中定义属性，也可以在类中的其他方法中使用定义的属性。在 Python 中通常将属性分为类属性和实例属性两种：

- 类属性：是同一个类的所有实例所共有的，直接在类体中独立定义，引用格式为"类名.类变量名"，只要是某个实例对其进行了修改，就会影响这类所有其他的实例。
- 实例属性：同一个类的不同实例，其值是不相关联的，也不会互相影响，定义时格式为"self.属性名"，调用时也使用这个格式。

3. 编码实现

本实例的实现文件是 youzheng.py，代码如下：

```python
class Address :
    detail = '广州'
    post_code = '510660'
    def info (self):
        #尝试直接访问类变量
        #print(detail)                  #报错
        #通过类来访问类变量
        print(Address.detail)           #输出 广州
        print(Address.post_code)        #输出 510660

addr1 = Address()                       #创建类对象 addr1
addr1.info()
addr2 = Address()                       #创建类对象 addr2
addr2.info()
Address.detail = '佛山'                  #修改 Address 类的类变量
Address.post_code = '460110'
addr1.info()
addr2.info()
```

4. 实例解析

在上述实例代码中，第 2、3 行代码为类 Address 定义了两个类变量，这就是类属性。

当程序中第一次调用 Address 对象的方法 info()输出两个类属性时，将会输出这两个类变量的初始值。接下来程序通过类 Address 修改了两个类属性的值，因此当程序第二次通过方法 info()输出两个类属性时，将会输出这两个类属性修改之后的值。执行后会输出：

```
广州
510660
广州
510660
佛山
460110
佛山
460110
```

3.3.2　案例 10：显示某 4S 店新车的里程信息

1. 实例介绍

假设有这么一个场景，年底将至，某人想换辆新车，初步中意车型是奔驰 E 级。请创建一个表示汽车的类，在类中包含与汽车有关的属性信息，通过对象实例打印输出显示某 4S 店新车的里程信息。

2. 知识点介绍

在 Python 程序中，类中的每个属性都必须有初始值，并且有时可以在方法__init__()中指定某个属性的初始值是 0 或空字符串。如果设置了某个属性的初始值，就无须在__init__()中提供为属性设置初始值的形参。

3. 编码实现

本实例的实现文件是 name.py，代码如下：

```python
class Car():
    """奔驰，我的最爱！"""
    def __init__(self, manufacturer, model, year):
        """初始化操作，创建描述汽车的属性."""
        self.manufacturer = manufacturer
        self.model = model
        self.year = year

        self.odometer_reading = 0
    def get_descriptive_name(self):
        """返回描述信息"""
        long_name = str(self.year) + ' ' + self.manufacturer + ' ' + self.model
```

```
        return long_name.title()
    def read_odometer(self):
        """行驶里程."""
        print("本店新到奔驰新款车型，目前仪表显示行驶里程是" +
str(self.odometer_reading) + "公里！")
my_new_car = Car('Benz', 'E300L', 2022)
print(my_new_car.get_descriptive_name())
my_new_car.read_odometer()
```

4. 实例解析

对上述实例代码的具体说明如下。

- 首先定义了方法__init__()，该方法的第一个形参为 self，后跟 3 个形参 manufacturer、model 和 year。运行后方法__init__()接收这些形参的值，并将它们存储在根据这个类创建的实例的属性中。创建新的 Car 实例时，我们需要指定其品牌、型号和生产日期。

- 在第 8 行代码中添加了一个名为 odometer_reading 的属性，并设置其初始值总是为 0。

- 第 9 行代码定义了一个名为 get_descriptive_name()的方法，在里面使用属性 year、manufacturer 和 model 创建了一个对汽车进行描述的字符串，在程序中我们无须分别打印输出每个属性的值。为了在这个方法中访问属性的值，分别使用 self.manufacturer、self.model 和 self.year 格式进行访问。

- 在第 13 行代码中定义了方法 read_odometer()，其功能是获取当前奔驰汽车的行驶里程。

- 在倒数第 3 行代码中，为了使用类 Car，根据类 Car 创建了一个实例，并将其存储到变量 my_new_car 中。然后调用方法 get_descriptive_name()，打印输出新车型的信息。

- 在最后 1 行代码中，打印输出当前奔驰汽车的行驶里程。因为设置的初始值是 0，所以会显示行驶里程为 0。

执行后会输出：

```
2022 Benz E300L
本店新到奔驰新款车型，目前仪表显示行驶里程是 0 公里！
```

3.3.3 案例 11：修改某汽车里程表的数据

1. 实例介绍

以前面的案例 10 为基础，修改汽车里程表属性 odometer_reading 的数据。

2. 知识点介绍

在 Python 程序中，可以使用如下两种不同的方式修改属性的值：

- 直接通过实例进行修改。
- 通过自定义方法修改。

其中最简单的方法是直接通过实例的方式修改属性的值。

3. 编码实现

本实例的实现文件是 xiu.py，代码如下：

```python
class Car():
    """奔驰，我的最爱！"""

    def __init__(self, manufacturer, model, year):
        """初始化操作，建立描述汽车的属性."""
        self.manufacturer = manufacturer
        self.model = model
        self.year = year
        self.odometer_reading = 0

    def get_descriptive_name(self):
        """返回描述信息"""
        long_name = str(self.year) + ' ' + self.manufacturer + ' ' + self.model
        return long_name.title()

    def read_odometer(self):
        """行驶里程."""
        print("目前仪表显示行驶里程是" + str(self.odometer_reading) + "公里! ")


my_new_car = Car('Benz', 'E300L', 2022)
print(my_new_car.get_descriptive_name())

my_new_car.odometer_reading = 12
my_new_car.read_odometer()
```

4. 实例解析

在上述实例代码中，使用点运算符"."直接访问并设置汽车的属性 odometer_reading，并将属性 odometer_reading 的值设置为 12。执行后会输出：

```
2022 Benz E300L
目前仪表显示行驶里程是12 公里!
```

3.4　继承

在 Python 程序中，类的继承是指新类从已有的类中取得已有的特性，诸如属性、变量和方法等。类的派生是指从已有的类产生新类的过程，这个已有的类称为基类或者父类，而新类则称为派生类或者子类。派生类(子类)不但可以继承使用基类中的数据成员和成员函数，而且也可以增加新的成员。

扫码看视频

3.4.1　案例 12：输出显示某款宝马车的信息

1. 实例介绍

在本章前面的实例中，我们多次用到了汽车的场景模拟。其实市场中的汽车品牌有很多，例如宝马、奥迪、奔驰、丰田、比亚迪等。请编写一个展示汽车的程序，先定义一个表示汽车的类，然后定义一个表示某个品牌汽车的子类，最后打印输出某款宝马车的信息。

2. 知识点介绍

在 Python 程序中，定义子类的语法格式如下：

```
class ClassName1(ClassName2):
语句
```

上述语法格式非常容易理解，其中 ClassName1 表示子类(派生类)名，ClassName2 表示父类(基类)名。如果在基类中有一个方法名，而在子类使用时未指定，Python 会从左到右进行搜索。也就是说，当方法在子类中未找到时，将从左到右查找基类中是否包含该方法。另外，基类 ClassName2 必须与子类在同一个作用域内定义。

3. 编码实现

本实例的实现文件是 bmw.py，代码如下：

```
class Car():
    """汽车之家！"""
    def __init__(self, manufacturer, model, year):
        """初始化操作，建立描述汽车的属性。"""
        self.manufacturer = manufacturer
        self.model = model
        self.year = year

        self.odometer_reading = 0
    def get_descriptive_name(self):
```

```
        """"返回描述信息""""
        long_name = str(self.year) + ' ' + self.manufacturer + ' ' + self.model
        return long_name.title()

class Bmw(Car):
    """这是一个子类 Bmw，基类是 Car."""
    def __init__(self, manufacturer, model, year):
        super().__init__(manufacturer, model, year)
my_tesla = Bmw('宝马', '525Li', '2022 款')
print(my_tesla.get_descriptive_name())
```

4. 实例解析

对上述实例代码的具体说明如下：

● 汽车类 Car 是基类(父类)，宝马类 Bmw 是派生类(子类)。

● 在创建子类 Bmw 时，父类必须包含在当前文件中，且位于子类前面。

● 上述加粗部分代码定义了子类 Bmw，在定义子类时，必须在括号内指定父类的名
  称。方法__init__()可以接收创建 Car 实例所需的信息。

● 加粗代码中的方法 super()是一个特殊函数，功能是将父类和子类关联起来。可以
  让 Python 调用父类 Car 的方法__init__()，可以让 Bmw 的实例包含父类 Car 中的
  所有属性。父类也被称为超类(superclass)，名称 super 因此而得名。

● 为了测试继承是否能够正确地发挥作用，在倒数第 2 行代码中创建了一辆宝马汽
  车实例，代码中提供的信息与创建普通汽车时完全相同。在创建类 Bmw 的一个实
  例时，将其存储在变量 my_tesla 中。这行代码调用在类 Bmw 中定义的方法
  __init__()，后者能够让 Python 调用父类 Car 中定义的方法__init__()。在代码中使
  用了 3 个实参"宝马""525Li"和"2020 款"进行测试。

执行后会输出：

```
2022 款 宝马 525Li
```

3.4.2　案例 13：打印输出××款 535Li 的发动机参数

1. 实例介绍

在本章前面的汽车例子中，宝马汽车类 Bmw 中的发动机属性和方法非常复杂，例如 5
系有多款车型，每个车型的发动机参数也不一样，随着程序功能的增多，很需要将发动机
作为一个独立的类进行编写。请编写一个程序，将原来保存在类 Bmw 中与发动机有关的这
些属性和方法提取出来，放到另一个名为 Motor 的类中，将类 Motor 作为类 Bmw 的子类，

并将一个 Motor 实例作为类 Bmw 的一个属性。

2. 知识点介绍

在 Python 程序中，根据项目情况的需要，可以基于一个子类继续创建一个子类。这种情况非常普遍，例如在使用代码模拟实物时，开发者可能会发现需要各类添加越来越多的细节，这样随着属性和方法个数的增多，代码也变得更加复杂，十分不利于阅读和后期维护。在这种情况下，为了使整个代码变得更加直观，可能需要将某个类中的一部分功能作为一个独立的类提取出来。例如我们可以将大型类(例如类 A)派生成多个协同工作的小类，既可以将它们划分为和类 A 同级并列的类，也可以将它们派生为类 A 的子类。

3. 编码实现

本实例的实现文件是 can.py，代码如下：

```python
class Car():
    """汽车之家! """

    def __init__(self, manufacturer, model, year):
        """初始化操作，建立描述汽车的属性."""
        self.manufacturer = manufacturer
        self.model = model
        self.year = year

        self.odometer_reading = 0

    def get_descriptive_name(self):
        """返回描述信息"""
        long_name = str(self.year) + ' ' + self.manufacturer + ' ' + self.model
        return long_name.title()

class Bmw(Car):
    """这是一个子类 Bmw，基类是 Car."""

    def __init__(self, manufacturer, model, year):
        super().__init__(manufacturer, model, year)

        self.Motor = Motor()

class Motor(Bmw):
    """类 Motor 是类 Bmw 的子类"""
    def __init__(self, Motor_size=60):
        """初始化发动机属性"""
        self.Motor_size = Motor_size
```

```
    def describe_motor(self):
        """输出发动机参数"""
        print("这款车的发动机参数是" + str(self.Motor_size) + " 24 马力，3.0T 涡轮增压，
功率高达 225kW。")

my_tesla = Bmw('宝马', '535Li', '××款')
print(my_tesla.get_descriptive_name())
my_tesla.Motor.describe_motor()
```

4．实例解析

对上述实例代码的具体说明如下所示：

- 定义一个名为 Motor 的新类，此类继承于类 Bmw。在第 20 行的方法__init__()中，除了属性 self 之外，还设置了形参 Motor_size。形参 Motor_size 是可选的，如果没有给它提供值，发动机功率将被设置为 60。另外，方法 describe_motor()的实现代码也被放置在这个类 Motor 中。
- 在类 Bmw 中，添加了一个名为 self.Motor 的属性。运行这行代码后，Python 会创建一个新的 Motor 实例。因为没有指定发动机的具体参数，所以会被设置为默认值 60，并将该实例存储在属性 self.Motor 中。因为每当方法__init__()被调用时都会执行这个操作，所以在每个 Bmw 实例中都包含一个自动创建的 Motor 实例。
- 创建了一辆宝马汽车实例，并将其存储在变量 my_tesla 中。在描述这辆宝马车的发动机参数时，需要使用类 Bmw 中的属性 Motor。
- 调用方法 describe_motor()。
- 整个实例的继承关系就是类 Car 是父类，在下面创建了一个子类 Bmw，而在子类 Bmw 中又创建了一个子类 Motor。可以将类 Motor 看作类 Car 的孙子，这样类 Motor 不但会继承类 Bmw 的方法和属性，而且也会继承 Car 的方法和属性。

执行后 Python 会在实例 my_tesla 中查找属性 Motor，并对存储在该属性中的 Motor 调用方法 describe_motor()输出信息。执行后会输出：

```
××款 宝马 535Li
这款车的发动机参数是 60 24 马力，3.0T 涡轮增压，功率高达 225kW。
```

3.4.3 案例 14：实现多重继承

1．实例介绍

定义两个类 PrntOne 和 PrntSecond，然后分别创建类 PrntOne、PrntSecond 的子类 Sub()，类 PrntSecond、PrntOne 的子类 Sub2，类 PrntOne、PrntSecond 的子类 Sub3。

2. 知识点介绍

多重继承是指一个类可以同时继承多个类,在实现多重继承定义时,需要在小括号中以",",分隔开要多重继承的父类。具体语法格式如下:

```
class DerivedClassName(Base1, Base2, Base3):
```

上述语法格式很容易理解,其中 DerivedClassName 表示子类名,小括号中的 Base1、Base2 和 Base3 表示多个父类名。在 Python 多重继承程序中,继承顺序是一个很重要的要素。如果继承的多个父类中有相同的方法名,但在类中使用时未指定父类名,则 Python 解释器将从左至右搜索,即调用先继承的类中的同名方法。

3. 编码实现

本实例的实现文件是 duo.py,代码如下:

```
class PrntOne:                                    #定义类 PrntOne
    namea = 'PrntOne'                             #定义变量
    def set_value(self,a):                        #定义方法 set_value()
        self.a = a                                #设置属性值
    def set_namea(self,namea):                    #定义方法 set_namea()
        PrntOne.namea = namea                     #设置属性值
    def info(self):                               #定义方法 info()
        print('PrntOne:%s,%s' % (PrntOne.namea,self.a))

class PrntSecond:                                 #定义类 PrntSecond
    nameb = 'PrntSecond'                          #定义变量
    def set_nameb(self,nameb):                    #定义方法 set_nameb()
        PrntSecond.nameb = nameb                  #设置属性值

    def info(self):                               #定义方法 info()
        print('PrntSecond:%s' % (PrntSecond.nameb))

class Sub(PrntOne,PrntSecond):                    #定义子类 Sub,先后继承于类 PrntOne 和 PrntSecond
    pass                                          #pass 表示空语句,什么也不做
class Sub2(PrntSecond,PrntOne):                   #定义子类 Sub2,先后继承于类 PrntSecond 和 PrntOne
    pass

class Sub3(PrntOne,PrntSecond):                   #定义子类 Sub3,先后继承于类 PrntOne 和 PrntSecond
    def info(self):
        PrntOne.info(self)                        #分别调用两个父类中的 info()方法
        PrntSecond.info(self)                     #分别调用两个父类中的 info()方法

print('使用第一个子类: ')
sub = Sub()                                       #定义子类 Sub 的对象实例
sub.set_value('11111')                            #调用方法 set_value()
```

```
sub.info()                          #调用方法 info()
sub.set_nameb('22222')              #调用方法 set_nameb()

sub.info()                          #调用方法 info()
print('使用第二个子类: ')
sub2= Sub2()                        #定义子类 Sub2 的对象实例
sub2.set_value('33333')             #调用方法 set_value()

sub2.info()                         #调用方法 info()
sub2.set_nameb('44444')             #调用方法 set_nameb()

sub2.info()                         #调用方法 info()
print('使用第三个子类: ')
sub3= Sub3()                        #定义子类 Sub3 的对象实例
sub3.set_value('55555')             #调用方法 set_value()

sub3.info()                         #调用方法 info()
sub3.set_nameb('66666')             #调用方法 set_nameb()
sub3.info()                         #调用方法 info()
```

4. 实例解析

对上述实例代码的具体说明如下:

- 首先定义了两个父类 PrntOne 和 PrntSecond，它们有一个同名的方法 info()，用于输出类的相关信息。
- 第一个子类 Sub 先后继承了 PrntOne、PrntSecond，在实例化后，先调用 PrntOne 中的方法。因此在调用 info()方法时，由于两个父类中有同名的方法 info()，所以实际上调用了 PrntOne 中的 info()方法，因此只输出了从父类 PrntOne 中继承的相关信息。
- 第二个子类 Sub2 继承的顺序相反，当调用 info()方法时，实际上调用的是属于 PrntSecond 中的 info()方法，因此只输出从父类 PrntSecond 中继承的相关信息。
- 第三个子类 Sub3 继承的类及顺序和第一个子类 Sub 相同，但是修改了父类中的 info()方法，在其中分别调用了两个父类中的 info()方法，因此，每次调用 Sub3 类实例的 info()方法，两个被继承的父类中的信息都会输出。

当使用第 1 个和第 2 个子类时，虽然两次调用了方法 info()，但是仅输出了其中一个父类的信息。当使用第三个子类时，每当调用方法 info()时会同时输出两个父类的信息。执行后会输出:

```
使用第一个子类:
PrntOne:PrntOne,11111
PrntOne:PrntOne,11111
```

```
使用第二个子类：
PrntSecond:22222
PrntSecond:44444
使用第三个子类：
PrntOne:PrntOne,55555
PrntSecond:44444
PrntOne:PrntOne,55555
PrntSecond:66666
```

3.4.4 案例 15：模拟某款海战游戏

1. 实例介绍

创建两个具有继承关系的类，在类中创建海战游戏方法，例如发射导弹、发射鱼雷等。要求在子类中创建和父类中相同名字的方法。

2. 知识点介绍

在 Python 程序中，当子类在使用父类中的方法时，如果发现父类中的方法不符合子类的需求，可以对父类中的方法进行重写。在重写时，需要先在子类中定义一个这样的方法，与要重写的父类中的方法同名，这样 Python 程序将不会再使用父类中的这个方法，而只使用在子类中定义的这个和父类中重名的方法(重写方法)。

3. 编码实现

本实例的实现文件是 area.py，代码如下：

```python
class Wai:                                    #定义父类 Wai
    def __init__(self, x=0, y=0, color='black'):
        self.x = x
        self.y = y
        self.color = color

    def haijun(self, x, y):                   #定义海军方法 haijun()
        self.x = x
        self.y = y
        print('发射鱼雷...')
        self.info()

    def info(self):
        print('定位目标: (%d,%d)' % (self.x, self.y))

    def gongji(self):                         #父类中的方法 gongji()
        print("导弹发射! ")
```

```
class FlyWai(Wai):                                      #定义继承自类 Wai 的子类 FlyWai
    def gongji(self):                                   #子类中的方法 gongji()
        print("拦截导弹！")

    def fly(self, x, y):                                #定义火箭军方法 fly()
        print('发射火箭...')
        self.x = x
        self.y = y
        self.info()

flyWai = FlyWai(color='red')                            #定义子类 FlyWai 对象实例 flyWai
flyWai.haijun(100, 200)                                 #调用海军方法 haijun()
flyWai.fly(12, 15)                                      #调用火箭军方法 fly()
flyWai.gongji()             #调用攻击方法 gongji()，子类方法 gongji()和父类方法 gongji()同名
```

4. 实例解析

在上述实例代码中，首先定义了父类 Wai，在里面定义了海军方法 haijun()，并且可以发射鱼雷。然后定义了继承父类 Wai 的子类 FlyWai，从父类中继承了海军发射鱼雷的方法，然后又添加了发射火箭方法 fly()。并在子类 FlyWai 中修改了方法 gongji()，将父类中的"导弹发射！"修改为"拦截导弹！"。子类中的方法 gongji()和父类中的方法 gongji()是同名的，所以上述在子类中使用方法 gongji()的过程就是一个方法重载的过程。执行后会输出：

```
发射鱼雷...
定位目标: (100,200)
发射火箭...
定位目标: (12,15)
拦截导弹！
```

3.5   模块和包

因为 Python 语言是一门面向对象的编程语言，所以也遵循了模块架构程序的编码原则。在前面的内容中，已经讲解了模块化开发基本知识。在接下来的内容中，将进一步讲解使用模块和包架构 Python 程序的知识。

扫码看视频

3.5.1   案例 16：显示《三体 2·黑暗森林》上部序章中的第一段内容

1. 实例介绍

创建两个具有调用关系的文件，要求外部模块文件和调用文件不在同一个目录中。

2. 知识点介绍

在 Python 程序中，不能随便导入编写好的外部模块，只有被 Python 找到的模块才能被导入。如果自己编写的外部模块文件和调用文件在同一个目录中，那么可以不需要特殊设置就能被 Python 找到并导入。但是如果两个文件不在同一个目录中呢？例如在下面的实例中分别编写了外部调用模块文件 module_test.py 和测试文件 but.py，这两个文件不是在同一个目录中。但是，文中 but.py 和文件 module_test.py 在同一个目录中。

3. 编码实现

(1) 外部模块文件 module_test.py 的具体实现代码如下：

```
print('《三体 2·黑暗森林》上部 面壁者 ')          #打印输出文本信息
name = '这是小说的第一段'                          #设置变量 name 的值
def m_t_pr():                                       #定义方法 m_t_pr()
    print('序章')
```

(2) 在测试文件 but.py 中，使用 import 语句调用了外部模块文件 module_test.py，文件 but.py 的具体实现代码如下：

```
import module_test                                 #导入外部模块 module_test
module_test.m_t_pr()                               #调用外部模块 module_test 中的方法 m_t_pr()
print('褐蚁已经忘记这里曾是它的家园。这段时光对于暮色中的大地和刚刚出现的星星来说短得可以忽略不
计，但对于它来说却是漫长的。',module_test.name)
```

4. 实例解析

模块文件 module_test.py 和测试文件 but.py 被保存在同一个目录中，如图 3-1 所示。

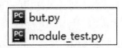

图 3-1　在同一个目录中

执行后会输出：

```
《三体 2·黑暗森林》上部 面壁者
序章
褐蚁已经忘记这里曾是它的家园。这段时光对于暮色中的大地和刚刚出现的星星来说短得可以忽略不计，但对
于它来说却是漫长的。　这是小说的第一段
```

如果在文件 but.py 所在的目录中新建一个名为 module 的目录，然后把文件 module_test.py 保存到 module 目录中。再次运行文件 but.py 后，会引发 ImportError 错误，即提示找不到要导入的模块，执行效果如图 3-2 所示。

```
\but.py", line 1, in <module>
    import module_test
ModuleNotFoundError: No module named 'module_test'
>>> |
```

图 3-2　执行时出现错误提示

上述错误提示表示没有找到名为 module_test 的模块，在程序中 Python 导入一个模块时，解释器首先在当前目录中查找要导入的模块。如果没有找到这个模块，Python 解释器会从 sys 模块中的 path 变量指定的目录查找要导入的模块。如果在以上所有目录中都没有找到要导入的模块，则会引发 ImportError 错误。

这意味着在导入模块时，首先需要查找的路径是当前目录。在大多数情况下，Python 解释器会在运行程序前将当前目录添加到 sys.path 路径的列表中，所以在导入模块时首先查找的路径是当前目录。在 Windows 系统中，其他默认模块的查找路径是 Python 的安装目录及子目录，例如 lib、lib\site-packages、dlls 等。在 Linux 系统中，默认模块查找路径为/usr/lib、/usr/lib64 及它们的子目录。

3.5.2　案例 17：模拟某火车发布即将查票的通知

1. 实例介绍

打印输出文本"列车工作人员将到车厢查验车票了。"，要求使用__name__属性来实现。

2. 知识点介绍

在 Python 程序中，当某个程序第一次引入一个模块时，将会运行主程序。如果想在导入模块时不执行模块中的某一个程序块，可以用__name__属性使该程序块仅在该模块自身运行时执行。在运行 Python 程序时，通过对__name__属性值的判断，可以让作为导入模块和独立运行时的程序都可以正确运行。在 Python 程序中，如果程序作为一个模块被导入，则其__name__属性设置为模块名。如果程序独立运行，则将其__name__属性设置为__main__。由此可见，可以通过属性__name__来判断程序的运行状态。

3. 编码实现

本实例的实现文件是 using_name.py，代码如下：

```python
if __name__ == '__main__':              #将__name__属性与__main__比较
    print('列车工作人员将到车厢查验车票了。')   #程序自身在运行，仅在该模块自身运行时执行
else:                                    #如果程序作为一个模块被导入
    print('请您提前准备好车票供工作人员检查。')
```

4. 实例解析

在上述代码中，将模块的主要功能以实例的形式保存在 if 语句中，这样可以方便地测试模块是否能够正常运行，或者发现模块的错误。执行后会显示"列车工作人员将到车厢查验车票了。"，如果输入"import using_name"，按下回车后则输出"请您提前准备好车票供工作人员检查。"。执行后会输出：

```
列车工作人员将到车厢查验车票了。
>>> import using_name
请您提前准备好车票供工作人员检查。
```

3.5.3 案例 18：编写一个故事

1. 实例介绍

使用文件 __init__.py 创建一个包，然后创建多个 Python 程序文件，实现包内成员函数的相互调用。

2. 知识点介绍

在 Python 程序中，简单创建包的方法是放一个空的 __init__.py 文件即可。当然在这个文件中也可以包含一些初始化代码或者为变量 __all__ 赋值。

在使用包时，开发者可以每次只导入一个包里面的特定模块，比如：

```
import sound.effects.echo
```

这样会导入子模块 sound.effects.echo，此时必须使用全名进行访问：

```
sound.effects.echo.echofilter(input, output, delay=0.7, atten=4)
```

除此之外，还有一种导入子模块的方法是：

```
from sound.effects import echo
```

上述方法同样会导入子模块 echo，并且不需要那些冗长的前缀，所以也可以这样使用：

```
echo.echofilter(input, output, delay=0.7, atten=4)
```

除此之外，还有一种变化就是直接导入一个函数或者变量：

```
from sound.effects.echo import echofilter
```

同样道理，这种方法会导入子模块 echo，并且可以直接使用里面的 echofilter()函数：

```
echofilter(input, output, delay=0.7, atten=4)
```

3. 编码实现

(1) 首先新建一个名为 pckage 的文件夹，然后在里面创建文件__init__.py，这样文件夹 pckage 便成为一个包。在文件__init__.py 中定义了方法 pck_test_fun()，具体实现代码如下：

```
name = '小菜'                            #定义变量 name 的初始值
print('观众朋友们，我是相声演员',name)
def pck_test_fun():                       #定义方法 pck_test_fun()
     print('此时此刻，我想吟诗一首。')
```

(2) 在包 pckage 中创建文件 tt.py，在里面定义方法 tt()，具体实现代码如下：

```
def tt():  # 定义方法 tt()
   print('但是我有点紧张，满台都是明星大腕，各路的精英，我不如人家。')
```

(3) 在 pckage 文件夹同级目录中创建文件 bao.py，功能是调用包 pckage 中的方法输出对应的提示信息。具体实现代码如下：

```
import pckage                            #导入包 pckage
import pckage.tt                         #导入包 pckage 中的模块 tt
#打印显示变量 name 的值
print("我也给您拜年了，我是大咖",pckage.name)

print('能站在春晚的舞台上，我心情非常的激动。',end='')
pckage.pck_test_fun()                    #调用包 pckage 中的方法 pck_test_fun()
pckage.tt.tt()                           #调用包 pckage 中的模块 tt 中的方法 tt()
```

4. 实例解析

在上述代码中，通过代码 import pckage 使得文件__init__.py 中的代码被调用执行，并自动导入了其中的变量和函数。执行后会输出：

```
观众朋友们，我是相声演员 小菜
我也给您拜年了，我是大咖 小菜
能站在春晚的舞台上，我心情非常的激动。此时此刻，我想吟诗一首。
但是我有点紧张，满台都是明星大腕，各路的精英，我不如人家。
```

3.6 迭代器

迭代是 Python 语言中最强大的功能之一，是访问集合元素的一种方式。通过使用迭代器，简化了循环程序的代码，并且可以节约内存。迭代器是一种可以在其中连续迭代的一个容器，Python 程序中所有的序列类型都是可迭代的。

扫码看视频

3.6.1   案例 19：输出显示某公司的客户类型和数量

1. 实例介绍

在列表中保存了某购物车中的商品，请使用迭代器遍历输出里面的商品信息。

2. 知识点介绍

在 Python 程序中，迭代器是一个可以记住遍历位置的对象。迭代器对象从集合的第一个元素开始访问，直到所有的元素被访问完结束，迭代器只能往前不会后退。其实在本章前面实例中用到的 for 语句，其本质上都属于迭代器的应用范畴。从表面上看，迭代器是一个数据流对象或容器。每当使用其中的数据时，每次从数据流中取出一个数据，直到数据被取完为止，而且这些数据不会被重复使用。从编写代码角度看，迭代器是实现了迭代器协议方法的对象或类。在 Python 程序中，主要有如下两个内置迭代器协议方法。

- 方法 iter()：返回对象本身，是 for 语句使用迭代器的要求。
- 方法 next()：用于返回容器中下一个元素或数据，当使用完容器中的数据时会引发 StopIteration 异常。

3. 编码实现

本实例的实现文件是 die.py，代码如下：

```
list=["水果","手机","牛肉 ","果汁"]          #创建列表 list
it = iter(list)                          #创建迭代器对象
for x in it:                             #遍历迭代器中的数据
    print (x, end=" ")                  #打印显示迭代结果
```

4. 实例解析

在上述实例代码中，将列表 list 构建成了迭代器，然后使用 for 循环语句遍历了迭代器中的数据内容。执行后会输出：

```
水果 手机 牛肉 果汁
```

3.6.2   案例 20：伪随机抽奖系统

1. 实例介绍

某演艺公司正在举行某专辑签售会，现场将公布几位幸运者，请编程实现这个伪随机抽奖系统。

2. 知识点介绍

本实例使用迭代器实现，要想创建一个自己的迭代器，只需要定义一个实现迭代器协议方法的类。注意，在 Python 程序中使用迭代器类时，一定要在某个条件下引发 StopIteration 错误，这样可以结束遍历循环，否则会产生死循环。

3. 编码实现

本实例的实现文件是 chou.py，代码如下：

```
class Use:                                    #定义迭代器类 Use
    def __init__(self,x=2,max=50):            #定义构造方法
        self.__mul,self.__x = x,x             #初始化属性，x 的初始值是 2
        self.__max = max                      #初始化属性
    def __iter__(self):                       #定义迭代器协议方法
        return self                           #返回类的自身
    def __next__(self):                       #定义迭代器协议方法
        if self.__x and self.__x != 1:        #如果 x 值不是 1
            self.__mul *= self.__x            #设置 mul 值
        if self.__mul <= self.__max:          #如果 mul 值小于等于预设的最大值 max
                return self.__mul             #则返回 mul 值
            else:
                    raise StopIteration       #当超过参数 max 的值时会引发 StopIteration 异常
        else:
                raise StopIteration
if __name__ == '__main__':
    my = Use()                                #定义类 Use 的对象实例 my
    for i in my:                              #遍历对象实例 my
            print('新专辑签售会的幸运者有：',i,"号")
```

4. 实例解析

在上述实例代码中，首先定义了迭代器类 Use，在其构造方法中，初始化私有的实例属性，功能是生成序列并设置序列中的最大值。这个迭代器总是返回所给整数的 n 次方，当其最大值超过参数 max 值时就会引发 StopIteration 异常，并且马上结束遍历。最后，实例化迭代器类，并遍历迭代器的值序列，同时输出各个序列值。在本实例中初始化迭代器时使用了默认参数，遍历得到的序列是 2 的 n 次方的值，最大值不超过 50。执行后会输出：

```
新专辑签售会的幸运者有：  4 号
新专辑签售会的幸运者有：  8 号
新专辑签售会的幸运者有：  16 号
新专辑签售会的幸运者有：  32 号
```

3.6.3　案例 21：猜数游戏

1. 实例介绍

设置一个数字，然后让电脑去猜这个数，直到猜对为止。

2. 知识点介绍

本实例使用内置迭代器协议方法 iter()实现，我们可以通过如下两种方式使用内置迭代器方法 iter()：

```
iter(iterable)
iter(callable, sentinel)
```

对上述两种使用方式的具体说明如下。

第一种：只有一个参数 iterable，要求参数为可迭代的类型，也可以使用各种序列类型。

第二种：具有两个参数，第一个参数 callable 表示可调用类型，一般为函数；第二个参数 sentinel 是一个标记，当第一个参数(函数)调用返回值等于第二个参数的值时，迭代或遍历会马上停止。

可选参数 sentinel 的作用和它的英文含义一样，即"哨兵"。当可调用对象返回值为这个"哨兵"时循环结束，且不会输出这个"哨兵"。

3. 编码实现

本实例的实现文件是 guess.py，代码如下：

```
from random import randint           #引用 Python 内置随机模块 random 中的 randin
def guess():
      return randint(0, 10)
num = 1
# 假设心里想的数为5
for i in iter(guess, 5):
      print("第%s 次猜测，猜测数字为: %s" % (num, i))
      num += 1
```

4. 实例解析

在上述实例代码中，当 guess 返回的是 5 时会抛出异常 StopIteration，但是 for 循环会处理异常，会使程序结束循环操作。每次执行的效果不一样，例如某次在作者电脑中执行后会输出下面的结果，这说明电脑用 5 次猜到了正确的数字 5。

```
第 1 次猜测，猜测数字为：4
第 2 次猜测，猜测数字为：9
```

第 3 次猜测，猜测数字为：1
第 4 次猜测，猜测数字为：4

3.7 生成器

在 Python 程序中，使用关键字 yield 定义的函数称为生成器(Generator)。通过使用生成器，可以生成一个值的序列用于迭代，并且这个值的序列不是一次生成的，而是使用一个，再生成一个，最大的好处是可以使程序节约大量内存。

扫码看视频

3.7.1 案例 22：模拟演示某代表团的金牌数量变化情况

1. 实例介绍

假设某届奥运会正在如火如荼地进行，请编写程序模拟某代表队每天的金牌数量变化情况。

2. 知识点介绍

本实例通过生成器实现，在 Python 程序中，使用关键字 yield 定义生成器。当向生成器索要一个数时，生成器就会执行，直至出现 yield 语句时，生成器把 yield 的参数传出，之后生成器就不会往下继续运行。当向生成器索要下一个数时，它会从上次的状态开始运行，直至出现 yield 语句时把参数传出，然后停下。如此反复，直至退出函数为止。

3. 编码实现

本实例的实现文件是 gold.py，代码如下：

```
def fib(max):              #定义方法 fib()
    a, b = 1, 1            #将变量 a 和 b 赋值为 1
    while a < max:         #如果 a 小于 max
        yield a            #当程序运行到 yield 这行时就不会继续往下执行
        a, b = b, a + b

print("某代表队金牌榜的变化：")
for n in fib(15):          #遍历 15 以内的值
    print(n)
```

4. 实例解析

在上述实例代码中，当程序运行到 yield 语句时就不会继续往下执行，而是返回一个包含当前函数所有参数的状态的 iterator 对象。目的就是为了第二次被调用时，能够访问的函数所有的参数值都是第一次访问时的值，而不是重新赋值。当程序第一次调用时：

```
yield a #这时 a,b 值分别为1,1，当然，程序也在执行到这时，返回
```

当程序第二次调用时，从前面可知，当第一次调用时，a,b=1,1，那么第二次调用时(其实就是调用第一次返回的 iterator 对象的 next()方法)，程序跳到 yield 语句的下一行处，当执行 "a,b = b, a+b" 语句时，此时值变为：a,b = 1, (1+1) => a,b = 1, 2。然后程序继续执行 while 循环，这样会再一次碰到 yield a 语句，也是像第一次那样，保存函数所有参数的状态，返回一个包含这些参数状态的 iterator 对象。然后等待第三次调用……执行后会输出：

```
奥运会金牌榜的变化
1
1
2
3
5
8
13
```

3.7.2 案例 23：模拟乘坐电梯下楼的过程

1. 实例介绍

请编程模拟乘坐电梯下楼的过程，例如电梯开始运行，到达 3 楼，继续下降，到达 X 楼……

2. 知识点介绍

根据本章前面内容的学习可知，在 Python 程序中可以使用关键字 yield 将一个函数定义为一个生成器。所以说生成器也是一个函数，能够生成一个值的序列，以便在迭代中使用。通过本实例的学习，可以帮助大家掌握 yield 生成器的运行机制。

3. 编码实现

本实例的实现文件是 dian.py，代码如下：

```
def shengYield(n):                    #定义方法 shengYield()
    while n > 0:                       #如果 n 大于 0 则开始循环
        print("电梯开始运行...:")
        yield n                        #定义一个生成器
        print("刚刚降落了一层！")
        n -= 1                         #生成初始值的不断递减的数字序列
```

```
if __name__ == '__main__':          #当模块被直接运行时，以下代码块会运行，当模块是被导入时不运行
    for i in shengYield(4):          #遍历 4 次
        print("现在是", i,"楼")
print()
sheng_yield = shengYield(3)
print('已经实例化生成器对象')
sheng_yield.__next__()               #直接遍历自己创建的生成器
print('第二次调用__next__()方法：')
```

4. 实例解析

在上述实例代码中，自定义了一个递减数字序列的生成器，每次调用时都会生成一个以调用时所提供值为初始值的不断递减的数字序列。生成对象不但可以直接被 for 循环语句遍历，而且也可以进行手工遍历，在上述最后两行代码中便是使用的手工遍历方式。第一次使用 for 循环语句时直接遍历自己创建的生成器，第二次用手工方式获取生成器产生的数值序列。执行后会输出：

```
电梯开始运行...：
现在是 4 楼
刚刚降落了一层！
电梯开始运行...：
现在是 3 楼
刚刚降落了一层！
电梯开始运行...：
现在是 2 楼
刚刚降落了一层！
电梯开始运行...：
现在是 1 楼
刚刚降落了一层！

已经实例化生成器对象
电梯开始运行...：
第二次调用__next__()方法：
```

通过上述实例的实现过程可知，当在生成器中包含 yield 语句时，不但可以用 for 直接遍历，而且也可以使用手工方式调用其方法__next__()进行遍历。在 Python 程序中，yield 语句是生成器中的关键语句，生成器在实例化时并不会立即执行，而是等候其调用方法__next__()才开始运行，并且当程序运行完 yield 语句后就会保持当前状态并且停止运行，等待下一次遍历时才恢复运行。

在上述实例的执行结果中，在空行之后的输出"已经实例化生成器对象"的前面，已经实例化了生成器对象，但是生成器并没有运行(没有输出"电梯开始运行")。当第一次手工调用方法__next__()后，才输出"电梯开始运行"提示，这说明生成器已经开始运行，并

且在输出"第二次调用__next__()方法："文本前并没有输出"刚刚降落了一层！"文本，这说明 yield 语句在运行之后就立即停止了运行。在第二次调用方法__next__()后，才会输出"刚刚降落了一层！"的文本提示，这说明是从 yield 语句之后开始恢复运行生成器。

3.8　装饰器

在 Python 程序中，通过使用装饰器可以增强函数或类的功能，并且还可以快速地给不同的函数或类插入相同的功能。从绝对意义上说，装饰器是一种代码的实现方式。

扫码看视频

3.8.1　案例 24：使用装饰器装饰带参函数

1. 实例介绍

创建两个函数 deco() 和 myfunc()，要求前者是装饰器函数。

2. 知识点介绍

要想在 Python 程序中使用装饰器，需要使用一个特殊的符号"@"来实现。在定义装饰器函数或类时，使用"@装饰器名称"的形式将符号"@"放在函数或类的定义行之前。例如，有一个装饰器名称为 run_time，当需要在函数中使用装饰器功能时，可以使用如下形式定义这个函数：

```
@ run_time
def han_fun():
    pass                            #空语句
```

3. 编码实现

本实例的实现文件是 zhuang.py，代码如下：

```
def deco(func):                                    #定义装饰器函数deco()
    def _deco(a, b):                               #定义函数_deco()
        print("在函数myfunc()之前被调用.")
        ret = func(a, b)
        print("在函数myfunc()之后被调用，结果是：%s" % ret)
        return ret
    return _deco
@deco
def myfunc(a, b):                                  #定义函数myfunc()
    print("函数myfunc(%s,%s)被调用！" % (a, b))
```

```
        return a + b
myfunc(1, 2)

myfunc(3, 4)
```

4. 实例解析

在本实例中创建了两个函数 deco() 和 myfunc()，其中 deco() 是装饰器函数。执行后会输出：

```
在函数myfunc()之前被调用.
函数myfunc(1,2)被调用!
在函数myfunc()之后被调用，结果是：3
在函数myfunc()之前被调用.
函数myfunc(3,4)被调用!
在函数myfunc()之后被调用，结果是：7
```

3.8.2 案例 25：显示某酒店的坐标

1. 实例介绍

创建三个方法，分别打印输出某酒店的 3D 坐标，要求使用装饰器修饰类来实现。

2. 知识点介绍

我们可以使用装饰器来装饰类。在使用装饰器装饰类时，需要先定义内嵌类中的函数，然后返回新类。

3. 编码实现

本实例的实现文件是 lei.py，代码如下：

```
def zz(myclass):                    #定义一个能够装饰类的装饰器 zz
    class InnerClass:               #定义一个内嵌类 InnerClass 来代替被装饰的类
        def __init__(self, z=0):
            self.z = 0  # 初始化属性 z 的值
            self.wrapper = myclass()    #实例化被装饰的类

        def position(self):
            self.wrapper.position()
            print('z轴坐标: ', self.z)

    return InnerClass               #返回新定义的类

@zz  # 使用装饰器
class coordination:  # 定义一个普通类 coordination
```

```
    def __init__(self, x=0, y=0):
        self.x = x                          #初始化属性 x
        self.y = y                          #初始化属性 y

    def position(self):                     #定义普通方法 position()

        print('x 轴坐标: ', self.x)          #显示 x 坐标
        print('y 轴坐标: ', self.y)          #显示 y 坐标
if __name__ == '__main__':         #当模块被直接运行时，以下代码块会运行，当模块是被导入时不运行
    print('下面是酒店 X 的 3D 坐标: ')
    coor = coordination()
    coor.position()                         #调用普通方法 position()
```

4. 实例解析

在上述实例代码中，首先定义了一个能够装饰类的装饰器 zz，然后在里面定义了一个内嵌类 InnerClass 来代替被装饰的类，并返回新的内嵌类。在实例化普通类时得到的是被装饰器装饰后的类。在运行程序后，因为原来定义的坐标类只包含平面坐标，而通过装饰器装饰后则成了可以表示立体坐标的三个坐标值，所以执行后会看到显示的坐标为立体坐标值(3 个方向的值)，执行后会输出：

```
下面是酒店 X 店的 3D 坐标:
x 轴坐标: 0
y 轴坐标: 0
z 轴坐标: 0
```

第 4 章

文 件 操 作

在计算机信息系统中，根据信息存储时间的长短，可以分为临时性信息和永久性信息。简单来说，临时信息存储在计算机系统临时存储设备(例如计算机内存)中，这类信息随系统断电而丢失。永久性信息存储在计算机的永久性存储设备(例如磁盘和光盘)中。永久性的最小存储单元为文件，文件管理是计算机系统中的一个重要课题。在本章的内容中，将详细讲解使用 Python 语言实现文件操作的基本知识。

4.1　使用 File 操作文件

在计算机世界中，文本文件可存储各种各样的数据信息，例如天气预报、交通信息、财经数据、文学作品等。当需要分析或修改存储在文件中的信息时，读取文件工作十分重要。通过文件读取功能，可以获取一个文本文件的内容，可以重新设置里面的数据格式并将其写入文件中，并且可以让浏览器显示文件中的内容。

扫码看视频

4.1.1　案例 1：查看记事本文件"重要学习文件"的信息

1. 实例介绍

假设存在一个名为"重要学习文件.txt"的记事本文件，请查询这个文件的 name、closed 和 mode 属性信息。

2. 知识点介绍

在读取一个文件的内容之前，需要先打开这个文件。在 Python 程序中，可以通过内置方法 open() 打开一个文件，并用相关的方法读或写文件中的内容供程序处理和使用，而且也可以将文件看作是 Python 中的一种数据类型。使用方法 open() 的语法格式如下：

```
open(file, mode='r', buffering=-1, encoding=None, errors=None,
newline=None,closefd=True, opener=None)
```

当使用 open() 打开一个文件后，就会返回一个文件对象。

- file：表示要打开的文件名。
- mode：可选参数，文件打开模式。这个参数是非强制的，默认文件访问模式为只读(r)。
- buffering：可选参数，缓冲区大小。
- encoding：文件编码类型。
- errors：编码错误处理方法。
- newline：控制通用换行符模式的行为。
- closefd：控制在关闭文件时是否彻底关闭文件。
- opener：通过传递可调用对象 opener，可以使用自定义开启器。

在 Python 程序中，常用的文件打开模式如表 4-1 所示。

表 4-1 打开文件模式

模式	描　述
r	以只读方式打开文件。文件的指针将会放在文件的开头。这是默认模式
rb	以二进制格式打开一个文件用于只读。文件指针将会放在文件的开头
r+	打开一个文件用于读写。文件指针将会放在文件的开头
rb+	以二进制格式打开一个文件用于读写。文件指针将会放在文件的开头
w	打开一个文件只用于写入。如果该文件已存在则将其覆盖。如果该文件不存在，创建新文件
wb	以二进制格式打开一个文件只用于写入。如果该文件已存在则将其覆盖。如果该文件不存在，创建新文件
w+	打开一个文件用于读写。如果该文件已存在则将其覆盖。如果该文件不存在，创建新文件
wb+	以二进制格式打开一个文件用于读写。如果该文件已存在则将其覆盖。如果该文件不存在，创建新文件
a	打开一个文件用于追加。如果该文件已存在，文件指针将会放在文件的结尾。也就是说，新的内容将会被写入已有内容之后。如果该文件不存在，创建新文件进行写入
ab	以二进制格式打开一个文件用于追加。如果该文件已存在，文件指针将会放在文件的结尾。也就是说，新的内容将会被写入已有内容之后。如果该文件不存在，创建新文件进行写入
a+	打开一个文件用于读写。如果该文件已存在，文件指针将会放在文件的结尾。文件打开时会是追加模式。如果该文件不存在，创建新文件用于读写
ab+	以二进制格式打开一个文件用于追加。如果该文件已存在，文件指针将会放在文件的结尾。如果该文件不存在，创建新文件用于读写

当一个文件被打开后，便可以使用 File 对象得到这个文件的各种信息。File 对象中的属性信息如表 4-2 所示。

表 4-2 File 对象中的属性信息

属　性	描　述
file.closed	如果文件已被关闭返回 True，否则返回 False
file.mode	返回打开文件的访问模式
file.name	返回文件的名称

在 Python 程序中，对象 File 是通过内置方法实现对文件的操作的，其中常用的内置方法如表 4-3 所示。

表 4-3　File 对象中的内置方法信息

方　法	功　能
file.close()	关闭文件，关闭后文件不能再进行读写操作
file.flush()	刷新文件内部缓冲，直接把内部缓冲区的数据立刻写入文件，而不是被动地等待输出缓冲区写入
file.fileno()	返回一个整型的文件描述符(file descriptor,FD)，可以用在如 os 模块的 read 方法等一些底层操作上
file.isatty()	如果文件连接到一个终端设备返回 True，否则返回 False
file.next()	返回文件下一行
file.read([size])	从文件读取指定的字节数，如果未给定或为负则读取所有内容
file.readline([size])	读取整行，包括 "\n" 字符
file.readlines([sizeint])	读取所有行并返回列表，若给定 sizeint>0，返回总和大约为 hint 字节的行，实际读取值可能比 sizeint 大些，因为需要填充缓冲区
file.seek(offset[, whence])	设置文件当前位置
file.tell()	返回文件当前位置
file.truncate([size])	截取文件，截取的字节通过 size 指定，默认为当前文件位置
file.write(str)	将字符串写入文件，返回的是写入的字符长度
file.writelines(lines)	向文件写入一个序列字符串列表，如果需要换行则要自己加入每行的换行符

3. 编码实现

本实例的实现文件是 da.py，代码如下：

```
# 打开一个文件
fo = open("重要学习文件.txt", "wb")          #用 wb 格式打开指定文件
print ("文件名: ", fo.name)                  #显示文件名
print ("是否已关闭 : ", fo.closed)           #显示文件是否关闭
print ("访问模式 : ", fo.mode)               #显示文件的访问模式
```

4. 实例解析

在上述代码中，使用函数 open()以 wb 的方式打开了文件"重要学习文件.txt"，然后获取了这个文件的 name、closed 和 mode 属性信息。执行后会输出：

```
文件名：重要学习文件.txt
是否已关闭 : False
访问模式 : wb
```

4.1.2　案例 2：打开或关闭文件 "8 强名单.txt"

1. 实例介绍

假设存在一个名为 "8 强名单.txt" 的记事本文件，请打开这文件，然后关闭这个文件。

2. 知识点介绍

在 Python 程序中，方法 close()用于关闭一个已经打开的文件，关闭后的文件不能再进行读写操作，否则会触发 ValueError 错误。在程序中可以多次调用 close()方法，当 File 对象被引用到操作另外一个文件时，Python 会自动关闭之前的 File 对象。及时使用方法关闭文件是一个好的编程习惯，使用 close()方法的语法格式如下：

```
fileObject.close()
```

方法 close()没有参数，也没有返回值。

3. 编码实现

本实例的实现文件是 guanbi.py，代码如下：

```
fo = open("8 强名单.txt", "wb")          #用 wb 格式打开指定文件
print("文件名为: ", fo.name)             #显示打开的文件名

# 关闭文件
fo.close()
```

4. 实例解析

在本实例中首先使用函数 open()以 wb 的方式打开了文件 "8 强名单.txt"，然后使用 name 显示文件名，最后使用方法 close()关闭文件操作。执行后会输出：

```
文件名为:  8 强名单.txt
```

4.1.3　案例 3：打印输出某专业的导师名单信息

1. 实例介绍

假设存在一个名为 "456.txt" 的记事本文件，在里面保存了某专业的导师名单信息。请读取这个文件，输出显示文件中的信息。

2. 知识点介绍

在 Python 3 程序中，可以使用内置函数 next()遍历文件中的内容，通过迭代器调用方法

__next__()返回下一项。在循环中，方法 next()会在每次循环中调用，该方法返回文件的下一行。如果到达结尾(EOF)，则触发 StopIteration 异常。使用方法 next()的语法格式如下：

```
next(iterator[,default])
```

方法 next()没有参数，有返回值，能够返回文件的下一行。

3. 编码实现

本实例的实现文件是 next.py，代码如下：

```
# 打开文件
fo = open("456.txt", "r")
print ("文件名为: ", fo.name)
for index in range(4):
    line = next(fo)
    print ("第 %d 行 - %s" % (index, line))
# 关闭文件
fo.close()
```

4. 实例解析

在上述代码中，首先使用函数 open()以 r 的方式打开了文件"456.txt"，然后使用方法 next()返回文件中的各行内容，最后使用方法 close()关闭文件操作。文件 456.txt 的内容如图 4-1 所示。实例文件 next.py 的执行效果如图 4-2 所示。

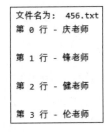

图 4-1　文件 456.txt 的内容　　　　图 4-2　执行效果

4.1.4　案例 4：读取文件"销售数据"中的部分内容

1. 实例介绍

假设存在一个名为"销售数据.txt"的记事本文件，请读取这个文件中的指定内容。

2. 知识点介绍

在 Python 程序中，要想使用某个文本文件中的数据信息，首先需要将这个文件的内容读取到内存中，既可以一次性读取文件的全部内容，也可以按照每次一行的方式进行读取。其中方法 read()的功能是从目标文件中读取指定的字节数，如果没有给定字节数或参数值为负，则读取所有内容。使用方法 read()的语法格式如下：

```
file.read([size])
```

参数 size 表示从文件中读取的字节数，返回值是从字符串中读取的字节内容。

3. 编码实现

本实例的实现文件是 du.py，代码如下：

```
fo = open("销售数据.txt", "r+")           #用 r+格式打开指定文件
print ("文件名为: ", fo.name)             #显示打开文件的文件名
line = fo.read(8)                        #读取文件中前 8 个字节的内容
print ("读取的数据: %s" % (line))         #显示读取的内容
fo.close()                               #关闭文件
```

4. 实例解析

在上述代码中，首先使用函数 open()以 "r+" 的方式打开了文件 "销售数据.txt"，然后使用方法 read()读取了文件中前 8 个字节的内容，最后使用方法 close()关闭文件操作。执行效果如图 4-3 所示。

销售数据.txt - 记事本

文件(F)　编辑(E)　格式(O)　查看(V)　帮助(H)

商品A：18万件
商品B：12万件
商品C：11万件
商品D：12万件
商品E：10万件

文件名为：　销售数据.txt
读取的数据：商品A：18万件

(a) 文件 "销售数据.txt" 的内容　　　　(b) 执行 Python 程序的效果

图 4-3　案例 4 的执行效果

4.2　使用 OS 对象

在 Python 程序中，File 对象只能对某个文件进行操作。但是有时需要对某个文件夹目录进行操作，此时就需要使用 OS 对象来实现。

扫码看视频

4.2.1　案例 5：查看是否有操作系统文件的权限

1. 实例介绍

假设在 "123" 文件夹中存在一个名为 "456.txt" 的记事本文件，请查看是否有操作这

个文件的权限。

2. 知识点介绍

在 Python 的 OS 对象中，方法 access()的功能是检验对当前文件的操作权限模式。方法 access()使用当前的 uid/gid 尝试访问指定路径。使用方法 access()的语法格式如下：

```
os.access(path, mode)
```

其中，参数 path 用于检测是否有访问权限的路径，参数 mode 表示测试当前路径的模式，主要包括如下 4 种取值模式。

- os.F_OK：测试 path 是否存在。
- os.R_OK：测试 path 是否可读。
- os.W_OK：测试 path 是否可写。
- os.X_OK：测试 path 是否可执行。

方法 access()有返回值，如果允许访问则返回 True，否则返回 False。

3. 编码实现

本实例的实现文件是 quan.py，代码如下：

```
import os, sys
# 假定 123\456.txt 文件存在，并设置有读写权限
ret = os.access("123\456.txt", os.F_OK)
print ("F_OK - 返回值 %s"% ret)              #显示文件是否存在
ret = os.access("123\456.txt", os.R_OK)      #检测文件是否可读
print ("R_OK - 返回值 %s"% ret)              #显示文件是否可读

ret = os.access("123\456.txt", os.W_OK)      #检测文件是否可写
print ("W_OK - 返回值 %s"% ret)              #显示文件是否可写
ret = os.access("123\456.txt", os.X_OK)      #检测文件是否可执行
print ("X_OK - 返回值 %s"% ret)              #显示文件是否可执行
```

4. 实例解析

在运行上述实例代码之前，需要在实例文件 quan.py 的相同目录下创建一个名为 123 的文件夹，然后在里面创建一个文本文件"456.txt"。在上述代码中，使用方法 access()获取了对文件"123\456.txt"的操作权限。执行效果如图 4-4 所示。

```
>>>
F_OK - 返回值 True
R_OK - 返回值 True
W_OK - 返回值 True
X_OK - 返回值 True
>>>
```

图 4-4　案例 5 的执行效果

4.2.2　案例6：修改学习资料保存位置的工作路径

1. 实例介绍

假设将学习资料保存到当前文件中，然后在当前文件中设置新文件夹作为新的工作目录。

2. 知识点介绍

在 Python 程序中，方法 chdir()的功能是修改当前工作目录到指定的路径。使用方法 chdir()的语法格式如下：

```
os.chdir(path)
```

参数 path 表示要切换到的新路径。方法 chdir()有返回值，如果允许修改则返回 True，否则返回 False。

3. 编码实现

本实例的实现文件是 gai.py，代码如下：

```
import os, sys
path = "123"                                    #设置目录变量的初始值
retval = os.getcwd()                            #获取当前文件的工作目录
print ("学习资料的保存位置是：%s" % retval)        #显示当前文件的工作目录
# 修改当前工作目录
os.chdir( path )
# 查看修改后的工作目录
retval = os.getcwd()                            #再次获取当前文件的工作目录
print ("目录修改成功 %s" % retval)
```

4. 实例解析

在本实例代码中首先使用方法 getcwd()获取了当前文件的工作目录，然后使用方法 chdir()修改当前工作目录到指定路径 "123"。执行后会输出：

```
学习资料的保存位置是：Python\daima\4\123
目录修改成功 Python\daima\4\123\123
```

4.2.3　案例7：修改文件"数据库下载地址"的操作权限

1. 实例介绍

假设在文件夹 "123" 中存在一个名为 "数据库下载地址.txt" 的记事本文件，请修改这

个文件的操作权限。

2. 知识点介绍

在 Python 程序中，方法 chmod()的功能是修改文件或目录的操作权限。使用方法 chmod()的语法格式如下：

```
os.chmod(path, mode)
```

方法 chmod()没有返回值，在上述格式中，各个参数的具体说明如下。

(1) path：文件名路径或目录路径。

(2) mode：表示不同的权限级别。注意，目录的读权限表示可以获取目录里的文件名列表，执行权限表示可以把工作目录切换到此目录。删除添加目录里的文件必须同时有写和执行权限，文件权限以"用户 id→组 id→其他"的顺序进行检验，最先匹配的允许或禁止权限被应用，意思是先匹配哪一个权限，就使用哪一个权限。

3. 编码实现

本实例的实现文件是 xiu.py，代码如下：

```
# 假设 123\数据库下载地址.txt 文件存在，设置文件可以通过用户组执行
os.chmod("123\数据库下载地址.txt", stat.S_IXGRP)

# 设置文件可以被其他用户写入
os.chmod("123\数据库下载地址.txt", stat.S_IWOTH)
print ("修改成功!")
```

4. 实例解析

在上述实例代码中，使用方法 chmod()将文件"123\数据库下载地址.txt"的权限修改为"stat.S_IWOTH"。执行后会输出：

```
修改成功!
```

4.2.4　案例 8：向文件中写入某综艺节目的收视率

1. 实例介绍

假设存在一个名为"收视率.txt"的记事本文件，请向这个文件中写入某综艺节目的收视率。

2. 知识点介绍

在 Python 的 OS 模块中，当想要操作一个文件或目录时，首先需要打开这个文件，然

后才能执行写入或读取等操作，操作完毕后一定要及时关闭操作。其中打开操作是通过方法 open()实现的，写入操作是通过方法 write()实现的，关闭操作是通过方法 close()实现的。

(1) 方法 open()。

在 Python 程序中，方法 open()的功能是打开一个文件，并且可以设置需要的打开选项。使用方法 open()的语法格式如下：

```
os.open(file, flags[, mode])
```

方法 open()有返回值，返回新打开文件的描述符。

(2) 方法 write()。

在 Python 程序中，方法 write()的功能是写入字符串到文件描述符 fd 指向的文件中，返回实际写入的字符串长度。方法 write()在 UNIX 系统中也是有效的，使用方法 write()的语法格式如下：

```
os.write(fd, str)
```

- 参数 fd：表示文件描述符。
- 参数 str：表示写入的字符串。

(3) 方法 close()。

在 Python 程序中，方法 close()的功能是关闭指定文件的描述符 fd。使用方法 close()的语法格式如下：

```
os.close(fd)
```

方法 close()没有返回值，参数 fd 表示文件描述符。

3. 编码实现

本实例的实现文件是 da.py，代码如下：

```
import os, sys
# 打开文件
fd = os.open("收视率.txt",os.O_RDWR|os.O_CREAT)
# 设置写入字符串变量
str = "××好声音的收视率是：2.271"
ret = os.write(fd,bytes(str, 'UTF-8'))
# 输出返回值
print ("写入的位数为：")              #显示提示文本
print (ret)                          #显示写入的位数
print ("写入成功")                    #显示提示文本
os.close(fd)                         #关闭文件
print ("关闭文件成功!!")              #显示提示文本
```

4. 实例解析

在上述实例代码中，首先使用方法 open() 打开了一个名为"收视率.txt"的文件，然后使用方法 write() 向这个文件中写入文本"××好声音的收视率是：2.271"，最后通过方法 close() 关闭文件操作。执行效果如图 4-5 所示。

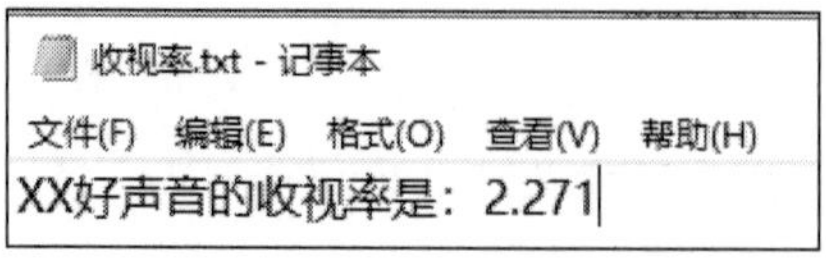

```
收视率.txt - 记事本
文件(F)  编辑(E)  格式(O)  查看(V)  帮助(H)
XX好声音的收视率是：2.271
```

图 4-5　案例 8 的执行效果

4.2.5　案例 9：读取文件"财务预算计划"中的指定内容

1. 实例介绍

假设存在一个名为"财务预算计划.txt"的记事本文件，请读取这个文件中的内容。

2. 知识点介绍

在 OS 模块中，方法 read() 的功能是从文件描述符 fd 指向的文件中读取最多 n 个字节的内容，返回包含读取字节的字符串。文件描述符 fd 对应的文件已达到结尾时，返回一个空字符串。使用方法 read() 的语法格式如下：

```
os.read(fd,n)
```

方法 read() 有返回值，能够返回包含读取字节的字符串。其中参数 fd 表示文件描述符，参数 n 表示读取的字节。

3. 编码实现

本实例的实现文件是 du.py，代码如下：

```python
import os, sys
#以读写方式打开文件
fd = os.open("财务预算计划.txt",os.O_RDWR)
#读取文件中的 8 个字符

ret = os.read(fd,8)
print (ret)                    #打印显示读取的内容
# 关闭文件
os.close(fd)
print ("关闭文件成功!!")
```

4. 实例解析

在本实例中，首先使用方法 open()打开了一个名为"财务预算计划.txt"的文件，然后使用方法 read()读取文件中前 8 个字节的内容，最后通过方法 close()关闭了文件操作。执行效果如图 4-6 所示。

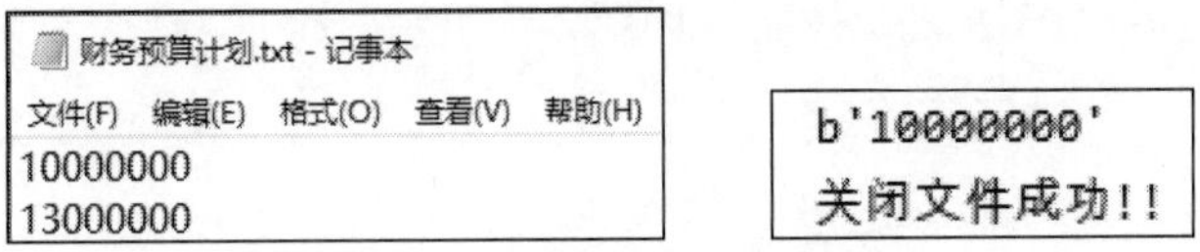

图 4-6　案例 9 的执行效果

4.2.6　案例 10：创建一个名为"迅雷电影"的文件夹

1. 实例介绍

在当前程序的目录中创建一个名为"迅雷电影"的文件夹。

2. 知识点介绍

在 Python 程序中，可以使用 OS 对象中的内置方法创建文件夹目录，具体说明如下。

(1) 使用方法 mkdir()。

在 Python 程序中，方法 mkdir()的功能是以数字权限模式创建目录，默认的模式为 0777(八进制)。使用方法 mkdir()的语法格式如下：

```
os.mkdir(path[, mode])
```

方法 mkdir()有返回值，能够返回包含读取字节的字符串。其中，参数 path 表示要创建的目录，参数 mode 表示要为目录设置的权限数字模式。

(2) 使用方法 makedirs()。

在 Python 程序中，方法 makedirs()的功能是递归创建目录。功能和方法 mkdir()类似，但是可以创建包含子目录的文件夹目录。使用方法 makedirs()的语法格式如下：

```
os.makedirs(path, mode=0o777)
```

其中，参数 path 表示要递归创建的目录，参数 mode 表示要为目录设置的权限数字模式。

3. 编码实现

本实例的实现文件是 cmu.py，代码如下：

```
import os, sys
path = "迅雷电影/2022/科幻"                              #设置变量 path 表示创建的目录
```

```
os.makedirs( path );                              #执行创建操作
print ("路径被创建")
```

4. 实例解析

在上述实例代码中，使用方法 makedirs()在实例文件 cmu.py 的同级目录下新建了包含子目录的文件夹"迅雷电影/2022/科幻"，如图 4-7 所示。

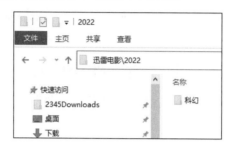

图 4-7　案例 10 的执行效果

4.3　其他文件操作模块

除了本章前面介绍的 File 模块和 OS 模块外，还可以使用其他内置模块实现与文件相关的操作功能，并且还可以使用前面所学的模块方法实现更加复杂的文件操作功能。

扫码看视频

4.3.1　案例 11：读取两个文件中的内容

1. 实例介绍

假设存在两个记事本文件，名字分别是"123.txt"和"456.txt"，读取并输出显示这两个文件中的内容信息。

2. 知识点介绍

在 Python 程序中，fileinput 模块可以对一个或多个文件中的内容实现迭代和遍历等操作，可以对文件进行循环遍历，格式化输出，查找、替换等操作，非常方便。在 fileinput 模块中，常用的内置方法如下。

- input()：返回能够用于迭代一个或多个文件中所有行的对象，类似于文件(File)模块中的 readlines()方法，区别在于前者是一个迭代对象，需要用 for 循环迭代，后者是一次性读取所有行。

- filename()：返回当前文件的名称。
- lineno()：返回当前读取的行的数量。
- isfirstline()：返回当前行是否是文件的第一行。
- filelineno()：返回当前读取行在文件中的行数。

3. 编码实现

本实例的实现文件是 lia.py，代码如下：

```
import fileinput                                    #导入 fileinput 模块
def demo_fileinput():                               #定义函数用于迭代处理两个文件
    with fileinput.input(['123.txt','456.txt']) as lines:
        for line in lines:                          #遍历文件中的各行内容
            print("总第%d行," % fileinput.lineno(),"文件%s 中第%d行:
" %(fileinput.filename(),fileinput.filelineno()))
            print(line.strip())
if __name__ == '__main__':
    demo_fileinput()                                #打印显示各行的内容
```

4. 实例解析

在上述实例代码中，首先使用 import 语句导入了 fileinput 模块，然后使用方法 fileinput.input()来迭代处理两个文本文件(123.txt 和 456.txt)，并以列表形式提供给 input()方法作为参数。最后迭代处理显示每行内容，同时输出每行的行号。执行后会显示所有文件中的行号及每一行的内容。执行后的效果如图 4-8 所示。

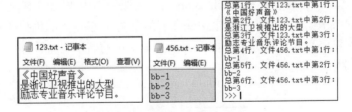

图 4-8　案例 11 的执行效果

4.3.2　案例 12：将记事本文件的名字保存到 Excel 文件中

1. 实例介绍

假设在某个目录中存在多个记事本文件，请将所有这些文件的名字保存到指定的 Excel 文件中。

2. 知识点介绍

在 Python 程序中，有时需要提取多个文件的文件名，并且要求提取文件名的不同部分。此时可以使用 for 遍历整个目录中的内容，然后使用 write() 函数将文件名写入指定文件中。

3. 编码实现

本实例的实现文件是 pi.py，代码如下：

```
import os                                    #导入 os 模块
filenames = []                               #定义列表 filenames，用于保存所有的文件名
for a,b,files in os.walk('test'):            #获取当前目录'test'中的所有文件
if files:
        filenames.append([file[:-4] for file in files])      #设置扩展名为 3 个字母
fname = 'Excel'                              #设置将要创建表格文件的文件名
i = 0                                        #变量 i 的初始值是 0
for files in filenames:                      #遍历文件夹中的所有文件

    f=open(fname+str(i)+'.xls','w')          #打开指定的表格文件
    for name in files:                       #遍历得到所有文件的名字
        f.write(name[-4:]+'\t'+name[:-4]+'\n')    #将名字中的数字和文本分别写入表格
    f.close()                                #关闭文件操作
    i += 1
```

4. 实例解析

在上述实例代码中，通过方法 os.walk() 对 test 目录下的所有文件进行遍历，获取所有记事本的文件名字符串，并保存到列表 filenames 中，根据指定的电子表格文件名将文件名中的内容写入 Excel 文件。假设在 test 目录中保存了两个文本文件："杰伦战队.txt"和"哈林战队.txt"。然后使用实例程序可以分别获取这两个文本文件的名字，然后将文件名保存到一个新建的 Excel 文件中。执行效果如图 4-9 所示。

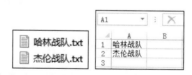

图 4-9　案例 12 的执行效果

第 5 章

标准库函数

　　为了帮助开发者快速实现软件项目要求的功能，Python 为我们提供了大量内置的标准库，例如文件操作库、正则表达式库、数学运算库和网络操作库等。在这些标准库中都提供了大量的内置函数，这些函数是 Python 程序实现软件项目最有力的工具。在本章的内容中，将详细讲解 Python 常用标准库函数的知识和用法。

5.1　字符串处理函数

在 Python 语言的内置模块中，提供了大量的字符串处理函数，通过这些函数，可以帮助开发者快速处理字符串。

扫码看视频

5.1.1　案例 1：分解一封家书

1. 实例介绍

假设一封家书的内容是：

> 小时候 总有他们在耳边叮咛嘱咐 小时候,总有他们牵着我们过马路。渐渐地，这种叮咛越来越少了。

请根据家书内容中的空格、逗号或句号分解家书。

2. 知识点介绍

在内置模块 string 中，函数 split()的功能是通过指定的分隔符对字符串进行切片，如果参数 num 有指定值，则只分隔 num 个子字符串。使用函数 split()的语法格式如下：

```
str.split(str="", num=string.count(str));
```

- 参数 str：是一个分隔符，默认为所有的空字符，包括空格、换行符"\n"、制表符"\t"等。
- 参数 num：分隔次数。

3. 编码实现

本实例的实现文件是 fen.py，代码如下：

```
str = "小时候 总有他们在耳边叮咛嘱咐 小时候,总有他们牵着我们过马路。渐渐地，这种叮咛越来越少了。"
print (str.split( ))
print (str.split('i',1))
print (str.split('w'))
```

4. 实例解析

在上述代码中，分别调用三次内置函数 str.split()对字符串 str 进行了分隔，执行后输出：

```
['小时候', '总有他们在耳边叮咛嘱咐', '小时候,总有他们牵着我们过马路。渐渐地，这种叮咛越来越少了。']
['小时候 总有他们在耳边叮咛嘱咐 小时候,', '总有他们牵着我们过马路。渐渐地，这种叮咛越来越少了。']
['小时候 总有他们在耳边叮咛嘱咐 小时候,总有他们牵着我们过马路', '渐渐地，这种叮咛越来越少了', '']
```

5.1.2　案例 2：分解市面上在售的 iPhone 手机型号名单

1. 实例介绍

在某个字符串中保存了多个 iPhone 手机的型号，请使用函数 re.split()将这些手机型号分解出来。

2. 知识点介绍

在模块 re 中，函数 split()的功能是进行字符串分割操作。其语法格式如下：

```
re.split(pattern, string[, maxsplit])
```

上述语法格式的功能是按照能够匹配的子串将 string 分割，然后返回分割列表。参数 maxsplit 用于指定最大的分割次数，不指定将全部分割。

3. 编码实现

本实例的实现文件是 phone.py，代码如下：

```
import re
line = 'iPhone7 iPhone8; iPhoneX, iPhoneX Plus,     foo'
# 根据空格、逗号和分号进行拆分
parts = re.split(r'[;,\s]\s*', line)              #①
print(parts)
#根据捕获组进行拆分
fields = re.split(r'(;|,|\s)\s*', line)           #②
print(fields)
```

4. 实例解析

对上述代码的具体说明如下。

① 使用的分隔符是逗号、分号或者空格符，后面可跟任意数量的额外空格。

② 根据捕获组进行分割，在使用 re.split()时需要注意正则表达式(正则表达式的知识将在本章最后一节 5.4 中进行讲解)模式中的捕获组是否包含在括号中。如果用到了捕获组，那么匹配的文本也会包含在最终结果中。

执行后会输出：

```
['iPhone7', 'iPhone8', 'iPhoneX', 'iPhoneX', 'Plus', 'foo']
['iPhone7', '', 'iPhone8', ';', 'iPhoneX', ',', 'iPhoneX', '', 'Plus', ',', 'foo']
```

5.1.3 案例3：匹配处理顺丰快递中的发件人地址信息

1. 实例介绍

假设在列表中保存了一组快递地址，请找出以"济南市"结尾的数据，然后找出以 2500 开头、后面紧跟两个数字并且结尾是数字"06"的数据。

2. 知识点介绍

在内置模块 fnmatch 中，函数 fnmatch()的功能是采用大小写区分规则和底层文件相同 (根据操作系统而区别)的模式进行匹配。其语法格式如下：

```
fnmatch.fnmatch(name, pattern)
```

上述语法格式的功能是测试 name 是否匹配 pattern，是则返回 True，否则返回 False。

在内置模块 fnmatch 中，函数 fnmatchcase()的功能是根据所提供的大小写进行匹配，用法和上面的函数 fnmatch()类似。

函数 fnmatch()和 fnmatchcase()的匹配样式是 UNIXShell 风格的，其中"*"表示匹配任意单个或多个字符，"?"表示匹配单个字符，[seq]表示匹配单个 seq 中的字符，[!seq]表示匹配单个不是 seq 中的字符。

3. 编码实现

本实例的实现文件是 name.py，代码如下：

```
from fnmatch import fnmatchcase as match
import fnmatch
# 匹配以.py 结尾的字符串
print(fnmatch.fnmatch('py','.py'))                                #①

print(fnmatch.fnmatch('tlie.py','*.py'))                          #②

# On OS X (Mac)
#print(fnmatch.fnmatch('123.txt', '*.TXT'))                       #③
# On Windows
print(fnmatch.fnmatch('123.txt', '*.TXT'))                        #④
print(fnmatch.fnmatchcase('123.txt', '*.TXT'))                    #⑤
addresses = [                                                     #⑥

    '山东省 济南市',
    '市中区',
    '阳光街道',
    '250001 3006',
]
```

```
a = [addr for addr in addresses if match(addr, '*济南市')]          #⑦
print(a)

b = [addr for addr in addresses if match(addr, '2500[0-9][0-9] *06*')]  #⑧
print(b)
```

4. 实例解析

对上述代码的具体说明如下。

①~②演示了函数 fnmatch() 的基本用法，可以匹配以 .py 结尾的字符串，用法与函数 fnmatchcase() 相似。

③和④演示了函数 fnmatch() 的匹配模式所采用的大小写区分规则和底层文件系统相同，根据操作系统的不同而有所不同。

⑤使用函数 fnmatchcase() 可以根据提供的大小写方式进行匹配。

⑥演示了在处理非文件名式的字符串时的作用，定义了保存一组联系地址的列表 addresses。

⑦⑧使用 match() 进行推导，其中⑦找出以"济南市"结尾的数据，⑧找出以 2500 开头、后面紧跟两个数字并且结尾是数字"06"的数据。

由此可见，fnmatch 所实现的匹配操作介于简单的字符串方法和正则表达式之间。如果只想在处理数据时提供一种简单的机制以允许使用通配符，那么通常这都是合理的解决方案。本实例执行后会输出：

```
True
False
['山东省 济南市']
['250001 3006']
```

5.1.4　案例 4：检索字符串中的信息

1. 实例介绍

假设某字符串的内容是"2021 年本商店电子商品销售数据"，请使用库函数检测这个字符串的开头和结尾。

2. 知识点介绍

在内置模块 string 中，函数 startswith() 的功能是检查字符串是否以指定的子字符串开头，如果是则返回 True，否则返回 False。如果参数 beg 和 end 指定了具体的值，则会在指定的范围内进行检查。使用函数 startswith() 的语法格式如下。

```
str.startswith(str, beg=0,end=len(string));
```

- 参数 str：要检测的字符串。
- 参数 beg：可选参数，用于设置字符串检测的起始位置。
- 参数 end：可选参数，用于设置字符串检测的结束位置。

在内置模块 string 中，函数 endswith()的功能是判断字符串是否以指定后缀结尾，如果以指定后缀结尾返回 True，否则返回 False。其中的可选参数 start 与 end 分别表示检索字符串的开始与结束位置。使用函数 endswith()的语法格式如下：

```
str.endswith(suffix[, start[, end]])
```

- 参数 suffix：可以是一个字符串或者一个元素。
- 参数 start：字符串中的开始位置。
- 参数 end：字符串中的结束位置。

3. 编码实现

本实例的实现文件是 tou.py，代码如下：

```
text = '2021年本商店电子商品销售数据'

# 开头测试匹配
print(text.startswith('2021'))
# 结尾测试匹配
print(text.endswith('数据'))

#搜索第一次出现的位置
print(text.find('商'))
```

4. 实例解析

如果只是想要匹配简单的文字，使用内置模块 string 中的函数 str.find()、str.endswith()、str.startswith()即可实现。在本实例中，使用函数 startswith()和 endswith()分别实现开头测试和结尾测试。执行后会输出：

```
True
True
6
```

5.1.5 案例 5：修改某个网址

1. 实例介绍

假设在字符串中保存了某网站的网址 www.example.net，现在修改为 www.toppr.net。

2. 知识点介绍

在 Python 程序中，如果只是想实现简单的文本替换功能，使用内置模块 string 中的函数 replace()即可。函数 replace()的语法格式如下：

```
str.replace(old, new[, max])
```

- old：将被替换的子字符串。
- new：新字符串，用于替换 old 子字符串。
- max：可选参数，替换不超过 max 次。

函数 replace()能够把字符串中的 old(旧字符串)替换成 new(新字符串)，如果指定第三个参数 max，则替换不超过 max 次。

3. 编码实现

本实例的实现文件是 ti.py，代码如下：

```
str = "www.toppr.net"
print ("公告")
print ("玲珑科技新地址: ", str.replace("www.example.net", "www.toppr.net"))

str = "this is string example....hehe!!!"
print (str.replace("is", "was", 3))
```

4. 实例解析

本实例演示了使用函数 replace()实现文本替换的过程，执行后会输出：

```
公告
玲珑科技新地址: www.toppr.net
thwas was string example....hehe!!!
```

5.1.6　案例 6：过滤掉字符串中的敏感字符

1. 实例介绍

假设在字符串中存在大量的敏感内容，请尝试过滤掉里面的敏感内容。

2. 知识点介绍

在 Python 程序中，通过用内置模块 string 中的函数 strip()，可以删除某字符串中开始和结尾处的字符内容。函数 lstrip()和 rstrip()可以分别从左侧和右侧开始执行删除字符的操作。

(1) 函数 strip()。

函数 strip()的功能是删除字符串头尾指定的字符(默认为空格)，语法格式如下：

```
str.strip([chars]);
```

参数 chars 表示删除字符串头尾指定的字符。

(2) 函数 lstrip()。

函数 lstrip() 的功能是去掉字符串左边的空格或指定字符，其语法格式如下：

```
str.lstrip([chars])
```

参数 chars 用于设置截取的字符，返回值是截掉字符串左边的空格或指定字符后生成的新字符串。

(3) 函数 rstrip()。

函数 rstrip() 的功能是删除 string 字符串末尾的指定字符(默认为空格)，语法格式如下：

```
str.rstrip([chars])
```

参数 chars 用于指定删除的字符(默认为空格)，返回值是删除字符串末尾的指定字符后生成的新字符串。

3. 编码实现

本实例的实现文件是 guolv.py，代码如下：

```
str = "     我完全反对楼上的观点      ";
print( str.lstrip() );                    #删除左侧空格
str = "放 X 楼上的观点简直是放 X      ";
print( str.lstrip('放 X') );


str1 = "     我赞成楼上的观点      "
print (str1.rstrip())
str2 = "无语了，骂楼上，骂"
print (str2.rstrip('骂'))
```

4. 实例解析

本实例中，使用函数 lstrip() 和函数 rstrip() 删除了字符串中的空格等。执行后会输出：

```
我完全反对楼上的观点
楼上的观点简直是放 X
     我赞成楼上的观点
无语了，骂楼上，
```

读者需要注意的是，上述删除字符的操作函数不会对位于字符串中间的任何文本起作用。例如下面的演示代码：

```
>>> s = ' hello world \n'
>>> s = s.strip()
>>> s
'hello world'
>>>
```

5.2　数字处理函数

在 Python 的内置模块中，提供了大量的数字处理函数，通过这些函数，可以帮助开发者灵活高效地处理数字。

5.2.1　案例 7：计算数字绝对值

扫码看视频

1. 实例介绍

计算数字-40 和 100.10 的绝对值。

2. 知识点介绍

在 Python 语言中，模块 math 提供了一些实现基本数学运算功能的函数，例如求弦、求根等。其中内置函数 abs() 的功能是计算一个数字的绝对值，其语法格式如下：

```
abs(x)
```

参数 x 是一个数值表达式，可以是函数、浮点数、复数，如果参数 x 是一个复数，则返回它的大小。

3. 编码实现

本实例的实现文件是 jue.py，代码如下：

```
print ("abs(-40) : ", abs(-40))
print ("abs(100.10) : ", abs(100.10))
```

4. 实例解析

在本实例中使用内置函数 abs() 计算两个数字的绝对值，执行后会输出：

```
abs(-40) :  40
abs(100.10) :  100.1
```

5.2.2 案例 8：计算一个数的次方结果

1. 实例介绍

使用内置库函数计算某数字的指定次方。

2. 知识点介绍

在 Python 中，函数 pow() 的功能是返回 x^y（x 的 y 次方）的结果。在 Python 程序中，有两种语法格式的 pow() 函数。其中在 math 模块中，函数 pow() 的语法格式如下：

```
math.pow(x, y)
```

Python 内置的标准函数 pow() 的语法格式如下：

```
pow(x, y[, z])
```

函数 pow() 的功能是计算 x 的 y 次方，如果 z 存在，则再对结果进行取模，其结果等效于 pow(x,y) %z。

如果通过 Python 内置函数的方式直接调用 pow()，内置函数 pow() 会把其本身的参数作为整型。而在 math 模块中，会把参数转换为 float 型。

3. 编码实现

本实例的实现文件是 cifang.py，代码如下：

```
import math  # 导入 math 模块
print ("math.pow(100, 2) : ", math.pow(100, 2))
# 使用内置函数，查看输出结果区别
print ("pow(100, 2) : ", pow(100, 2))
print ("math.pow(100, -2) : ", math.pow(100, -2))
print ("math.pow(2, 4) : ", math.pow(2, 4))
print ("math.pow(3, 0) : ", math.pow(3, 0))
```

4. 实例解析

本实例演示了使用两种语法格式的 pow() 函数的过程，执行后会输出：

```
math.pow(100, 2) : 10000.0
pow(100, 2) : 10000
math.pow(100, -2) : 0.0001
math.pow(2, 4) : 16.0
math.pow(3, 0) : 1.0
```

5.2.3 案例 9：分别实现误差运算和精确运算

1. 实例介绍

使用内置模块 decimal 分别实现误差运算和精确运算。

2. 知识点介绍

在 Python 程序中，模块 decimal 的功能是实现定点数和浮点数的数学运算。decimal 实例可以准确地表示任何数字，对其上取整或下取整，还可以对有效数字个数加以限制。当在程序中需要对小数进行精确计算，不希望因为浮点数天生存在的误差产生影响时，decimal 模块是开发者的最佳选择。

3. 编码实现

本实例的实现文件是 wu.py，代码如下：

```
a = 4.2                              #①
b = 2.1
print(a + b)
print((a + b) == 6.3)                #②
from decimal import Decimal
a = Decimal('4.2')                   #③
b = Decimal('2.1')
print(a + b)
print(Decimal('6.3'))
print(a + b)
print((a + b) == Decimal('6.3'))     #④
from decimal import localcontext
a = Decimal('1.3')                   #⑤
b = Decimal('1.7')
print(a / b)

with localcontext() as ctx:
  ctx.prec = 3                       #设置 3 位精度
  print(a / b)
with localcontext() as ctx:
  ctx.prec = 50                      #设置 50 位精度
  print(a / b)                       #⑥
```

4. 实例解析

对上述代码的具体说明如下。

①~②展示浮点数一个尽人皆知的问题：无法精确表达出所有的十进制小数位。从原理

上讲，这些误差是底层 CPU 的浮点运算单元和 IEEE 754 浮点数算术标准的一种"特性"。因为 Python 使用原始表示形式保存浮点数类型数据，所以如果编写的代码用到了 float 实例，那么就无法避免类似的误差。

③~④使用 decimal 模块解决浮点数误差，将数字以字符串的形式进行指定。Decimal 对象能以任何期望的方式来工作，能够支持所有常见的数学操作。如果要将它们打印出来或在字符串格式化函数中使用，看起来就和普通的数字一样。

⑤~⑥使用 decimal 模块设置运算数字的小数位数，在实现时需要创建一个本地的上下文环境，然后修改其设定。

执行后会输出：

```
6.300000000000001
False
6.3
6.3
6.3
True
0.76470588235294117764705882353
0.765
0.76470588235294117764705882352941176470588235294117
```

5.2.4　案例 10：实现二进制、八进制或十六进制数转换

1. 实例介绍

将一个整数分别转换为二进制、八进制或十六进制数。

2. 知识点介绍

在 Python 程序中，当需要对以二进制、八进制或十六进制表示的数值进行转换或输出操作时，通常可以使用内置函数 bin()、oct()和 hex()来实现，这三个函数可以将一个整数转换为二进制、八进制或十六进制的文本字符串形式。如果不想在程序中出现 0b、0o 或者 0x 这类的进制前缀符，可以使用 format()函数来处理。如果需要将字符串形式的整数转换为不同的进制，可以使用函数 int()来实现。

3. 编码实现

本实例的实现文件是 jin.py，代码如下：

```
①x = 123
print(bin(x))
print(oct(x))
```

```
②print(hex(x))
③print(format(x, 'b'))
print(format(x, 'o'))
④print(format(x, 'x'))
⑤x = -123
print(format(x, 'b'))
⑥print(format(x, 'x'))
⑦x = -123
print(format(2**32 + x, 'b'))
⑧print(format(2**32 + x, 'x'))

⑨print(int('4d2', 16))
⑩print(int('10011010010', 2))
```

4. 实例解析

①~②使用内置函数 bin()、oct()和 hex()实现进制转换。③~④使用函数 format()取消进制的前缀。⑤~⑥转换处理负整数。⑦⑧添加最大值来设置比特位的长度，这样可以生成一个无符号的数值。⑨~⑩使用函数 int()设置进制，将字符串形式的整数转换为不同的进制。

执行后会输出：

```
0b1111011
0o173
0x7b
1111011
173
7b
-1111011
-7b
11111111111111111111111110000101
ffffff85
1234
1234
```

5.3 日期和时间函数

在 Python 的内置模块中，提供了大量的日期和时间函数，通过这些函数，可以帮助开发者快速处理跟日期和时间相关功能。在下面的内容中，将详细讲解使用 Python 内置时间和日期函数的知识。

扫码看视频

5.3.1 案例 11：返回执行当前程序的时间

1. 实例介绍

编写程序，输出显示当前电脑的时间。

2. 知识点介绍

通过使用内置函数 time.time()，可以返回当前时间的时间戳(1970 纪元后经过的浮点秒数)。例如下面的演示实例展示了 time()函数的使用方法：

```
>>> import time
>>> print(time.time())
1459999336.1963577
```

3. 编码实现

本实例的实现文件是 time.py，代码如下：

```
import time
def procedure():
    time.sleep(2.5)

t0 = time.clock()

procedure()
print (time.clock() - t0)

t0 = time.time()
procedure()
print (time.time() - t0)
```

不同机器的执行效果不同，在作者机器中，执行后会输出：

```
2.50022312255 81215
2.5006518363952637
```

5.3.2 案例 12：制作一个 2022 年日历

1. 实例介绍

制作一个 2022 年日历，要求设置一个指定的日期作为当前的日子。

2. 知识点介绍

在 Python 程序中，日历 Calendar 模块中的常用内置函数如下。

(1) 函数 calendar.calendar(year,w=2,l=1,c=6)：返回一个多行字符串格式的 year 年年历，3 个月一行，间隔距离为 c。每日宽度间隔为 w 字符。每行长度为 21* w+18+2* c。1 代表每星期行数。

(2) 函数 calendar.firstweekday( )：返回当前每周起始日期的设置。在默认情况下，首次载入 calendar 模块时返回 0，即表示星期一。

(3) 函数 calendar.isleap(year)：是闰年则返回 True，否则为 False。

(4) 函数 calendar.leapdays(y1,y2)：返回在 y1 和 y2 两年之间的闰年总数。

(5) 函数 calendar.month(year,month,w=2,l=1)：返回一个多行字符串格式的 year 年 month 月日历，两行标题，一周一行。每日宽度间隔为 w 字符，每行的长度为 7*w+6。1 表示每星期的行数。

(6) 函数 calendar.monthcalendar(year,month)：返回一个整数的单层嵌套列表，每个子列表装载代表一个星期的整数，year 年 month 月外的日期都设为 0。范围内的日子都由该月第几日表示，从 1 开始。

(7) 函数 calendar.monthrange(year,month)：返回两个整数，第一个整数是该月的首日是星期几，第二个整数是该月的天数(28~31)。

(8) 函数 calendar.prcal(year,w=2,l=1,c=6)：相当于 print calendar.calendar(year,w,l,c)。

(9) 函数 calendar.prmonth(year,month,w=2,l=1)：相当于 print calendar.calendar(year,w,l,c)。

(10) 函数 calendar.setfirstweekday(weekday)：设置每周的起始日期，0(星期一)到 6(星期日)。

3. 编码实现

本实例的实现文件是 rili.py，代码如下：

```
import calendar

calendar.setfirstweekday(calendar.SUNDAY)
print(calendar.firstweekday())
c = calendar.calendar(2022)
print(c)
m = calendar.month(2022, 7)
print(m)
```

4. 实例解析

在本实例中使用内置函数 calendar(2022)显示了 2022 年的日历，执行后会输出：

```
                        2022

      January              February               March
```

```
Su Mo Tu We Th Fr Sa        Su Mo Tu We Th Fr Sa        Su Mo Tu We Th Fr Sa
                  1              1  2  3  4  5              1  2  3  4  5
 2  3  4  5  6  7  8         6  7  8  9 10 11 12         6  7  8  9 10 11 12
 9 10 11 12 13 14 15        13 14 15 16 17 18 19        13 14 15 16 17 18 19
16 17 18 19 20 21 22        20 21 22 23 24 25 26        20 21 22 23 24 25 26
23 24 25 26 27 28 29        27 28                       27 28 29 30 31
30 31
```

```
         April                      May                        June
Su Mo Tu We Th Fr Sa        Su Mo Tu We Th Fr Sa        Su Mo Tu We Th Fr Sa
               1  2          1  2  3  4  5  6  7                    1  2  3  4
 3  4  5  6  7  8  9         8  9 10 11 12 13 14         5  6  7  8  9 10 11
10 11 12 13 14 15 16        15 16 17 18 19 20 21        12 13 14 15 16 17 18
17 18 19 20 21 22 23        22 23 24 25 26 27 28        19 20 21 22 23 24 25
24 25 26 27 28 29 30        29 30 31                    26 27 28 29 30
```

```
         July                     August                   September
Su Mo Tu We Th Fr Sa        Su Mo Tu We Th Fr Sa        Su Mo Tu We Th Fr Sa
               1  2          1  2  3  4  5  6                       1  2  3
 3  4  5  6  7  8  9         7  8  9 10 11 12 13         4  5  6  7  8  9 10
10 11 12 13 14 15 16        14 15 16 17 18 19 20        11 12 13 14 15 16 17
17 18 19 20 21 22 23        21 22 23 24 25 26 27        18 19 20 21 22 23 24
24 25 26 27 28 29 30        28 29 30 31                 25 26 27 28 29 30
31
```

```
        October                   November                  December
Su Mo Tu We Th Fr Sa        Su Mo Tu We Th Fr Sa        Su Mo Tu We Th Fr Sa
                  1              1  2  3  4  5                    1  2  3
 2  3  4  5  6  7  8         6  7  8  9 10 11 12         4  5  6  7  8  9 10
 9 10 11 12 13 14 15        13 14 15 16 17 18 19        11 12 13 14 15 16 17
16 17 18 19 20 21 22        20 21 22 23 24 25 26        18 19 20 21 22 23 24
23 24 25 26 27 28 29        27 28 29 30                 25 26 27 28 29 30 31
30 31
```

```
       July 2022
Su Mo Tu We Th Fr Sa
               1  2
 3  4  5  6  7  8  9
10 11 12 13 14 15 16
17 18 19 20 21 22 23
24 25 26 27 28 29 30
31
```

5.4 正则表达式

正则表达式又称为规则表达式，英文名称是 Regular Expression，在代码中常简写为 Regex、Regexp 或 RE，是计算机科学中的一个重要概念。正则表达式描述了一种字符串匹配的模式，可以用来检查一个字符串是否含有某个子字符串，替换某个字符串等。在 Python 内置的标准库中，提供了专用的正则表达式模块 re。

扫码看视频

5.4.1 案例13：提取电话号码

1. 实例介绍

为某个字符串赋值一组数字，请提取出这组数字中的电话号码。

2. 知识点介绍

在 Python 程序中，函数 compile() 的功能是编译正则表达式。使用函数 compile() 的语法如下：

```
compile(source, filename, mode[, flags[, dont_inherit]], optimize=-1)
```

通过使用上述格式，能够将 source 编译为代码或者 AST 对象。字节码可以使用内置函数 exec() 来执行，而 AST 可以使用内置函数 eval() 来继续编译。

3. 编码实现

本实例的实现文件是 dianhua.py，代码如下：

```
import re

#匹配模式，前面一组3个数字，后面一组8个数字
re_telephone = re.compile(r'^(\d{3})-(\d{3,8})$')

A = re_telephone.match('010-12345678').groups()    #使用
print(A)                                            #结果 ('010', '12345678')
B = re_telephone.match('010-80868080').groups()     #使用
print(B)                                            #结果 ('010', '80868086')
```

4. 实例解析

在上述代码 "re.compile(r'^(\d{3})-(\d{3,8})$')" 中，使用函数 compile() 编译正则表达式 "(\d{3})-(\d{3,8})$"，这个正则表达式的匹配规则是在前面一组保存 3 个数字，在后面一组存放 8 个数字。执行后输出：

```
('010', '12345678')
('010', '80868080')
```

5.4.2　案例 14：设置只能使用网易邮箱地址

1. 实例介绍

假设某网站要求新用户只能使用网易邮箱地址注册会员，请编写程序实现这一功能。

2. 知识点介绍

在 Python 程序中，函数 match() 的功能是在字符串中匹配正则表达式，如果匹配成功，则返回 MatchObject 对象实例。使用函数 match() 的语法格式如下：

```
re.match(pattern, string, flags=0)
```

- 参数 pattern：匹配的正则表达式。
- 参数 string：要匹配的字符串。
- 参数 flags：标志位，用于控制正则表达式的匹配方式，例如是否区分大小写、多行匹配等。参数 flags 的选项值信息如表 5-1 所示。

匹配成功后，函数 re.match() 会返回一个匹配的对象，否则返回 None。我们可以使用函数 group(num) 或函数 groups() 来获取匹配表达式。具体如表 5-2 所示。

表 5-1　参数 flags 的选项值

参　　数	含　　义
re.I	忽略大小写
re.L	根据本地设置而更改\w、\W、\b、\B、\s，以及\S 的匹配内容
re.M	多行匹配模式
re.S	使 "." 元字符匹配换行符
re.U	匹配 Unicode 字符
re.X	忽略 pattern 中的空格，并且可以使用 "#" 注释

表 5-2　获取匹配表达式

匹配对象方法	描　　述
group(num=0)	匹配的整个表达式的字符串，group() 可以一次输入多个组号，在这种情况下它将返回一个包含那些组所对应值的元组
groups()	返回一个包含多组字符串的元组

3. 编码实现

本实例的实现文件是 wangyi.py，代码如下：

```
import re
text = input("请输入你的邮箱地址：\n")
if re.match(r'[0-9a-zA-Z_]{0,19}@163.com',text):
    print('你的邮箱地址合法!')
else:
    print('你的邮箱地址非法!')
```

本实例演示了使用函数 match()进行匹配的过程，执行后会输出：

```
请输入你的邮箱地址：
guan123@163.com
你的邮箱地址合法!
```

4. 实例解析

在正则表达式应用中，经常会看到关于电子邮件地址格式的正则表达式"\w+@\w+.com"，通常想要匹配这个正则表达式所允许的更多邮件地址。为了在域名前添加主机名称支持，例如 www.××x.com，仅仅允许××x.com 作为整个域名，因此必须修改现有的正则表达式。为了表示主机名是可选的，需要创建一个模式来匹配主机名(后面跟着一个句点)，使用问号"?"操作符来表示该模式出现零次或一次，然后按照实例文件所示的方式，设置只允许使用网易邮箱地址。在本实例中使用内置函数 re.match()匹配了指定格式的邮箱地址。

从上述实例代码可以看出，表达式"[0-9a-zA-Z_]{0,19}"允许在"@"前面有大小写字母和数字，在@后面只能是"163.com"。例如执行后输入"guan@163.com"会输出：

```
请输入你的邮箱地址：
guan@163.com
你的邮箱地址合法!
```

如果输入非网易邮箱地址，例如执行后输入"guan@qq.com"，会输出：

```
请输入你的邮箱地址：
guan@qq.com
你的邮箱地址非法!
```

第 6 章

异 常 处 理

　　异常是指在运行程序的过程中发生的错误或者不正常的情况。在编写 Python
程序的过程中，发生异常是在所难免的事情，这需要程序员根据自己的经验检测
并解决。但 Python 语言非常人性化，它可以自动检测异常，并对异常进行捕获，
并且通过程序可以对异常进行处理。在本章的内容中，将详细讲解 Python 处理
异常的知识和用法。

6.1 语法错误

在编写 Python 程序的过程中，经常会出现程序不符合 Python 语法规范的情况。例如缺少括号或冒号，以及写错了表达式等。

6.1.1 案例 1：找出程序的错误

1. 实例介绍

请找出程序中的错误。提示：这是因为粗心而造成的错误。

2. 知识点介绍

在编写 Python 程序的过程中，可能会将关键字、变量名或函数名写错。当关键字书写错误时会提示 SyntaxError(语法错误)，当变量名、函数名书写错误时会在运行时给出 NameError 的错误提示。

3. 编码实现

本实例的实现文件是 cuo.py，代码如下：

```
for i in range(3):          #遍历操作
    prtnt(i)                #print 被错误地写成了 prtnt
```

4. 实例解析

在上述代码中，Python 中的打印输出函数名 print 被错误地写成了 prtnt。执行后会显示 NameError 错误提示，并同时指出错误所在的具体行数等。执行后会输出：

```
File "daima/6/6-1/cuo.py", line 2, in <module>
    prtnt(i)                #print 被错误地写成了 prtnt
NameError: name 'prtnt' is not defined
```

6.1.2 案例 2：缩进错误

1. 实例介绍

找出程序中的错误。提示：请注意检查缩进。

2. 知识点介绍

Python 语言的语法比较特殊，其最大特色是将缩进作为程序的语法。虽然缩进的空格数量是可变的，但是所有代码块语句必须包含相同的缩进空格数量，这个规则必须严格执行。

3. 编码实现

本实例的实现文件是 suo.py，代码如下：

```
if True:
    print("Hello girl!")        #缩进一个 Tab 的占位
else:                           #与 if 对齐
print("Hello boy!")             #缩进一个 Tab 的占位
```

4. 实例解析

Python 语言对代码缩进的要求非常严格，如果不采用合理的代码缩进，将会抛出 SyntaxError 异常。上述代码是一段错误缩进代码，只需进行如下修改即可：

```
if True:
    print("Hello girl!")        #缩进一个 Tab 的占位
else:                           #与 if 对齐
    print("Hello boy!")         #缩进一个 Tab 的占位
```

6.2　异常处理

在开发软件程序的过程中，异常表示程序在运行过程中引发的错误。如果在程序中引发了未进行处理的异常，程序就会因为异常而终止运行。只有在程序中捕获这些异常并进行相关的处理，才不会中断程序的正常运行。

扫码看视频

6.2.1　案例 3：将某条新闻信息写入指定文件中

1. 实例介绍

假设某记者有一条新闻信息，请将这条新闻信息写入指定文件中，要求处理好异常问题。

2. 知识点介绍

在 Python 程序中，可以使用 try...except 语句处理异常。在处理时需要检测 try 语句块中的错误，从而让 except 语句捕获异常信息并处理。如果不想在异常发生时结束程序，只需在 try 里面捕获它即可。使用 try...except 语句处理异常的基本语法格式如下：

```
try:
    <语句>           #可能产生异常的代码
```

```
except <名字>:        #要处理的异常
    <语句>           #异常处理语句
```

当开始一个 try 语句后，Python 就在当前程序的上下文中作一个标记，这样当异常出现时就可以回到这里。先执行 try 子句，接下来会发生什么依赖于执行时是否出现异常。

3. 编码实现

本实例的实现文件是 xie.py，代码如下：

```
try:
    fh = open("娱乐新闻草稿", "w")
    fh.write("××和 YY 发布年报!!")
except IOError:
    print("Error: 没有找到文件或读取文件失败")

print("这是一个测试文件，用于测试异常")
fh.close()
```

4. 实例解析

在上述代码中，第 2 行代码表示要打开的文件是"娱乐新闻草稿"，如果这个文件存在则会将文本信息"××和 YY 发布年报!!"写入文件中。如果这个文件不存在，则会寻找后面是否有 except 语句。当找到 except 语句后，会调用这个自定义的异常处理器。打印输出出错提示"Error: 没有找到文件或读取文件失败"。

6.2.2　案例 4：解决不能打开文件"头条新闻.txt"的异常

1. 实例介绍

假设存在一个名为"头条新闻.txt"的记事本文件，请尝试打开这个文件，要求处理好异常问题。

2. 知识点介绍

在 Python 程序中，一个 try 语句可能包含多个 except 子句，分别用来处理特定的异常，最多只有一个分支会被执行。应该如何处理一个 try 语句和多个 except 子句的关系呢？这时候，处理程序将只针对对应的 try 子句中的异常进行处理，而不是其他的 try 子句中的异常。并且在一个 except 子句中可以同时处理多个异常，这些异常将会被放在一个括号里成为一个元组。

3. 编码实现

本实例的实现文件是 da.py，代码如下：

```
import sys
try:
    f = open('头条新闻.txt')
    s = f.readline()
    i = int(s.strip())
except OSError as err:
    print("OS error: {0}".format(err))
except ValueError:
    print("不能打开这个文件.")
except:
    print("Unexpected error:", sys.exc_info()[0])
    raise
```

4. 实例解析

在本实例的一个 try 语句中包含了 3 个 except 子句，因为在实例文件 da.py 的目录下不存在文件 "头条新闻.txt"，所以执行后会输出：

```
OS error: [Errno 2] No such file or directory: '头条新闻.txt'
```

6.2.3　案例5：根据销售额和销售数量计算每个商品的单价

1. 实例介绍

提示输入今日销售商品的个数，然后根据总销售额 2000 计算每个商品的单价。

2. 知识点介绍

在 Python 程序中，可以使用 try…except…else 语句处理异常。使用 try…except…else 语句的语法格式如下：

```
try:
    <语句>              #可能发生异常的代码
except <名字1>:          #要处理的异常1
    <语句>              #异常处理语句
except <名字2>:          #要处理的异常2
    <语句>              #异常处理语句
    …
else:
    <语句>              #如果没有异常发生，则执行这行语句
```

上述格式与 try…except 语句相比，如果在执行 try 子句时没有发生异常，Python 将执行 else 语句后面的语句。

3. 编码实现

本实例的实现文件是 dan.py，代码如下：

```
s = input('请输入今日销售商品的个数:')
try:
    result = 2000 / int(s)
    print(今日销售额2000除以%s的结果是：%g' % (s , result))
except ValueError:
    print('值错误，您必须输入数值')
except ArithmeticError:
    print('算术错误，您不能输入0')
else:
    print('没有出现异常')
print("程序继续运行")
```

4. 实例解析

在上述实例代码中，为异常处理流程添加了 else 块，当程序中的 try 块没有出现异常时，程序就会执行 else 块。运行上面程序，假如用户输入字母 a，则会导致程序中的 try 块出现异常，此时执行后会输出：

```
请输入今日销售商品的个数:a
值错误，您必须输入数值
程序继续运行
```

如果用户输入了正确的数字，则会让程序中的 try 块顺利完成，例如输入整数 10 后的运行结果如下：

```
请输入今日销售商品的个数:10
今日销售额2000除以10的结果是：200
没有出现异常
程序继续运行
```

6.2.4 案例6：向指定文件中写入内容

1. 实例介绍

假设存在一个名为 my.txt 的记事本文件，请向这个文件中写入指定的内容。要求在操作完毕后，使用 finally 确保能及时关闭这个文件。

2. 知识点介绍

在 Python 程序中，可以使用 try…except…finally 语句处理异常。使用 try…except…finally

语句的语法格式如下：

```
try:
    <语句>                  #可能发生异常的代码
except <名字1>:            #要处理的异常1
    <语句>                  #异常处理语句
except <名字2>:            #要处理的异常2
    <语句>                  #异常处理语句
finally
    <语句>
```

在上述格式中，可以省略 except 部分，这时候无论异常发生与否，都要执行 finally 中的语句。

3. 编码实现

本实例的实现文件是 fi.py，代码如下：

```
def test1(index):                      #定义测试函数 test1()
    stulst = ["AAA","BBB","CCC"]        #定义并初始化列表 stulst
    af = open("my.txt",'wt+')          #打开指定的文件
    try:
        af.write(stulst[index])        #写入操作
    except:                            #抛出异常
        pass
    finally:                           #加入 finally 功能
        af.close()                     #不管是否越界，都会关闭这个文件
        print("文件已经关闭!")          #提示文件已经关闭
print('没有 IndexError...')
test1(1)                               #没有发生越界异常，关闭这个文件
print('IndexError...')
test1(4)                               #发生越界异常，关闭这个文件
```

4. 实例解析

在上述实例代码中，定义了一个异常测试函数 test1()，在异常捕获代码中加入了 finally 代码块，代码块的功能是关闭文件，并输出一行提示信息。无论传入的 index 参数值是否导致发生运行时异常(越界)，总是可以正常关闭已经打开的文本文件(my.txt)。执行后会输出：

```
没有 IndexError...
文件已经关闭!
IndexError...
文件已经关闭!
```

6.3　抛出异常

扫码看视频

在本章前面的内容中，演示的异常都是在程序运行过程中出现的异常。其实程序员在编写 Python 程序时，还可以使用 raise 语句来抛出指定的异常，并向异常传递数据。并且还可以自定义新的异常类型，例如特意对用户输入文本的长度进行要求，并借助于 raise 引发异常，这样可以实现某些软件程序的特殊要求。

6.3.1　案例 7：输出显示某电影的实时票房

1. 实例介绍

通过使用 range()函数，输出显示某电影的实时票房信息，要求使用 raise 语句处理异常问题。

2. 知识点介绍

在 Python 程序中，可以使用 raise 语句抛出一个指定的异常。使用 raise 语句的语法格式如下：

```
raise [Exception [, args [, traceback]]]
```

在上述格式中，参数 Exception 表示异常的类型，例如 NameError。参数 args 是可选的。如果没有提供异常参数，则其值是 None。最后一个参数 traceback 是可选的(实践中很少使用)，如果存在，则表示跟踪异常对象。

在 Python 程序中，通常有如下 3 种使用 raise 抛出异常的方式：

```
raise 异常名
raise 异常名,附加数据
raise 类名
```

3. 编码实现

本实例的实现文件是 pao.py，代码如下：

```
def testRaise(raiseNameError=None)::        #定义函数 testRaise()
    for i in range(5):                       #实现 for 循环遍历
        if i==2:                             #当循环变量 i 为 2 时抛出 NameError 异常
            raiseNameError
        print('电影《××》上映第',i,'天,票房: ',i,'亿元')   #打印显示 i 的值
    print('end...')

testRaise()                                  #调用执行函数 testRaise()
```

4. 实例解析

在上述实例代码中定义了函数 testRaise()，在函数中实现了一个 for 循环，设置当循环变量 i 为 2 时抛出 NameError 异常。因未在程序中处理该异常，所以会导致程序运行中断，后面的所有输出都不会执行。执行后会输出：

```
电影《××》上映第 0 天,票房: 0 亿元
电影《××》上映第 1 天,票房: 1 亿元
Traceback (most recent call last):
  File "pao.py", line 8, in <module>
    testRaise()            #调用执行函数 testRaise()
  File "pao.py", line 4, in testRaise
    raiseNameError
NameError: name 'raiseNameError' is not defined
```

6.3.2 案例8：对应聘者的要求是年龄在 20 到 25 岁之间

1. 实例介绍

提示应聘者输入一个年龄，对应聘者的要求是年龄在 20 到 25 岁之间，要求使用 assert 语句抛出异常。

2. 知识点介绍

在 Python 程序中，assert 语句被称为断言表达式。其功能是检查一个条件，如果为真就不做任何事，如果为假则会抛出 AssertionError 异常，并且包含错误信息。使用 assert 的语法格式如下：

```
assert<条件测试>,<异常附加数据>     #其中异常附加数据是可选的
```

其实 assert 语句是简化的 raise 语句，它引发异常的前提是其后面的条件测试为假。例如在下面的演示代码中，会先判断 assert 后面紧跟的语句是 True 还是 False，如果是 True 则继续执行后面的 print，如果是 False 则中断程序，调用默认的异常处理器，同时输出 assert 语句逗号后面的提示信息。在下面代码中，因为 assert 后面跟的是 False，所以程序中断，提示 error，后面的 print 部分不执行。

```
assert False,'error...'
print ('continue')
```

3. 编码实现

本实例的实现文件是 as.py，代码如下：

```
try:
    s_age = input("请输入您的年龄:")
    age = int(s_age)
    assert 20 <= age <= 25 , "年龄不在 20-25 之间"
    print("您输入的年龄在20和25之间,完全符合我们的招聘要求! ")
except AssertionError as e:
    print("输入年龄不正确",e)
```

4. 实例解析

在 Python 程序中，当 assert 中条件表达式的值为假时，会抛出异常，并附带异常的描述性信息，与此同时，程序立即停止执行。但是当将 assert 和 try except 异常处理语句配合使用时，就像上述实例代码那样，可以实现更好的用户体验。例如，执行后输入整数 10 后，会输出：

```
请输入您的年龄:10
输入年龄不正确 年龄不在 20-25 之间...
```

6.3.3　案例 9：自定义一个异常类

1. 实例介绍

Python 允许开发者自定义异常类，请在程序中自定义一个异常类。

2. 知识点介绍

在 Python 程序中，开发者可以具有很大的灵活性，甚至可以自己定义异常类。在定义异常类时，需要继承类 Exception，这个类是 Python 中常规错误的基类。定义异常类的方法与定义其他类没有区别，最简单的自定义异常类甚至可以只继承类 Exception，类体为pass(空语句)，例如：

```
class MyError (Exception):                 #继承 Exception 类
    pass
```

如果想在自定义的异常类中带有一定的提示信息，也可以重载__init__()和__str__()这两个方法。

3. 编码实现

本实例的实现文件是 zi.py，代码如下：

```
#自定义继承于类 Exception 的异常类 RangeError
class RangeError(Exception):
    def __init__(self,value):              #重载方法__init__()
```

```
    self.value = value
  def __str__(self):                      #重载方法__str__()
    returnself.value

raise RangeError('Range 错误!')            #抛出自定义异常
```

4. 实例解析

在上述实例代码中，首先自定义了一个继承于类 Exception 的异常类，并重载了方法 __init__()和方法__str__()，然后使用 raise 抛出这个自定义的异常。执行效果如图 6-1 所示。

```
>>>
Traceback (most recent call last):
  File "C:\Users\apple0\Desktop\zi.py", line 9, in <module>
    raise RangeError('Range错误!')
RangeError: Range错误!
>>>
```

图 6-1　案例 9 的执行效果

第 7 章

多线程开发

　　如果一个程序在同一时间只能做一件事情，就是单线程程序，这样的程序肯定无法满足现实的需求。在本书前面讲解的程序大多数都是单线程程序，那么究竟什么是多线程呢？能够同时处理多个任务的程序就是多线程程序，多线程程序的功能更加强大，能够满足现实生活中需求多变的情况。Python 作为一门面向对象的语言，支持多线程开发功能。本章将详细讲解 Python 多线程开发的知识，为读者步入本书后面知识的学习打下基础。

7.1 使用 threading 模块

扫码看视频

在 Python 程序中，可以通过 _thread 和 threading(推荐使用)两个模块来处理线程。在 Python 3 程序中，thread 模块已被废弃，Python 官方建议使用 threading 模块代替。所以，在 Python 3 中不能再使用 thread 模块，但是为了兼容 Python 3 以前的程序，在 Python 3 中将 thread 模块重命名为 _thread。在 Python 3 程序中，建议大家使用 threading 模块实现多线程功能，无须再学习 thread 模块。

7.1.1 案例 1：分别计算 1 到 5 的平方和 16 到 20 的平方

1. 实例介绍

使用多线程技术分别计算 1 到 5 的平方和 16 到 20 的平方。

2. 知识点介绍

在 Python 程序中，可以使用模块 threading 中的类 Thread 来处理线程。Thread 是 threading 模块中最重要的类之一，可以使用它来创建线程。通常有如下两种创建线程的方式：一种是通过继承 Thread 类，重写它的 run 方法；另一种是创建一个 threading.Thread 对象，在它的初始化函数(__init__)中将可调用对象作为参数传入。

类 Thread 的语法格式如下：

```
class threading.Thread(group=None, target=None, name=None, args=(), kwargs={}, *,
daemon=None)
```

上述参数的具体说明如下。

- group：应该为 None，用于在实现 ThreadGroup 类时的未来扩展。
- target：是将被 run()方法调用的可调用对象。默认为 None，表示不调用任何东西。
- name：线程的名字。在默认情况下，以 Thread-N 的形式构造一个唯一的名字，N 是一个小的十进制整数。
- args：是传递给线程函数的参数，是元组类型。
- kwargs：是给调用目标的关键字参数的一个字典，默认为"{}"。
- daemon：如果其值不是 None，则使用守护进程设置。如果值为 None(默认值)，则属性 daemonic 从当前线程继承。

3. 编码实现

本实例的实现文件是 js.py，代码如下：

```
import threading                          #导入库 threading
def zhiyun(x,y):                          #定义函数 zhiyun()
    for i in range(x,y):                  #遍历操作
        print(str(i*i)+';')               #打印输出一个数的平方
ta = threading.Thread(target=zhiyun,args=(1,6))
tb = threading.Thread(target=zhiyun,args=(16,21))
ta.start()                               #启动第 1 个线程活动
tb.start()                               #启动第 2 个线程活动
```

4. 实例解析

在上述实例代码中，首先定义函数 zhiyun()，然后以线程方式来运行这个函数，并且在每次运行时传递不同的参数。运行后两个子线程会并行执行，可以分别计算出一个数的平方并输出。在 PyCharm 中运行后，这两个子线程是顺序运行的。也就是先运行 ta，再运行 tb。执行后会输出：

```
1;
4;
9;
16;
25;
256;
289;
324;
361;
400;
```

7.1.2 案例 2：模拟拍卖会竞拍情况

1. 实例介绍

请使用多线程技术模拟打印输出某拍卖会的竞拍情况，要求每次加价 50 万元。

2. 知识点介绍

如果多个线程同时对某个数据进行修改，则可能出现不可预料的结果。为了保证数据的正确性，需要对多个线程进行同步操作。在 Python 程序中，使用对象 Lock 和 RLock 可以实现简单的线程同步功能，这两个对象都有 acquire 方法和 release 方法，对于那些需要每次只允许一个线程操作的数据，可以将其操作放到 acquire 和 release 方法之间。RLock 允许在同一线程中被多次获取，而 Lock 却不允许这种情况。类 RLock 中的内置方法和 Lock 中的完全相同，在此不再进行讲解。如果使用的是 RLock，那么 acquire()和 release()必须成对出现，即调用了 n 次 acquire()，也必须调用 n 次的 release()才能真正释放所占用的锁。

另外，要想让可变对象安全地用在多线程环境中，可以利用库 threading 中的 Lock 对象来解决。

3. 编码实现

本实例的实现文件是 pai.py，代码如下：

```
import threading                    #导入模块 threading
import time                         #导入模块 time
class mt(threading.Thread):         #定义继承于线程类的子类 mt
    def run(self):                  #定义重载函数 run
        global x                    #定义全局变量 x
        lock.acquire()              #在操作变量 x 之前锁定资源
        for i in range(5):          #遍历操作
            x += 10                 #设置变量 x 值加 10
        time.sleep(1)               #休眠 1 秒钟
        print("出价: ",x)           #打印输出 x 的值
        lock.release()              #释放锁资源
            x = 0                   #设置 x 值为 0

lock = threading.RLock()            #实例化可重入锁类
def main():
    thrs = []                       #初始化一个空列表
    for item in range(8):
        thrs.append(mt())           #实例化线程类
    for item in thrs:
        item.start()                     #启动线程
if __name__ == "__main__":
    main()
```

4. 实例解析

在本实例中定义了继承于线程类 Thread 的子类 mt，然后定义了函数 run()，在此函数中使用 RLock 实现线程同步。在主函数 main()中初始化了 8 个线程来修改变量 x，在同一时刻只能由一个线程对 x 进行操作。执行后会输出：

```
出价:  50
出价:  100
出价:  150
出价:  200
出价:  250
出价:  300
出价:  350
出价:  400
```

7.1.3 案例3：黄蓉和老顽童捉迷藏游戏

1. 实例介绍

模拟《射雕英雄传》中黄蓉和老顽童捉迷藏游戏，假设这个游戏由两个人来玩，黄蓉藏(用 Hider 表示)，老顽童找(用 Seeker 表示)。游戏的规则如下：

- 游戏开始之后，Seeker 先把自己眼睛蒙上，蒙上眼睛后，就通知 Hider。
- Hider 接到通知后开始找地方将自己藏起来，藏好之后，再通知 Seeker 可以找了。
- Seeker 接到通知之后，就开始找 Hider。

2. 知识点介绍

本实例使用 Condition 对象实现，在 Python 程序中，使用 Condition 对象可以在某些事件触发或者达到特定的条件后才处理数据。Python 提供 Condition 对象的目的，是实现对复杂线程同步问题的支持。Condition 通常与一个锁关联，当需要在多个 Contidion 中共享一个锁时，可以传递一个 Lock/RLock 实例给构造方法，否则它将自己生成一个 RLock 实例。除了 Lock 带有的锁定池外，Condition 还包含一个等待池，池中的线程处于状态图中的等待阻塞状态，直到另一个线程调用 notify()/notifyAll()通知；得到通知后线程进入锁定池等待锁定。

在 Python 的内置对象 Condition 中，提供了如下所示的内置方法。

(1) 构造方法 threading.Condition([lock])：创建一个 condition，支持从外界引用一个 Lock 对象(适用于多个 condtion 共用一个 Lock 的情况)，默认是创建一个新的 Lock 对象。

(2) acquire()/release()：获得/释放 Lock，与前面 Lock 类中的同名方法的含义相同。

(3) wait([timeout])：实现线程挂起，直到收到一个 notify 通知或者超时(可选的，浮点数，单位是秒 s)后才会被唤醒继续运行。方法 wait()必须在已获得 Lock 的前提下才能调用，否则会触发 RuntimeErro 错误。调用 wait()方法会释放 Lock，直至该线程被 Notify()、NotifyAll()或者超时线程又重新获得 Lock 为止。

(4) notify(n=1)：通知其他线程，当那些挂起的线程接收到这个通知后会开始运行。默认是通知一个正等待该 condition 的线程，最多唤醒 n 个等待的线程。方法 notify()必须在已获得 Lock 的前提下才能调用，否则会触发 RuntimeError 错误。notify()不会主动释放 Lock。

(5) notifyAll()：如果 wait 状态的线程比较多，则方法 notifyAll()的作用就是通知所有线程。

3. 编码实现

本实例的实现文件是 cang.py，代码如下：

```
import threading, time

class Hider(threading.Thread):
    def __init__(self, cond, name):
        super(Hider, self).__init__()
        self.cond = cond
        self.name = name

    def run(self):
        time.sleep(1)                  #确保先运行 Seeker 中的方法
        self.cond.acquire()        #b
        print(self.name + ': 我已经把眼睛蒙上了')
        self.cond.notify()
        self.cond.wait()              #c
        print(self.name + ': 我找到你了 ~_~')
        self.cond.notify()
        self.cond.release()
        print(self.name + ': 我赢了')

class Seeker(threading.Thread):
    def __init__(self, cond, name):
        super(Seeker, self).__init__()
        self.cond = cond
        self.name = name

    def run(self):
        self.cond.acquire()
        self.cond.wait()              #释放对锁的占用，同时线程在这里挂起，直到被notify并重新占有锁
        print(self.name + ': 我已经藏好了，你快来找我吧')
        self.cond.notify()
        self.cond.wait()              #e
        #  h
        self.cond.release()
        print(self.name + ': 被你找到了，哎~~~')

cond = threading.Condition()
seeker = Seeker(cond, 'seeker')
hider = Hider(cond, 'hider')
seeker.start()
hider.start()
```

4. 实例解析

在本实例中使用方法 sleep()暂停一瞬间，并使用方法 acquire()获得 Lock 锁，最后使用方法 notify()通知其他线程。其中 Hider 和 Seeker 都是独立的个体，在程序中用两个独立的线程来表示。在游戏过程中，两者之间的行为有一定的时序关系，我们通过 Condition 来控

制这种时序关系。本实例执行后会输出：

```
hider = Hider(cond, 'seeker')
seeker = Seeker(cond, 'hider')
```

由此可见，如果想让线程一遍又一遍地重复通知某个事件，最好使用 Condition 对象来实现。

7.1.4　案例 4：运行 4 个线程

1. 实例介绍

编写一个程序，要求使用 BoundedSemaphore 对象运行 4 个线程。

2. 知识点介绍

在 Python 程序中，类 threading.BoundedSemaphore 用于实现 BoundedSemaphore 对象。BoundedSemaphore 会检查内部计数器的值，并保证它不会大于初始值，如果超过就会引发一个 ValueError 错误。在大多数情况下，BoundedSemaphore 用于守护限制访问的资源，如果 semaphore 被 release() 过多次，这意味着存在 bug。对象 BoundedSemaphore 会返回一个新的有界信号量对象，一个有界信号量会确保它当前的值不超过它的初始值。如果超过，则引发 ValueError 错误。在大部分情况下，信号量用于守护有限容量的资源。如果信号量被释放太多次，则是一种有 bug 的迹象。如果没有给出，value 默认为 1。

3. 编码实现

本实例的实现文件是 si.py，代码如下：

```
import threading
import time

def fun(semaphore, num):
    #获得信号量，信号量减1
    semaphore.acquire()
    print("Thread %d is running." % num)
    time.sleep(3)
    #释放信号量，信号量加1
    semaphore.release()
    #再次释放信号量，信号量加1，这会超过限定的信号量数目，这时会报错ValueError: Semaphore
    #released too many times
    semaphore.release()

if __name__=='__main__':
    #初始化信号量，数量为2，最多有2个线程获得信号量，信号量不能通过释放而大于2
```

```
semaphore = threading.BoundedSemaphore(2)
#运行 4 个线程
for num in range(4):
    t = threading.Thread(target=fun, args=(semaphore, num))
    t.start()
```

4. 实例解析

因为在上述代码中超过了限定的信号量数目，所以运行后会报错 ValueError: Semaphore released too many times。执行后会输出：

```
Thread 0 is running.
Thread 1 is running.
Thread 2 is running.
Exception in thread Thread-1:
Thread 3 is running.
Traceback (most recent call last):
  File "C:\Program Files\Anaconda3\lib\threading.py", line 916, in _bootstrap_inner
    self.run()
  File "C:\Program Files\Anaconda3\lib\threading.py", line 864, in run
    self._target(*self._args, **self._kwargs)
  File "si.py", line 12, in fun
    semaphore.release()
  File "C:\Program Files\Anaconda3\lib\threading.py", line 482, in release
    raise ValueError("Semaphore released too many times")
ValueError: Semaphore released too many times

Exception in thread Thread-3:
Traceback (most recent call last):
  File "C:\Program Files\Anaconda3\lib\threading.py", line 916, in _bootstrap_inner
    self.run()
  File "C:\Program Files\Anaconda3\lib\threading.py", line 864, in run
    self._target(*self._args, **self._kwargs)
  File "H:/si.py", line 12, in fun
    semaphore.release()
  File "C:\Program Files\Anaconda3\lib\threading.py", line 482, in release
    raise ValueError("Semaphore released too many times")
ValueError: Semaphore released too many times
```

7.1.5 案例 5：模拟运行一个软件的过程

1. 实例介绍

创建两个线程，模拟运行一个软件的过程，要求在线程之间通过 Event 对象实现线程的同步。

2. 知识点介绍

在现实应用中，如果已经加载了一个线程，但是想知道它实际会在什么时候开始运行，这该如何实现呢？线程的核心特征就是它们能够以非确定性的方式(即，何时开始执行、何时被打断、何时恢复执行完全由操作系统来调度管理，这是用户和程序员都无法确定的)独立执行。如果程序中有其他线程需要判断某个线程是否已经到达执行过程中的某个点，根据这个判断来执行后续的操作，那么这就产生了非常棘手的线程同步问题。要解决这类问题，就可以使用接下来将要介绍的 Event 对象。

在 Python 程序中，Event 对象实现了与 Condition 类似的功能，两者有什么区别吗？Event 对象的用法比 Condition 更简单一点。Event 通过维护内部的标识符来实现线程间的同步问题(threading.Event 和 .NET 中的 System.Threading.ManualResetEvent 类实现同样的功能)。

事件对象是线程间最简单的通信机制之一，线程可以激活在一个事件对象上等待的其他线程。Event 对象的实现类是 threading.Event，这是一个实现事件对象的类。一个 event 管理一个标志，该标志可以通过 set() 方法设置为真或通过 clear() 方法重新设置为假。wait() 方法阻塞，直到标志为真，该标志最初为假。

在类 threading.Event 中包含的内置方法如下所示。

- wait([timeout])：堵塞线程，直到 Event 对象内部标识位被设为 True 或超时为止(如果提供了参数 timeout)。
- set()：将标识位设为 True。
- clear()：将标识位设置为 False。
- isSet()：判断标识位是否为 True。

3. 编码实现

本实例的实现文件是 deng.py，代码如下：

```python
import threading
import time
event = threading.Event()
def cal(name):
    # 等待事件，进入等待阻塞状态
    print('%s 启动' % threading.currentThread().getName())
    print('%s 准备开始计算状态' % name)
    event.wait()                                              #①
    # 收到事件后进入运行状态
    print('%s 收到通知了.' % threading.currentThread().getName())
    print('%s 正式开始计算！'% name)
# 创建并启动两个线程，它们都会在①号代码处等待
threading.Thread(target=cal, args=('甲', )).start()
threading.Thread(target=cal, args=("乙", )).start()
```

```
time.sleep(2)                                                    #②
print('------------------')
# 发出事件
print('主线程发出事件')
event.set()
```

4．实例解析

在上述代码中，以 cal()函数为 target 目标创建并启动了两个线程。由于 cal()函数在①行代码处调用了 Event 方法 wait()，因此两个线程执行到①行代码处都会进入阻塞状态；即使主线程在②行代码处被阻塞，两个子线程也不会向下执行。直到主程序执行到最后一行，程序调用了 Event 方法 set()将 Event 的内部标志设置为 True，并唤醒所有等待的线程，这两个线程才能向下执行。执行后会输出：

```
Thread-1 启动
甲 准备开始计算状态
Thread-2 启动
乙 准备开始计算状态
------------------
主线程发出事件
Thread-2 收到通知了.
Thread-1 收到通知了.
甲 正式开始计算!
乙 正式开始计算!
```

7.1.6 案例 6：每隔一秒输出显示当前的时间

1．实例介绍

使用定时器对象，设置每隔一秒打印输出当前的时间。

2．知识点介绍

在 Python 程序中，Timer(定时器)是 Thread 的派生类，用于在指定时间后调用一个方法。类 threading.Timer 表示动作应该在一个特定的时间之后运行，也就是一个计时器。因为 Timer 是 Thread 的子类，所以也可以使用方法创建自定义线程。Timer 通过调用它们的 start()方法作为线程启动，可以通过调用 cancel()方法(在动作开始之前)停止。Timer 在执行它的动作之前等待的时间间隔，可能与用户指定的时间间隔不完全相同。在类 threading.Timer 中包含如下方法。

- Timer(interval, function, args=None, kwargs=None)：这是构造方法，功能是创建一个 timer，在 interval 秒过去之后，它将以参数 args 和关键字参数 kwargs 运行

function。如果 args 为 None(默认值)，则将使用空列表。如果 kwargs 为 None(默认值)，则将使用空的字典。

- cancel()：停止 timer，并取消 timer 动作的执行。这只在 timer 仍然处于等待阶段时才工作。

3. 编码实现

本实例的实现文件是 ji.py，代码如下：

```python
from threading import Timer
import time

# 定义总共输出几次的计数器
count = 0
def print_time():
    print("当前时间：%s" % time.ctime())
    global t, count
    count += 1
    # 如果 count 小于 10，开始下一次调度
    if count < 10:
        t = Timer(1, print_time)
        t.start()
# 指定1秒后执行 print_time 函数
t = Timer(1, print_time)
t.start()
```

4. 实例解析

上面的程序开始运行后，会在 1 秒钟后执行函数 print_time()。函数 print_time()中的代码会进行判断，如果 count 小于 10，会再次使用 Timer 调度 1 秒后执行函数 print_time()，这样就可以多次重复执行 print_time()。执行 10 秒后会输出：

```
当前时间：Sat Dec 14 23:28:28 2022
当前时间：Sat Dec 14 23:28:29 2022
当前时间：Sat Dec 14 23:28:30 2022
当前时间：Sat Dec 14 23:28:31 2022
当前时间：Sat Dec 14 23:28:32 2022
当前时间：Sat Dec 14 23:28:33 2022
当前时间：Sat Dec 14 23:28:34 2022
当前时间：Sat Dec 14 23:28:35 2022
当前时间：Sat Dec 14 23:28:36 2022
当前时间：Sat Dec 14 23:28:37 2022
```

7.1.7 案例7：输出显示两班航班在机场的降落顺序

1. 实例介绍

使用 local 对象创建局部线程变量，分别表示两班航班在某机场的降落信息。

2. 知识点介绍

在 Python 程序中，local 是一个以小写字母开头的类，用于管理 thread-local(线程局部的)数据。对于同一个 local，线程无法访问其他线程设置的属性；线程设置的属性不会被其他线程设置的同名属性替换。在现实应用中，可以将 local 看成是一个"线程-属性字典"的字典，local 封装了从自身使用线程作为 key 检索对应的属性字典、再使用属性名作为 key 检索属性值的细节。

3. 编码实现

本实例的实现文件是 jiang.py，代码如下：

```python
import threading
local = threading.local()
local.tname = '中航 ZXC102 准备降落'

def func():
    local.tname = '南航 CHNA111 准备降落'
    print(local.tname)
t1 = threading.Thread(target=func)
t1.start()
t1.join()
print(local.tname)
```

4. 实例解析

在本实例中，使用 local 对象管理线程局部数据，执行后会输出：

```
南航 CHNA111 准备降落
中航 ZXC102 准备降落
```

7.2 使用进程库 multiprocessing

在 Python 语言中，库 multiprocessing 是一个多进程管理包。与 threading 模块类似，multiprocessing 提供了有生成进程功能的 API，提供了包括本地和远程并发，通过使用子进程而不是线程有效地转移全局解释器锁。通过使用

扫码看视频

multiprocessing 模块，允许程序员充分利用给定机器上的多个处理器。

7.2.1　案例8：使用 Process 对象创建进程

1. 实例介绍

在 Python 程序中，multiprocessing 是 Python 语言中的多进程管理包。而 Process 是 multiprocessing 模块中的常用类，能够创建进程，这里将举一个使用 Process 对象创建进程的例子。

2. 知识点介绍

在 Python 的 multiprocessing 模块中，通过 Process 对象创建进程，然后调用其 start()方法来生成进程。类 Process 中包含如下所示的内置成员。

(1) multiprocessing.Process(group=None, target=None, name=None, args=(), kwargs={}, *, daemon=None)：进程对象表示在单独进程中运行的活动。类 Process 具有类 threading.Thread 中的所有同名方法的功能。在 Python 中，应始终使用关键字参数调用这个构造函数。

- group：应始终为 None，仅仅与 threading.Thread 兼容。
- target：由 run()方法调用的可调用对象，默认值为 None，表示不调用任何内容。
- name：进程名称。
- args：目标调用的参数元组。
- kwargs：目标调用的关键字参数的字典，如果提供此参数值，则将进程 daemon 标记设置为 True 或 False。
- daemon：如果将 daemon 标记设置为 None(默认值)，则此标记将从创建过程继承。

如果一个子类覆盖了构造方法，则必须确保在对进程做任何其他事情之前调用基类构造方法(Process.__init__())。

(2) daemon：进程的守护进程标志，是一个布尔值，必须在调用 start()之前设置。

(3) pid：返回进程 ID，在生成进程之前是 None。

(4) exitcode：子进程的退出代码。如果进程尚未终止则是 None，负值-N 则表示子进程被信号 N 终止。

(5) authkey：进程的认证密钥(字节字符串)。当初始化 multiprocessing 时，使用 os.urandom()为主进程分配一个随机字符串；当创建 Process 对象时，将继承其父进程的认证密钥，但可以通过将 authkey 设置为另一个字节字符串来更改。

(6) sentinel：系统对象的数字句柄，在进程结束时将变为"就绪"。当使用 multiprocessing.connection.wait()一次等待多个事件时建议使用此值，否则调用 join()将更简单。在 Windows 系统中，这是可与 WaitForSingleObject 和 WaitForMultipleObjects API 调用

系列一起使用的操作系统句柄。在 UNIX 系统中，这是一个文件描述器，可以使用来自 select 模块的原语。

3. 编码实现

本实例的实现文件是 chuang.py，代码如下：

```python
import os
import threading
import multiprocessing

# worker 函数
def worker(sign, lock):
    lock.acquire()
    print(sign, os.getpid())
    lock.release()

# Main 函数
print('Main:',os.getpid())

# 多线程
record = []
lock  = threading.Lock()
for i in range(5):

    thread = threading.Thread(target=worker,args=('thread',lock))
    thread.start()
    record.append(thread)

for thread in record:
    thread.join()

#多线程
record = []
lock = multiprocessing.Lock()
for i in range(5):
    process = multiprocessing.Process(target=worker,args=('process',lock))
    process.start()
    record.append(process)

for process in record:
    process.join()
```

4. 实例解析

通过上述代码可以看出 Thread 对象和 Process 对象在使用上的相似性与结果上的不同。各个线程和进程都做一件事：打印 PID。但问题是，所有的任务在打印的时候都会向同一个标准输出(stdout)。这样输出的字符会混合在一起,无法阅读。使用 Lock 同步,在一个任务输出完成之后,再允许另一个任务输出,可以避免多个任务同时向终端输出。所有 Thread 的 PID(操作系统是指进程识别号)都与主程序相同,而每个 Process 都有一个不同的 PID。执行后会输出:

```
Main: 4392
thread 4392
thread 4392
thread 4392
thread 4392
thread 4392
Main: 19708
thread 19708
thread 19708
thread 19708
...省略部分执行效果
```

7.2.2 案例 9:模拟某在线商城顾客与客服的对话

1. 实例介绍

模拟某在线商城顾客与客服的对话过程,要求使用 Pipe 对象的双向通信技术实现。

2. 知识点介绍

在 Linux 系统的多线程机制中,管道 PIPE 和消息队列 message queue 的效率十分优秀。在 Python 语言的 multiprocessing 包中,专门提供了 Pipe 和 Queue 两个类来分别支持这两种 IPC(Inter-Process Communication,进程间通信)机制。通过使用 Pipe 和 Queue 对象,可以在 Python 程序中传送常见的对象。在 Python 程序中,Pipe 可以是单向(half-duplex),也可以是双向(duplex)。

我们通过 mutiprocessing.Pipe(duplex=False)创建单向管道 (默认为双向)。一个进程从 PIPE 一端输入对象,然后被 PIPE 另一端的进程接收,单向管道只允许管道一端的进程输入,而双向管道则允许从两端输入。

3. 编码实现

本实例的实现文件是 tong.py,代码如下:

```
import multiprocessing
import os

def func(conn):                                          #conn管道类型
```

```
    conn.send(["手机a", "手机b", "手机c", "手机d", "手机e"])    #发送的数据
    print("客服：价格分别是", os.getpid(), conn.recv())          #收到的数据
    conn.close()                                                 #关闭

if __name__ == "__main__":
    conn_a, conn_b = multiprocessing.Pipe()                     #创建一个管道，两个口
    p = multiprocessing.Process(target=func, args=(conn_a,))
    p.start()
    conn_b.send([1999, 2999, 3999, 4999, 5999, 6999, 7999])
    print("顾客", os.getpid(), ": ",conn_b.recv(),"这几款商品的价格是多少")
    p.join()
```

4. 实例解析

在上述代码中的 Pipe 是双向的，在 Pipe 对象建立的时候，返回一个含有两个元素的表，每个元素代表 Pipe 的一端(Connection 对象)。我们对 Pipe 的某一端调用 send()方法来传送对象，在另一端使用 recv()来接收。执行后会输出：

```
顾客 16516 : ['手机a', '手机b', '手机c', '手机d', '手机e'] 这几款商品的价格是多少
客服：价格分别是 30712 [1999, 2999, 3999, 4999, 5999, 6999, 7999]
```

7.3 使用线程优先级队列模块 queue

在 queue 模块中提供了同步的、线程安全的队列类，包括 FIFO(先入先出)队列 queue、LIFO(后入先出)队列 LifoQueue 和优先级队列 PriorityQueue。

7.3.1 案例 10：某电商双十一全球购物盛典倒计时

扫码看视频

1. 实例介绍

模拟展示双十一全球购物盛典的倒计时，要求使用 queue 线程通信技术实现。

2. 知识点介绍

模块 queue 是 Python 标准库中的线程安全的队列(FIFO)实现，提供了一个适用于多线程编程的先进先出的数据结构(即队列)，用来实现生产者和消费者线程之间的信息传递。这些队列都实现了锁原语，能够在多线程中直接使用，可以实现线程间的同步。在模块 queue 中，提供了如下所示常用的方法。

(1) Queue.qsize()：返回队列的大小。

(2) Queue.empty()：如果队列为空，返回 True，反之返回 False。

（3）Queue.full()：如果队列满了，返回 True，反之返回 False。

（4）Queue.get_nowait()：相当于 Queue.get(False)。

（5）Queue.put(item)：写入队列，timeout 表示等待时间。完整写法如下：

```
put(item[, block[, timeout]])
```

（6）Queue.get([block[, timeout]])：获取队列，timeout 表示等待时间。能够从队列中移除并返回一个数据，block 和 timeout 参数与 put()方法的完全相同。其非阻塞方法为 get_nowait()，相当于 get(False)。

（7）Queue.join()：实际上意味着等到队列为空，再执行其他操作。会阻塞调用线程，直到队列中的所有任务被处理掉。只要有数据加入队列，未完成的任务数就会增加。当消费者线程调用 task_done()时(意味着有消费者取得任务并完成任务)，未完成的任务数就会减少。当未完成的任务数降到 0 时，join()解除阻塞。

3. 编码实现

本实例的实现文件是 queue.py，代码如下：

```
from queue import Queue
from threading import Thread
import time

_sentinel = object()

# 产生数据的线程
def producer(out_q):
    n = 10
    while n > 0:
        # 生成一些数据
        out_q.put(n)
        time.sleep(2)
        n -= 1
    #将哨兵放在队列上以指示完成
    out_q.put(_sentinel)

#使用数据的线程
def consumer(in_q):
    while True:
        # Get some data
        data = in_q.get()

        # Check for termination
        if data is _sentinel:
```

```
        in_q.put(_sentinel)
        break                              ①

    print('双十一全球购物盛典倒计时:', data)
print('停电了! ')

if __name__ == '__main__':
    q = Queue()
    t1 = Thread(target=consumer, args=(q,))
    t2 = Thread(target=producer, args=(q,))
    t1.start()
    t2.start()
    t1.join()
    t2.join()
```

4. 实例解析

在上述代码中，因为 Queue 实例已经拥有了所有需要的锁，所以可以安全地在任意多的线程之间实现数据共享。要想在使用队列时对生产者(producer)和消费者(consumer)的关闭过程进行同步协调，需要用到一些技巧，这时最简单的解决方法是使用一个特殊的终止值，例如在上述代码①处将终止值放入队列中就可以使消费者退出。当消费者接收到这个特殊的终止值后，会立刻将其重新放回到队列中。这么做使得在同一个队列上监听的其他消费者线程也能接收到终止值，所以可以一个一个地将它们都关闭。执行后会输出：

```
双十一全球购物盛典倒计时: 10
双十一全球购物盛典倒计时: 9
双十一全球购物盛典倒计时: 8
双十一全球购物盛典倒计时: 7
双十一全球购物盛典倒计时: 6
双十一全球购物盛典倒计时: 5
双十一全球购物盛典倒计时: 4
双十一全球购物盛典倒计时: 3
双十一全球购物盛典倒计时: 2
双十一全球购物盛典倒计时: 1
停电了!
```

7.3.2 案例 11：直播田径赛场百米飞人大战

1. 实例介绍

某电视台正在直播田径百米飞人大战项目，从起跑开始介绍，然后介绍某队员领先。

2. 知识点介绍

通过使用 Python 内置的 Queue 模块，可以实现常见的队列操作。

1) 基本 FIFO 队列

FIFO 队列是 First In First Out 的缩写，表示先进先出队列，具体格式如下：

```
classqueue.Queue(maxsize=0)
```

在模块 queue 中提供了一个基本的 FIFO 容器，其使用方法非常简单。其中 maxsize 是一个整数，表示队列中能存放的数据个数的上限。一旦达到上限，新的插入会导致阻塞，直到队列中的数据被消费掉。如果 maxsize 小于或者等于 0，队列大小没有限制。

2) LIFO 队列

LIFO 是 Last In First Out 的缩写，表示后进先出队列，具体格式如下：

```
classqueue.LifoQueue(maxsize=0)
```

LIFO 队列的实现方法与前面的 FIFO 队列类似，使用方法也很简单，maxsize 的用法也相似。

3) 优先级队列

在模块 queue 中，实现优先级队列的语法格式如下：

```
classqueue.PriorityQueue(maxsize=0)
```

其中，参数 maxsize 的用法与前面的后进先出队列和先进先出队列相同。

3. 编码实现

本实例的实现文件是 tian.py，代码如下：

```
import queue                  #导入队列模块 queue
q = queue.Queue()            #创建一个队列对象实例
print ('百米飞人大战开始')
for i in range(5):            #遍历操作
    q.put(i)                 #调用队列对象的 put()方法在队尾插入一个项目
while not q.empty():         #如果队列不为空
    print (q.get())          #打印显示队列信息
print ('现在 A 处于领先...')
```

4. 实例解析

在本实例中创建了一个队列对象实例 q，然后通过循环打印显示队列的信息。执行后会输出：

```
百米飞人大战开始
0
1
2
3
4
现在 A 处于领先...
```

第 8 章

网 络 开 发

互联网改变了人们的生活方式，生活在当今社会中的人们已经越来越离不开网络。Python 语言在网络通信方面的优点特别突出，要远远领先于其他语言。在本章的内容中，将详细讲解使用 Python 语言开发网络程序的知识。

8.1 Socket 套接字编程

Socket 又被称为"套接字"，应用程序通常通过"套接字"向网络发出请求或者应答网络请求，使主机间或者一台计算机上的进程间可以通信。Python 语言提供了两种访问网络服务的功能。低级别的网络服务通过 Socket 实现，它提供了标准的 BSD Sockets API，可以访问底层操作系统 Socket 接口的全部方法。而高级别的网络服务通过模块 SocketServer 实现，它提供了服务器中心类，可以简化网络服务器的开发。

扫码看视频

8.1.1 案例 1：创建一个 Socket 服务器端和客户端

1. 实例介绍

请创建一个 Socket 服务器端和客户端程序，设置服务器端的地址是 127.0.0.1，端口是 8080。

2. 知识点介绍

在 Python 程序中，socket 库针对服务器端和客户端进行打开、读写和关闭操作。与其他的内置模块一样，在 socket 库中提供了很多内置的函数，这些内置函数的具体说明如下。

(1) 函数 socket.socket()。

在 Python 语言标准库中，通过使用 socket 模块提供的 socket 对象，能够在计算机网络中建立可以相互通信的服务器与客户端。在服务器端需要建立一个 socket 对象，并等待客户端的连接。客户端使用 socket 对象与服务器端进行连接，一旦连接成功，客户端与服务器端就可以进行通信了。

在 Python 语言的 socket 对象中，函数 socket()能够创建套接字对象，此函数是 socket 网络编程的基础对象，具体语法格式如下：

```
socket.socket(family=AF_INET, type=SOCK_STREAM, proto=0, fileno=None)
```

- 参数 socket_family 是 AF_UNIX 或 AF_INET。
- 参数 type 是 SOCK_STREAM 或 SOCK_DGRAM。
- 参数 proto 通常省略，默认为 0。
- 如果指定 fileno 则忽略其他参数，从而导致具有指定文件描述器的套接字返回。fileno 将返回相同的套接字，而不是重复，这有助于使用 socket.close()函数关闭分离的套接字。

(2) 函数 socket.socketpair([family[, type[, proto]]])。

函数 socket.socketpair()的功能是使用所给的地址族、套接字类型和协议号创建一对已连接的 socket 对象地址列表，类型 type 和协议号 proto 的含义与前面的 socket()函数相同。

(3) 函数 socket.create_connection(address[, timeout[, source_address]])。

该函数的功能是连接到互联网上侦听的 TCP 服务地址 2 元组(主机，端口)并返回套接字对象。这使得编写与 IPv4 和 IPv6 兼容的客户端变得容易。传递可选参数 timeout 将在尝试连接之前设置套接字实例的超时。如果未提供超时，则使用 getdefaulttimeout()返回的全局默认超时设置。如果提供了参数 source_address，则这个参数必须是一个 2 元组(主机，端口)其源地址连接前。如果主机或端口分别为"或 0，将使用操作系统默认行为。

除了上述内置函数之外，在 socket 库中还提供了如表 8-1 所示的内置函数。

表 8-1　socket 对象的内置函数

函　　数	功　　能
服务器端套接字函数	
bind()	绑定地址(host,port)到套接字，在 AF_INET 下，以元组(host,port)的形式表示地址
listen(backlog)	开始 TCP 监听。backlog 指定在拒绝连接之前操作系统可以挂起的最大连接数量。该值至少为 1，大部分应用程序设为 5 就可以了
accept()	被动接受 TCP 客户端连接，(阻塞式)等待连接的到来
客户端套接字函数	
connect()	主动初始化 TCP 服务器连接，一般 address 的格式为元组(hostname,port)，如果连接出错，返回 socket.error 错误
connect_ex()	connect()函数的扩展版本，出错时返回出错码，而不是抛出异常
公共用途的套接字函数	
recv(bufsize, flags)	接收 TCP 数据，数据以字符串形式返回，bufsize 指定要接收的最大数据量。flags 提供有关消息的其他信息，通常可以忽略
send(string)	发送 TCP 数据，将 string 中的数据发送到连接的套接字。返回值是要发送的字节数量，该数量可能小于 string 的字节大小
sendall(string)	完整发送 TCP 数据。将 string 中的数据发送到连接的套接字，但在返回之前会尝试发送所有数据。成功返回 None，失败则抛出异常
recvform(bufsize,flag)	接收 UDP 数据，与 recv()类似，但返回值是(data,address)。其中，data 是包含接收数据的字符串，address 是发送数据的套接字地址

函　数	功　能
sendto(string,flag,address)	发送 UDP 数据，将数据发送到套接字，address 是形式为(ipaddr，port)的元组，指定远程地址。返回值是发送的字节数
close()	关闭套接字
getpeername()	返回连接套接字的远程地址。返回值通常是元组(ipaddr,port)
getsockname()	返回套接字自己的地址。通常是一个元组(ipaddr,port)
getsockopt(level,optname, buflen)	返回套接字选项的值，level 用于定义选项的级别，optname 选择特定的选项。如果忽略 buflen，则假设使用整数选项并返回其整数值。如果提供 buflen，则表示用来接收选项的最大长度。缓冲区作为字节字符串返回，由调用方决定使用 struct 模块还是其他方法来解码其内容
setsockopt(level,optname, value)	设置给定套接字选项的值，level 和 optname 的含义与 getsockopt()中的含义相同。该值可以是一个整数，也可以是表示缓冲区内容的字符串。在后一种情况下，由调用方确保字符串包含正确的数据
settimeout(timeout)	设置套接字操作的超时期，timeout 是一个浮点数，单位是秒。值为 None表示没有超时期。超时期一般应该在刚创建套接字时设置，因为它们可能用于连接的操作(如 connect())
gettimeout()	返回当前超时期的值，单位是秒，如果没有设置超时期，则返回 None
fileno()	返回套接字的文件描述符
setblocking(flag)	如果 flag 为 0，则将套接字设为非阻塞模式，否则将套接字设为阻塞模式(默认值)。非阻塞模式下，如果调用 recv()没有发现任何数据，或 send()调用无法立即发送数据，那么将引起 socket.error 异常
makefile()	创建一个与套接字相关联的文件

3. 编码实现

(1) 实例文件 jiandanfuwu.py 的代码如下：

```python
import socket
sk = socket.socket()
sk.bind(("127.0.0.1",8080))
sk.listen(5)
conn,address = sk.accept()
sk.sendall(bytes("Hello world",encoding="utf-8"))
```

(2) 实例文件 jiandankehu.py 的代码如下：

```
import socket
obj = socket.socket()
obj.connect(("127.0.0.1",8080))
ret = str(obj.recv(1024),encoding="utf-8")
print(ret)
```

4．实例解析

在上述实例中，文件 jiandanfuwu.py 创建了一个简单的 socket 服务器端，文件 jiandankehu.py 创建一个简单的 socket 客户端，这样就通过 Python 程序在服务器端和客户端建立了连接。

8.1.2　案例2：搭建一个 TCP 简易聊天程序

1．实例介绍

使用 socket 建立 TCP "客户端/服务器"，创建一个可靠的、相互通信的聊天程序。

2．知识点介绍

在 Python 程序中，所有套接字都是通过 socket.socket()函数创建的。因为服务器需要占用一个端口并等待客户端的请求，所以它们必须绑定到一个本地地址。因为 TCP 是一种面向连接的通信系统，所以在 TCP 服务器开始操作之前，必须安装一些基础设施。特别地，TCP 服务器必须监听(传入)的连接。一旦安装过程完成后，服务器就可以开始它的无限循环。在调用 accept()函数之后，就开启了一个简单的(单线程)服务器，它会等待客户端的连接。在默认情况下，accept()函数是阻塞的，这说明执行操作会被暂停，直到一个连接到达为止。一旦服务器接受了一个连接，就会利用 accept()方法返回一个独立的客户端套接字，用来与即将到来的消息进行交换。

3．编码实现

(1) 实例文件 ser.py 的功能是以 TCP 连接方式建立一个服务器端程序，能够将收到的信息直接发回到客户端。文件 ser.py 的具体实现代码如下：

```
import socket                              #导入 socket 模块
HOST = ''                                  #定义变量 HOST 的初始值
PORT = 10000                               #定义变量 PORT 的初始值
#创建 socket 对象 s，参数分别表示地址和协议类型
s = socket.socket(socket.AF_INET, socket.SOCK_STREAM)
s.bind((HOST, PORT))                       #将套接字与地址绑定
```

```
s.listen(1)                          #监听连接
conn, addr = s.accept()              #接受客户端连接
print('同学A在服务器端', addr)        #打印显示客户端地址
while True:                          #连接成功后

    data = conn.recv(1024)           #实行对话操作(接收/发送)
    print("获取同学B的信息：",data.decode('utf-8'))    #打印显示获取的信息
    if not data:                     #如果没有数据
        break                        #终止循环
    conn.sendall(data)               #发送数据信息
conn.close()                         #关闭连接
```

在上述实例代码中，建立 TCP 连接之后使用 while 语句多次与客户端进行数据交换，直到收到数据为空时终止服务器的运行。因为这只是一个服务器端程序，所以运行之后程序不会立即返回交互信息，还要等待与客户端建立连接，等与客户端建立连接后才能看到具体的交互效果。

(2) 实例文件 cli.py 的功能是建立客户端程序，在此需要创建一个 socket 实例，然后调用这个 socket 实例的 connect()函数来连接服务器端。函数 connect()的语法格式如下：

```
connect (address)
```

参数 address 通常也是一个元组(由一个主机名/IP 地址，端口构成)，如果要连接本地计算机，主机名可直接使用 localhost，函数 connect()能够将 socket 连接到远程地址为 address 的计算机。

实例文件 cli.py 的具体实现代码如下：

```
import socket                                   #导入socket模块
HOST = 'localhost'                              #定义变量HOST的初始值
PORT = 10000                                    #定义变量PORT的初始值
#创建socket对象s，参数分别表示地址和协议类型
s = socket.socket(socket.AF_INET, socket.SOCK_STREAM)
s.connect((HOST, PORT))                         #建立与服务器端的连接
data = "你好A! "                                 #设置数据变量
while data:
    s.sendall(data.encode('utf-8'))             #发送数据"你好"
    data = s.recv(512)                          #实行对话操作(接收/发送)
    print("获取同学A的信息: \n",data.decode('utf-8'))   #打印显示接收到的服务器信息
    data = input('请输入信息: \n')                #信息输入
s.close()                                       #关闭连接
```

4. 实例解析

在实例文件 cli.py 中，使用 socket 以 TCP 连接方式建立了一个简单的客户端程序，基本功能是把从键盘录入的信息发送给服务器，并从服务器接收信息。因为服务器端是建立

在本地 localhost 的 10000 端口上，所以上述代码作为其客户端程序，连接的就是本地 localhost 的 10000 端口。当连接成功之后，向服务器端发送了一个默认的信息"你好 A！"之后，便要从键盘录入信息向服务器端发送，直到录入空信息(敲回车)时退出 while 循环，关闭 socket 连接。先运行 ser.py 服务器端程序，然后运行 cli.py 客户端程序，除了发送一个默认的信息外，从键盘中录入的信息都会发送给服务器，服务器收到后显示并再次转发回客户端进行显示。执行服务器端后会输出：

```
同学 A 在服务器端('127.0.0.1',59100)
获取同学 B 的信息：你好 A！
获取同学 B 的信息：我是卧底
```

执行客户端后会输出：

```
获取同学 A 的信息：
你好 A！
请输入信息：
我是卧底
获取同学 A 的信息：
我是卧底
请输入信息：
```

8.1.3 案例 3：搭建一个 UDP 简易聊天程序

1. 实例介绍

使用 socket 建立 UDP "客户端/服务器"，创建一个相互通信的聊天程序。

2. 知识点介绍

在 Python 程序中，当使用 socket 应用传输层的 UDP 协议建立服务器与客户端程序时，整个实现过程要比使用 TCP 协议简单一点。基于 UDP 协议的服务器与客户端在进行数据传送时，不是先建立连接，而是直接进行数据传送。在 socket 对象中，使用方法 recvfrom()接收数据，具体语法格式如下：

```
recvfrom(bufsize[, flags])    #bufsize 用于指定缓冲区大小
```

方法 recvfrom()主要用来从 socket 接收数据，可以连接 UDP 协议。在 socket 对象中，使用方法 sendto()发送数据，具体语法格式如下：

```
sendto(bytes, address)
```

其中，参数 bytes 表示要发送的数据，参数 address 表示发送信息的目标地址，是由目标 IP 地址和端口构成的元组，主要用来通过 UDP 协议将数据发送到指定的服务器端。

3. 编码实现

(1) 实例文件 serudp.py 的功能是使用 UDP 连接方式建立一个服务器端程序，将收到的信息直接发回到客户端。文件 serudp.py 的具体实现代码如下：

```
import socket                                              #导入 socket 模块
HOST = ''                                                  #定义变量 HOST 的初始值
PORT = 10000                                               #定义变量 PORT 的初始值
#创建 socket 对象 s，参数分别表示地址和协议类型
s = socket.socket(socket.AF_INET, socket.SOCK_DGRAM)
s.bind((HOST, PORT))                                       #将套接字与地址绑定

data = True                                                #设置变量 data 的初始值
while data:                                                #如果有数据
    data,address = s.recvfrom(1024)                        #实现对话操作(接收/发送)
    if data==b'zaijian':                                   #当接收的数据是 zaijian 时
        break                                              #停止循环
    print('同学 C 接收信息: ',data.decode('utf-8'))         #显示接收到的信息
    s.sendto(data,address)                                 #发送信息
s.close()                                                  #关闭连接
```

(2) 实例文件 cliudp.py 的具体实现代码如下：

```
import socket                                              #导入 socket 模块
HOST = 'localhost'                                         #定义变量 HOST 的初始值
PORT = 10000                                               #定义变量 PORT 的初始值
#创建 socket 对象 s，参数分别表示地址和协议类型
s = socket.socket(socket.AF_INET, socket.SOCK_DGRAM)
data = "你好 C! "                                          #定义变量 data 的初始值
while data:                                                #如果有 data 数据
    s.sendto(data.encode('utf-8'),(HOST,PORT))             #发送数据信息
    if data=='zaijian':                                    #如果 data 的值是'zaijian'
        break                                              #停止循环
    data,addr = s.recvfrom(512)                            #读取数据信息
    print("从服务器接收信息: \n",data.decode('utf-8'))      #显示从服务器端接收的信息
    data = input('同学 D 请输入信息: \n')                    #信息输入
s.close()                                                  #关闭连接
```

4. 实例解析

在实例文件 serudp.py 中，建立 UDP 连接之后使用 while 语句多次与客户端进行数据交换。设置上述服务器程序建立在本机的 10000 端口，当收到 "zaijian" 信息时退出 while 循环，然后关闭服务器。

在实例文件 cliudp.py 中，使用 socket 以 UDP 连接方式建立了一个简单的客户端程序，当在客户端创建 socket 后，会直接向服务器端(本机的 10000 端口)发送数据，而没有进行连

接。当用户输入"zaijian"时退出 while 循环，关闭本程序。

本实例的运行效果跟 TCP 服务器与客户端实例基本相同，执行服务器端后会输出：

```
同学 C 接收信息：你好 D！
同学 C 接收信息：我们结盟
```

执行客户端后会输出：

```
从服务器接收信息：
你好 D！
同学 D 请输入信息：
我们结盟
从服务器接收信息：
我们结盟
```

8.2　socketserver 编程

Python 语言中的高级别的网络服务模块 socketserver 其提供了服务器中心类，可以简化网络服务器的开发步骤。

8.2.1　案例 4：模拟同学 E 和同学 F 的网络对话

扫码看视频

1. 实例介绍

使用 socketserver 建立一个 TCP "客户端/服务器"程序，模拟两位同学用这个程序实现网络对话。

2. 知识点介绍

在 Python 程序中，虽然使用前面介绍的 socket 模块可以创建服务器，但是开发者要对网络连接等进行管理和编程。为了更加方便地创建网络服务器，在 Python 标准库中提供了一个创建网络服务器的模块：socketserver。socketserver 框架将处理请求划分为两个部分，分别对应服务器类和请求处理类。服务器类处理通信问题，请求处理类处理数据交换或传送。这样更容易进行网络编程和程序的扩展。同时，该模块还支持快速的多线程或多进程的服务器编程。在模块 socketserver 中，包含如下几个基本构成类。

(1) 类 socketserver.TCPServer(server_address, RequestHandlerClass, bind_and_activate=True)。

类 TCPServer 是一个基础的网络同步 TCP 服务器类，能够使用 TCP 协议在客户端和服务器之间提供连续的数据流。如果 bind_and_activate 为 true，构造函数将自动尝试调用 server_bind()和 server_activate()，其他参数会被传递到 BaseServer 基类。

(2) 类 socketserver.UDPServer(server_address, RequestHandlerClass, bind_and_activate=True)。

类 UDPServer 是一个基础的网络同步 UDP 服务器类，实现在传输过程中可能不按顺序到达或丢失时的数据包处理，参数含义与 TCPServer 相同。

(3) 类 socketserver.UnixStreamServer(server_address, RequestHandlerClass, bind_and_activate=True)和类 socketserver.UnixDatagramServer(server_address, RequestHandlerClass, bind_and_activate=True)。

基于文件的基础同步 TCP/UDP 服务器，与 TCP 和 UDP 类似，但是使用的是 UNIX 域套接字，只能在 UNIX 平台上使用。参数含义与 TCPServer 相同。

(4) 类 BaseServer。

类 BaseServer 包含核心服务器功能和 mix-in 类的钩子(是一个处理消息的程序段，通过系统调用把它放到系统中)，仅用于推导，不会创建这个类的实例，可以用 TCPServer 或 UDPServer 创建类的实例。

除了上述基本的构成类外，在模块 socketserver 中还包含其他的功能类，具体说明如表 8-2 所示。

表 8-2　socketserver 模块中的其他功能类

类	功　　能
ForkingMixIn/ThreadingMixIn	核心派出或线程功能；只用作 mix-in 类与一个服务器类配合实现一些异步性；不能直接实例化这个类
ForkingTCPServer/ForkingUDPServer	ForkingMixIn 和 TCPServer/UDPServer 的组合
ThreadingTCPServer/ThreadingUDPServer	ThreadingMixIn 和 TCPServer/UDPServer 的组合
BaseRequestHandler	包含处理服务请求的核心功能；仅仅用于推导，这样无法创建这个类的实例；可以使用 StreamRequestHandler 或 DatagramRequestHandler 创建类的实例
StreamRequestHandler/DatagramRequestHandler	实现 TCP/UDP 服务器的服务处理器

3. 编码实现

(1) 文件 socketserverser.py 的具体实现代码如下：

```
#定义类 StreamRequestHandler 的子类 MyTcpHandler
class MyTcpHandler(socketserver.StreamRequestHandler):
    def handle(self):                               #定义函数 handle()
        while True:
            data = self.request.recv(1024)          #返回接收到的数据
            if not data:
                Server.shutdown()                   #关闭连接
```

```
            break                                      #停止循环
        print('同学 E 接收信息：',data.decode('utf-8'))    #显示接收信息
        self.request.send(data)                        #发送信息
    return
#定义类 TCPServer 的对象实例
Server = socketserver.TCPServer((HOST,PORT),MyTcpHandler)
Server.serve_forever()                                #循环并等待其停止
```

在上述实例代码中，自定义了一个继承自 StreamRequestHandler 的处理器类，并覆盖了方法 handler()以实现数据处理。然后直接实例化类 TCPServer，调用方法 serve_forever()启动服务器。

(2) 客户端实例文件 socketservercli.py 的代码如下：

```
import socket

HOST = 'localhost'
PORT = 10888
s = socket.socket(socket.AF_INET, socket.SOCK_STREAM)
s.connect((HOST, PORT))
data = "你好 E！"
while data:
    s.sendall(data.encode('utf-8'))
    data = s.recv(512)
    print("获取服务器信息：\n",data.decode('utf-8'))
    data = input('同学 F 请输入信息：\n')
s.close()
```

4. 实例解析

本实例的功能是使用 socketserver 模块创建基于 TCP 协议的服务器端程序，能够将收到的信息直接发回到客户端。执行本实例服务器端后会输出：

```
同学 E 接收信息：你好 E！
同学 E 接收信息：我们结盟
```

执行客户端后会输出：

```
获取服务器信息：
你好 E！
同学 F 输入信息：
我们结盟
获取服务器信息：
我们结盟
同学 E 请输入信息：
```

8.2.2　案例 5：在线机器人客服系统

1. 实例介绍

使用 ThreadingTCPServer 创建一个"客户端/服务器"通信程序，模拟某在线机器人客服系统的聊天过程。

2. 知识点介绍

在 ThreadingTCPServer 实现的 Soket 服务器内部，会为每一个 client 创建一个"线程"，该线程用来与客户端进行交互。

在 Python 程序中，使用 ThreadingTCPServer 的步骤如下。

(1) 创建一个继承自 SocketServer.BaseRequestHandler 的类。

(2) 在类中定义一个名为 handle 的方法。

(3) 启动 ThreadingTCPServer。

3. 编码实现

(1) 服务器端文件 ser.py 的具体实现代码如下：

```python
import socketserver

class Myserver(socketserver.BaseRequestHandler):

    def handle(self):
        conn = self.request
        conn.sendall(bytes("客服：你好，我是机器人",encoding="utf-8"))
        while True:
            ret_bytes = conn.recv(1024)
            ret_str = str(ret_bytes,encoding="utf-8")
            if ret_str == "q":
                break
            conn.sendall(bytes(ret_str+"你好我好大家好",encoding="utf-8"))

if __name__ == "__main__":
    server = socketserver.ThreadingTCPServer(("127.0.0.1",8000),Myserver)
    server.serve_forever()
```

(2) 客户端实例文件 cli.py 的具体实现代码如下：

```python
import socket
obj = socket.socket()
obj.connect(("127.0.0.1",8000))
ret_bytes = obj.recv(1024)
```

```
ret_str = str(ret_bytes,encoding="utf-8")
print(ret_str)

while True:
    inp = input("你好请问您有什么问题？ \n >>>")
    if inp == "q":
        obj.sendall(bytes(inp,encoding="utf-8"))
        break
    else:
        obj.sendall(bytes(inp, encoding="utf-8"))
        ret_bytes = obj.recv(1024)
        ret_str = str(ret_bytes,encoding="utf-8")
        print(ret_str)
```

4. 实例解析

实例文件 ser.py 的功能是使用 socketserver 模块创建服务器端程序，能够将收到的信息直接发回到客户端。客户端文件 cli.py 的功能是使用 socketserver 模块创建客户端程序，能够接收服务器端发送的信息。执行后会显示客户端和服务器端的聊天消息，如图 8-1 所示。

```
客服：你好，我是机器人
你好请问您有什么问题？
    >>>aaa
aaa你好我好大家好
你好请问您有什么问题？
    >>>
```

图 8-1　聊天界面

8.3　使用 select 模块实现多路 I/O 复用

I/O 多路复用是指通过一种机制可以监视多个描述符，一旦某个描述符就绪(一般是读就绪或者写就绪)，能够通知程序进行相应的读写操作。

扫码看视频

8.3.1　案例 6：同时监听电脑中的多个网络端口

1. 实例介绍

编写程序，使用 select 模块同时监听电脑中的多个端口。

2. 知识点介绍

在 Python 程序中，完全可以使用 select 实现非阻塞方式工作的程序，监视我们需要监视的文件描述符的变化情况——读写或是异常。所谓非阻塞方式 non-block，就是进程或线程执行此函数时不必非要等待事件发生，一旦执行肯定返回，以返回值的不同来反映函数的执行情况。如果事件发生则与阻塞方式相同，若事件没有发生，则返回一个代码来告知事件未发生，而进程或线程继续执行，所以效率较高。

在 select 模块中，核心功能方法是 select()，其语法格式如下：

```
select.select(rlist, wlist, xlist[, timeout])
```

其中前三个参数是"等待对象"的序列，各个参数的说明如下：

- rlist：等待准备读取。
- wlist：等待准备写入。
- xlist：等待"异常条件"。
- timeout：将超时指定为浮点数，以秒为单位。当省略 timeout 参数时，该功能阻塞，直到至少一个文件描述符准备就绪。

3. 编码实现

(1) 首先看文件 duoser.py，实现了服务器端的功能，具体实现代码如下：

```python
import socket
import select

sk1 = socket.socket()
sk1.bind(("127.0.0.1",8000))
sk1.listen()

sk2 = socket.socket()
sk2.bind(("127.0.0.1",8002))
sk2.listen()

sk3 = socket.socket()
sk3.bind(("127.0.0.1",8003))
sk3.listen()

li = [sk1,sk2,sk3]

while True:
    r_list,w_list,e_list = select.select(li,[],[],1) # r_list 可变化的
    for line in r_list:
        conn,address = line.accept()
        conn.sendall(bytes("Hello World !",encoding="utf-8"))
```

(2) 实现客户端的功能，实现代码非常简单，例如通过如下两个相似的代码建立与两个端口的通信。首先看文件 duocli.py，功能是监听 127.0.0.1 的 8001 端口，具体实现代码如下：

```
import socket

obj = socket.socket()
obj.connect(('127.0.0.1', 8001))
content = str(obj.recv(1024), encoding='utf-8')
print(content)
obj.close()
```

(3) 实例文件 cli2.py 的功能是监听 127.0.0.1 的 8002 端口，具体实现代码如下：

```
import socket
obj = socket.socket()
obj.connect(('127.0.0.1', 8002))
content = str(obj.recv(1024), encoding='utf-8')
print(content)
obj.close()
```

4. 实例解析

对实例文件 duoser.py 的具体说明如下。

- select 内部会自动监听 sk1、sk2 和 sk3 三个对象，监听三个句柄是否发生变化，把发生变化的元素放入 r_list 中。
- 如果有人连接 sk1，则 r_list = [sk1]；如果有人连接 sk1 和 sk2，则 r_list = [sk1,sk2]。
- select 中第 1 个参数表示 inputs 中发生变化的句柄放入 r_list。
- select 中第 2 个参数表示[]中的值原封不动地传递给 w_list。
- select 中第 3 个参数表示 inputs 中发生错误的句柄放入 e_list。
- 参数 1 表示 1 秒监听一次。
- 当有用户连接时，r_list 里面的内容是 [<socket.socket fd=220, family=AddressFamily.AF_INET, type=SocketKind.SOCK_STREAM, proto=0, laddr=('0.0.0.0', 8001)>]。

8.3.2　案例 7：连接服务器并实现与服务器端管理员的对话

1. 实例介绍

使用 select 模拟多线程，并分别实现网络数据的读写分离功能。

2. 知识点介绍

select 方法用来监视文件描述符(当文件描述符条件不满足时，select 会阻塞)，当某个文件描述符状态改变后，会返回返回值：三个列表，这是前三个参数的子集。具体说明如下：

- 当参数 rlist 序列中的 fd 满足"可读"条件时，则获取发生变化的 fd 并添加到

fd_r_list 中。

- 当参数 wlist 序列中含有 fd 时，则将该序列中所有的 fd 添加到 fd_w_list 中。
- 当参数 xlist 序列中的 fd 发生错误时，则将该错误的 fd 添加到 fd_e_list 中。
- 当超时时间 timeout 为空时，select 会一直阻塞，直到监听的文件描述符发生变化。

3. 编码实现

(1) 首先看实例文件 fenliser.py，实现了服务器端的功能，具体实现代码如下：

```python
#使用 socket 模拟多线程，使多个用户可以同时连接
import socket
import select
sk1 = socket.socket()
sk1.bind(('0.0.0.0', 8000))
sk1.listen()
inputs = [sk1, ]
outputs = []
message_dict = {}

while True:
    r_list, w_list, e_list = select.select(inputs, outputs, inputs, 1)
    print('我是管理员，正在监听的 socket 对象%d' % len(inputs))
    print(r_list)
    for sk1_or_conn in r_list:
        #每一个连接对象
        if sk1_or_conn == sk1:
            # 表示有新用户来连接
            conn, address = sk1_or_conn.accept()
            inputs.append(conn)
            message_dict[conn] = []
        else:
            # 有老用户发消息了
            try:
                data_bytes = sk1_or_conn.recv(1024)
            except Exception as ex:
                # 如果用户终止连接
                inputs.remove(sk1_or_conn)
            else:
                data_str = str(data_bytes, encoding='utf-8')
                message_dict[sk1_or_conn].append(data_str)
                outputs.append(sk1_or_conn)

    #w_list 中仅仅保存了谁给我发过消息
    for conn in w_list:
        recv_str = message_dict[conn][0]
        del message_dict[conn][0]
        conn.sendall(bytes(recv_str+'好', encoding='utf-8'))
        outputs.remove(conn)
```

```
    for sk in e_list:
        inputs.remove(sk)
```

(2) 再看实例文件 fenlicli.py，实现了客户端的功能，具体实现代码如下：

```
import socket

obj = socket.socket()
obj.connect(('127.0.0.1', 8000))
while True:
    inp = input('>>>')
    obj.sendall(bytes(inp, encoding='utf-8'))
    ret = str(obj.recv(1024),encoding='utf-8')
    print(ret)

obj.close()
```

4. 实例解析

模块 select 在 Socket 编程中占据了比较重要的地位。对于大多数初学 Socket 的读者来说，不太喜欢用 select 模块写程序，只是习惯地编写诸如 connect、accept、recv 或 recvfrom 之类的阻塞程序(所谓阻塞方式 block，顾名思义，就是进程或是线程执行到这些函数时必须等待某个事件的发生，如果事件没有发生，进程或线程就被阻塞，函数不能立即返回)。

8.4 使用包 urllib

在计算机网络模型中，Socket 套接字编程属于底层网络协议开发的内容。虽然编写网络程序需要从底层开始构建，但是自行处理相关协议是一件比较麻烦的事情。其实对于大多数程序员来说，最常见的网络编程开发是针对应用协议进行的。在 Python 程序中，使用内置的包 urllib 和 http 可以完成 HTTP 协议层程序的开发工作。

扫码看视频

8.4.1 案例 8：爬取某个网页中的图片文件

1. 实例介绍

在百度搜索中输入一个搜索关键词，然后使用网络爬虫技术抓取搜索结果中得到的第一页链接信息。

2. 知识点介绍

本实例通过 urllib.request 模块实现，此模块定义了通过身份验证、重定向、cookies 等方法打开 URL 的方法和类。模块 urllib.request 中的常用方法如下。

(1) 方法 urlopen()。

在 urllib.request 模块中，方法 urlopen() 的功能是打开一个 URL 地址，其语法格式如下：

```
urllib.request.urlopen(url, data=None, [timeout, ]*, cafile=None, capath=None,
cadefault=False, context=None)
```

- url：表示要进行操作的 URL 地址。
- data：向 URL 传递的数据，是一个可选参数。
- timeout：这是一个可选参数，功能是指定一个超时时间。如果超过该时间，任何操作都会被阻止。这个参数仅仅对 http、https 和 ftp 连接有效。
- context：此参数必须是一个描述各种 SSL 选项的 ssl.SSLContext 实例。

方法 urlopen() 将返回一个 HTTPResponse 实例(类文件对象)，可以像操作文件一样使用 read()、readline() 和 close() 等方法对 URL 进行操作。

方法 urlopen() 能够打开 url 所指向的 URL。如果没有给定协议或者下载方案(Scheme)，或者传入了"file"方案，urlopen() 会打开一个本地文件。

(2) 方法 urllib.request.install_opener(opener)。

功能是安装 opener 作为 urlopen() 使用的全局 URL opener，这意味着以后调用 urlopen() 时都会使用安装的 opener 对象。opener 通常是函数 build_opener() 创建的对象。

3. 编码实现

本实例的实现文件是 pa.py，代码如下：

```
import urllib.parse                    #主要用来解析 url
import urllib.request                  #主要用于打开和阅读 url
import os,re
import urllib.error                    #用于错误处理
from test.test_urllib import urlopen

print("爬取指定页面的 jpg 格式的文件")
def baidu_tieba(url,l):
    """
    根据传入的地址和关键字列表进行图片抓取
    """
    for i in range(len(l)):
        count=1
        file_name="test/"+l[i]+".html"
        print("正在下载"+l[i]+"页面，并保存为"+file_name)
```

```
    m=urllib.request.urlopen(url+l[i]).read()
    #创建目录保存每个网页上的图片
    dirpath="test/"
    dirname=l[i]
    new_path=os.path.join(dirpath,dirname)
    if not os.path.isdir(new_path):
        os.makedirs(new_path)

    page_data=m.decode()
    page_image=re.compile('<img src=\"(.+?)\"')          #匹配图片的pattern
    for image in page_image.findall(page_data):
    #page_image.findall(page_data)用正则表达式匹配所有的图片
        pattern=re.compile(r'http://.*.jpg$')            #匹配jpg格式的文件
        #如果匹配，则获取图片信息，若不匹配，进行下一个页面的匹配
        if pattern.match(image):
            try:
                image_data=urllib.request.urlopen(image).read()   #获取图片信息
                image_path=dirpath+dirname+"/"+str(count)+".jpg"  #给图片命名
                count+=1
                print(image_path)                        #打印图片路径
                with open(image_path,"wb") as image_file:
                    image_file.write(image_data)          #将图片写入文件
            except urllib.error.URLError as e:
                print("Download failed")
        with open(file_name,"wb") as file:               #将页面写入文件
            file.write(m)

if __name__=="__main__":
url="http://tieba.baidu.com/f?kw="
l_tieba=["python","java","c#"]
baidu_tieba(url,l_tieba)
```

4. 实例解析

　　在上述实例代码中，抓取了贴吧中三个关键字的内容：
Python、Java 和 C#，要想爬取某个页面的文件，必须用
urllib.request.urlopen 打开页面的连接，并用方法 read()读取页
面的 HTML 内容。要想爬取某些具体内容，必须分析该页面对
应的 HTML 代码，找到需爬取内容所在位置的标签，利用正则
表达式获取标签。执行后会将抓取的内容保存到 test 目录下，
执行效果如图 8-2 所示。

图 8-2　案例 8 的执行效果

8.4.2　案例 9：实现 HTTP 身份验证

1．实例介绍

通过 HTTP 协议可以实现身份认证，目的是弄清到底是谁在访问服务器，确认当前访问者是否有访问的权限。

假设有一个身份验证(登录名和密码)的 Web 站点，通过验证的最简单方法是在 URL 中使用登录信息进行访问，例如 http://username:passwd@www.python.org。但是这种方法的问题是它不具有可编程性。通过使用 urllib 可以很好地解决这个问题，假设合法的登录信息是：

```
LOGIN = 'admin'
PASSWD = "admin"
URL = 'http://localhost'
REALM = 'Secure AAA'
```

请编写一个程序，使用 urllib 实现 HTTP 身份验证功能。

2．知识点介绍

在 Python 程序中，urllib.parse 模块提供了一些用于处理 URL 字符串的功能。这些功能主要是通过如下方法实现的。

(1) 方法 urlparse.urlparse()。

方法 urlparse()的功能是将 URL 字符串拆分成前面描述的一些主要组件，其语法结构如下：

```
urlparse (urlstr, defProtSch=None, allowFrag=None)
```

方法 urlparse()将 urlstr 解析成一个 6 元组(prot_sch, net_loc, path, params, query, frag)。如果在 urlstr 中没有提供默认的网络协议或下载方案，defProtSch 会指定一个默认的网络协议。allowFrag 用于标识一个 URL 是否允许使用片段。例如下边是一个给定 URL 经过 urlparse()处理后的输出：

```
>>> urlparse.urlparse('http://www.python.org/doc/FAQ.html')
('http', 'www.python.org', '/doc/FAQ.html', '', '', '')
```

(2) 方法 urlparse.urlunparse()。

方法 urlunparse()的功能与方法 urlpase()完全相反，能够将经 urlparse()处理的 URL 生成 urltup 这个 6 元组(prot_sch, net_loc, path, params, query, frag)，拼接成 URL 并返回。可以用如下方式表示其等价性：

```
urlunparse(urlparse(urlstr)) ≡ urlstr
```

下面是使用 urlunpase()的语法：

```
urlunparse(urltup)
```

(3) 方法 urlparse.urljoin()。

在需要处理多个相关的 URL 时，需要使用 urljoin()方法，例如在一个 Web 页中可能会产生一系列页面的 URL。方法 urljoin()的语法格式如下：

```
urljoin (baseurl, newurl, allowFrag=None)
```

方法 urljoin()能够取得根域名，并将其根路径(net_loc 及其前面的完整路径，但是不包括末端的文件)与 newurl 连接起来。例如下面的演示过程：

```
>>> urlparse.urljoin('http://www.python.org/doc/FAQ.html',
... 'current/lib/lib.htm')
'http://www.python.org/doc/current/lib/lib.html'
```

3. 编码实现

本实例的实现文件是 yan.py，代码如下：

```
import urllib.request, urllib.error, urllib.parse

①LOGIN = 'hehe'
PASSWD = "hehe"
URL = 'http://localhost'
②REALM = '天霸'

③def handler_version(url):
   hdlr = urllib.request.HTTPBasicAuthHandler()

   hdlr.add_password(REALM,
      urllib.parse.urlparse(url)[1], LOGIN, PASSWD)
   opener = urllib.request.build_opener(hdlr)
   urllib.request.install_opener(opener)
④    return url

⑤def request_version(url):
   import base64
   req = urllib.request.Request(url)
   b64str = base64.b64encode(
      bytes('%s:%s' % (LOGIN, PASSWD), 'utf-8'))[:-1]
   req.add_header("Authorization", "Basic %s" % b64str)
⑥    return req

⑦for funcType in ('handler', 'request'):
   print('*** Using %s:' % funcType.upper())
```

```
    url = eval('%s_version' % funcType)(URL)
    f = urllib.request.urlopen(url)
    print(str(f.readline(), 'utf-8'))
⑧f.close()
```

4. 实例解析

在本实例中，设置的用户名和密码分别是变量 LOGIN 和 PASSWD 的值。对上述代码的具体说明如下：

- ①~②实现普通的初始化功能，设置合法的登录验证信息。
- ③~④定义函数 handler_version()，添加验证信息后建立一个 URL 开启器，安装该开启器以便所有已打开的 URL 都能用到这些验证信息。
- ⑤~⑥定义函数 request_version()创建一个 Request 对象，并在 HTTP 请求中添加简单的 base64 编码的验证头信息。这样在后面的⑦for 循环里调用 urlopen()时，该请求用来替换其中的 URL 字符串。
- ⑦~⑧分别打开给定的 URL，通过验证后会显示服务器返回的 HTML 页面的第一行。如果验证信息无效，会返回一个 HTTP 错误。

8.5　使用 http 包

在 Python 程序中，包 http 实现了对 HTTP 协议的封装，http 包中主要包含如下模块。

扫码看视频

- http.client：底层的 HTTP 协议客户端，可以为 urllib.request 模块所用。
- http.server：提供了基于 socketserver 模块的基本 HTTP 服务器类。
- http.cookies：cookies 的管理工具。
- http.cookiejar：提供了 cookies 的持久化支持。

在 http.client 模块中，主要包括如下两个用于客户端的类。

- HTTPConnection：基于 HTTP 协议的访问客户端。
- HTTPResponse：基于 HTTP 协议的服务端回应。

8.5.1　案例 10：访问百度主页

1. 实例介绍

使用 http.client.HTTPConnection 对象访问百度主页 www.baidu.com，并打印输出百度主页的响应状态。

2. 知识点介绍

在 http.client 模块中定义了实现 HTTP 和 HTTPS 协议客户端的类。通常来说，不能直接使用 http.client 模块，需要通过模块 urllib.request 调用该模块来处理使用 HTTP 和 HTTPS 的 URL。在模块 http.client 中包含如下所示的类。

(1) 类 HTTPConnection。

类 HTTPConnection 的语法格式如下：

```
http.client.HTTPConnection(host, port=None, [timeout, ]source_address=None)
```

一个 HTTPConnection 实例表示与 HTTP 服务器端的一次事务处理，通过传递参数 host 地址和 port 端口号进行实例化，传递格式是 host:port。如果这两个参数都没有，则默认端口号为 80。如果提供了可选参数 timeout，则将在给出的秒数后执行阻塞操作表示超时。可选参数 source_address 可以是一个元组，形式同(host, port)，作为 HTTP 链接的源地址使用。

(2) HTTPSConnection。

类 HTTPSConnection 的语法格式如下：

```
http.client.HTTPSConnection(host, port=None, key_file=None, cert_file=None,
[timeout, ]source_address=None, *, context=None, check_hostname=None)
```

类 HTTPSConnection 是 HTTPConnection 的子类，使用 SSL，用于实现与服务器端的安全通信。默认端口是 443。如果需要指定上下文 context，必须使用 ssl.SSLContext 实例化，用于描述不同的 SSL 选项。

(3) 类 HTTPResponse。

类 HTTPResponse 是在连接成功后返回的实例，不需要用户直接进行实例化操作。类 HTTPResponse 的语法格式如下：

```
class http.client.HTTPResponse(sock, debuglevel=0, method=None, url=None)
```

3. 编码实现

本实例的实现文件是 fang.py，代码如下：

```
from http.client import HTTPConnection          #导入内置模块
#基于 HTTP 协议的访问客户端
mc = HTTPConnection('www.baidu.com:80')
mc.request('GET','/')                            #设置 GET 请求方法
res = mc.getresponse()                           #获取访问的网页

print('你们好，我是同学 A')
print(res.status,res.reason)                     #打印输出响应的状态
print(res.read().decode('utf-8'))                #显示获取的内容
```

4. 实例解析

在本实例中使用函数 request()获取 get 访问请求，使用函数 getresponse()打印访问结果。上述实例代码只是实现了一个基本的访问实例，首先实例化 http.client.HTTPConnection 并指定请求的方法为 GET，然后使用 getresponse()方法获取访问的网页，并打印输出响应的状态。执行效果如图 8-3 所示。

```
======
你们好，我是同学A
200 OK
<!DOCTYPE html><!--STATUS OK-->
<html>
<head>
	<meta http-equiv="content-type" content="text/html;charset=utf-8">
	<meta http-equiv="X-UA-Compatible" content="IE=Edge">
	<link rel="dns-prefetch" href="//s1.bdstatic.com"/>
	<link rel="dns-prefetch" href="//t1.baidu.com"/>
	<link rel="dns-prefetch" href="//t2.baidu.com"/>
	<link rel="dns-prefetch" href="//t3.baidu.com"/>
	<link rel="dns-prefetch" href="//t10.baidu.com"/>
	<link rel="dns-prefetch" href="//t11.baidu.com"/>
	<link rel="dns-prefetch" href="//t12.baidu.com"/>
	<link rel="dns-prefetch" href="//b1.bdstatic.com"/>
	<title>百度一下，你就知道</title>
	<link href="http://s1.bdstatic.com/r/www/cache/static/home/css/index.css
" rel="stylesheet" type="text/css"/>
	<!--[if lte IE 8]><style index="index" >#content{height:480px\9}#m{top:2
60px\9}</style><![endif]-->
	<!--[if IE 8]><style index="index" >#u1 a.mnav,#u1 a.mnav:visited{font-f
amily:simsun}</style><![endif]-->
	<script>var hashMatch = document.location.href.match(/#+(.*wd=[^&].+)/);
if (hashMatch && hashMatch[0] && hashMatch[1]) {document.location.replace("http:
//"+location.host+"/s?"+hashMatch[1]);}var ns_c = function(){};</script>
	<script>function h(obj){obj.style.behavior='url(#default#homepage)';var
a = obj.setHomePage('//www.baidu.com/');}</script>
	<noscript><meta http-equiv="refresh" content="0; url=/baidu.html?from=no
script"/></noscript>
	<script>window._ASYNC_START=new Date().getTime();</script>
</head>
<body link="#0000cc"><div id="wrapper" style="display:none;"><div id="u"><a href
="//www.baidu.com/gaoji/preferences.html" onmousedown="return user_c({'fm':'set
','tab':'setting','login':'0'})">搜索设置</a>|<a id="btop" href="/"  onmousedown
```

图 8-3　案例 10 的执行效果

8.5.2　案例 11：获取指定 URL 地址网页的数据

1. 实例介绍

建立和指定 URL 地址的连接，然后使用 get 方式获取这个 URL 的数据。

2. 知识点介绍

本实例通过 HTTPConnection 实现，HTTPConnection 中的常用方法如下。

(1) HTTPConnection.request(method, url, body=None, headers={})：功能是使用指定的method 方法和 url 链接向服务器发送请求。

- body：如果指定了 body 部分，那么 body 部分将在 header 部分发送完之后发送。body 部分可以是字符串、字节对象、文件对象或者字节对象的迭代器。不同的 body 类型对应不同的要求。

- header：HTTP 头部的映射，是一个字典类型。如果在 header 中不包含 Content-Length 项，那么会根据 body 的不同自动添加。

(2) HTTPConnection.getresponse()：在请求发送后才能调用得到服务器返回的内容，返回的是一个 HTTPResponse 实例。

(3) HTTPConnection.set_debuglevel(level)：设置调试级别，默认调试级别是 0，表示没有调试输出。任何大于 0 的值都将导致所有当前定义的调试输出被打印到 stdout，debuglevel 会传递到创建的任何新的 HTTPResponse 对象中。

(4) HTTPConnection.set_tunnel(host, port=None, headers=None)：设置 HTTP Connect 隧道的主机和端口，允许通过代理服务器运行连接。

(5) HTTPConnection.connect()：连接指定的服务器。在默认情况下，如果客户端没有连接，则会在 request 请求时自动调用该方法。

(6) HTTPConnection.close()：关闭与服务器的连接。

(7) HTTPConnection.putrequest(request, selector, skip_host=False, skip_accept_encoding=False)：当和服务器的连接成功后，应当首先调用这个方法。发送到服务器的内容包括 request 字符串、selector 字符串和 HTTP 协议版本。

3. 编码实现

本实例的实现文件是 xmlparser.py，代码如下：

```python
import http.client

conn = http.client.HTTPConnection("httpbin.org")
conn.request("GET", '/get')

res = conn.getresponse()
print(res.read()) # 自己解码
```

4. 实例解析

上述代码的实现流程如下。

(1) 建立 HTTP 连接。

(2) 发送 GET 请求，设置一个指定的接口路径。

(3) 获取响应。

(4) 打印输出解的结果。

执行后会输出：

```
b'{\n "args": {}, \n "headers": {\n   "Accept-Encoding": "identity", \n   "Host":
"httpbin.org", \n   "X-Amzn-Trace-Id":
```

"Root=1-626b99f3-731a4f947788014091ffa5872"\n }, \n "origin": "27.211.133.132",
\n "url": "http://httpbin.org/get"\n}\n'

8.6　收发电子邮件

扫码看视频

自从互联网出现那一刻起，人们的日常交互又多了一条新的渠道。从此以后，交流变得更加迅速快捷，更具有实时性。一时之间，很多网络通信产品出现在大家面前，例如 QQ、MSN 和电子邮件系统，其中电子邮件系统更是深受人们的追捧。使用 Python 语言可以开发出功能强大的邮件系统，在本节的内容中，将详细讲解使用 Python 语言开发邮件系统的方法。

8.6.1　案例 12：获取指定邮箱中的两封最新邮件的主题和发件人信息

1. 实例介绍

使用 Python 内置模块 poplib 开发一个邮件程序，获取指定邮箱中的两封最新邮件的主题和发件人信息。

2. 知识点介绍

在计算机应用中，使用 POP3 协议可以登录 Email 服务器收取邮件。在 Python 程序中，内置模块 poplib 提供了对 POP3 邮件协议的支持。现在市面中大多数邮箱软件都提供了 POP3 收取邮件的方式，例如 Outlook 等 E-mail 客户端。开发者可以使用 Python 语言中的 poplib 模块开发支持 POP3 邮件协议的客户端脚本程序。在 poplib 模块中，通过如下两个类实现 POP3 功能。

(1) 类 poplib.POP3(host, port=POP3_PORT[, timeout])：实现 POP3 协议，当实例初始化时创建连接。

● 参数 port：如果省略 port 端口参数，则使用标准的 POP3 端口(110)。

● 参数 timeout：可选参数 timeout 用于设置连接超时的时间，以秒为单位。如果未指定，将使用全局默认超时值。

(2) 类 poplib.POP3_SSL(host, port=POP3_SSL_PORT, keyfile=None, certfile=None, timeout=None, context=None)：POP3 的子类，通过 SSL 加密的套接字连接服务器。

● 参数 port：如果没有指定端口参数 port，则使用标准的 POP3 over SSL 端口。

● 参数 timeout：超时的工作方式与上面的 POP3 构造函数中的相同。

- 参数 context：上下文对象，是可选的 ssl.SSLContext 对象，允许将 SSL 配置选项证书和私钥捆绑到单个结构中。
- 参数 keyfile 和 certfile：上下文的传统替代方式，可以分别指向 SSL 的 PEM 格式的私钥和证书文件连接。

在 Python 程序中，可以使用类 POP3 创建一个 POP3 对象实例。其语法原型如下：

```
POP3 (host, port)
```

- 参数 host：POP3 邮件服务器。
- 参数 port：服务器端口，一个可选参数，默认值为 110。

3. 编码实现

本实例的实现文件是 pop.py，代码如下：

```
from poplib import POP3                                    #导入内置邮件处理模块
import re,email,email.header                               #导入内置文件处理模块
from p_email import mypass                                 #导入内置模块
def jie(msg_src,names):                                    #定义解码邮件内容函数 jie()
    msg = email.message_from_bytes(msg_src)
    result = {}                                            #变量初始化
    for name in names:                                     #遍历 name
        content = msg.get(name)                            #获取 name
        info = email.header.decode_header(content)         #定义变量 info
        if info[0][1]:
            if info[0][1].find('unknown-') == -1:          #如果是已知编码
                result[name] = info[0][0].decode(info[0][1])
            else:                                          #如果是未知编码
                try:                                       #异常处理
                    result[name] = info[0][0].decode('gbk')
                except:
                    result[name] = info[0][0].decode('utf-8')
        else:
            result[name] = info[0][0]                      #获取解码结果
    return result                                          #返回解码结果
if __name__ == "__main__":
    pp = POP3("pop.sina.com")                              #实例化邮件服务器类
    pp.user('guanxijing820111@sina.com')                  #传入邮箱地址
    pp.pass_(mypass)                                       #密码设置
    total,totalnum = pp.stat()                             #获取邮箱的状态
    print(total,totalnum)                                  #打印显示统计信息
    for i in range(total-2,total):                         #遍历获取最新的两封邮件
        hinfo,msgs,octet = pp.top(i+1,0)                   #返回 bytes 类型的内容
        b=b''
        for msg in msgs:                                   #遍历 msg
            b += msg+b'\n'
```

```
    items = jie(b,['subject','from'])              #调用函数jie()返回邮件主题
    print(items['subject'],'\nFrom:',items['from'])  #调用函数jie()返回发件人的信息
    print()                                        #打印空行
 pp.close()                                        #关闭连接
```

4．实例解析

在上述实例代码中，函数 jie() 的功能是使用 email 包来解码邮件头，用 POP3 对象的方法连接 POP3 服务器并获取邮箱中的邮件总数。在程序中获取最新的两封邮件的邮件头，然后传递给函数 jie() 进行分析，并返回邮件的主题和发件人的信息。执行效果如图 8-4 所示。

```
>>>
2 15603
欢迎使用新浪邮箱
From: 新浪邮箱团队

如果您忘记邮箱密码怎么办?
From: 新浪邮箱团队

>>> |
```

图 8-4 案例 12 的执行效果

8.6.2 案例 13：发送一封邮件

1．实例介绍

使用 SMTP 开发一个邮件程序，功能是向指定邮箱发送一封指定内容的邮件。

2．知识点介绍

SMTP 即简单邮件传输协议，是一组由源地址到目的地址传送邮件的规则，由它来控制信件的中转方式。在 Python 语言中，通过模块 smtplib 对 SMTP 协议进行封装，通过这个模块可以登录 SMTP 服务器发送邮件。有两种使用 SMTP 协议发送邮件的方式。

- 第一种：直接投递邮件，比如要发送邮件到邮箱 aaa@163.com，那么就直接连接 163.com 的邮件服务器，把邮件发送给 aaa@163.com。
- 第二种：验证通过后发送邮件，例如要发送邮件到邮箱 aaaa@163.com，不是直接发送到 163.com，而是通过 sina.com 中的另一个邮箱来发送。这样就要先连接 sina.com 的 SMTP 服务器，然后进行验证，之后把要发到 163.com 的邮件投到 sina.com 上，sina.com 会帮我们把邮件发送到 163.com。

在 smtplib 模块中，使用类 SMTP 可以创建一个 SMTP 对象实例，具体语法格式如下：

```
import smtplib
smtpObj = smtplib.SMTP(host, port, local_hostname)
```

上述各个参数很容易理解，具体说明如下。

- host：表示 SMTP 服务器主机，可以指定主机的 IP 地址或者域名，例如 w3cschool.cc，这是一个可选参数。
- port：如果提供了 host 参数，需要指定 SMTP 服务使用的端口号。在一般情况下，SMTP 端口号为 25。
- local_hostname：如果 SMTP 在本机上，只需要指定服务器地址为 localhost 即可。

3. 编码实现

本实例的实现文件是 name.py，代码如下：

```
import smtplib,email                               #导入内置模块
from p_email import mypass                         #导入内置模块
#使用email模块构建一封邮件
chst = email.charset.Charset(input_charset='utf-8')
header = ("From: %s\nTo: %s\nSubject: %s\n\n"       #邮件主题
    % ("guanxijing820111@sina.com",                #邮箱地址
        "好人",                                      #收件人
        chst.header_encode("Python smtplib 测试! ")))  #邮件头

body = "你好! "                                      #邮件内容
#构建邮件完整内容，中文编码处理
email_con = header.encode('utf-8') + body.encode('utf-8')
smtp = smtplib.SMTP("smtp.sina.com")               #邮件服务器
smtp.login("guanxijing820111@sina.com",mypass)     #用户名和密码登录邮箱
#开始发送邮件
smtp.sendmail("guanxijing820111@sina.com","371972484@qq.com",email_con)
smtp.quit()                                        #退出系统
```

4. 实例解析

在上述实例代码中，使用新浪的 SMTP 服务器邮箱 guanxijing820111@sina.com 发送邮件，收件人的邮箱地址是 371972484@qq.com。首先使用 email.charset.Charset()对象对邮件头进行编码，然后创建 SMTP 对象，并通过验证的方式给 371972484@qq.com 发送一封测试邮件。因为在邮件的主体内容中含有中文字符，所以使用 encode()函数进行编码。执行后的效果如图 8-5 所示。

图 8-5　案例 13 的执行效果

第 9 章

Tkinter 图形化
界面开发

Tkinter 是 Python 语言内置的标准 GUI(Graphical User Interface，图形用户接口，即采用图形方式显示的计算机操作用户界面)库，Python 使用 Tkinter 可以快速创建 GUI 应用程序。由于 Tkinter 是内置在 Python 的安装包中，所以只要安装 Python 之后，就能 import(导入)Tkinter 库。而且开发工具 IDLE 也是基于 Tkinter 编写的，对于简单的图形界面 Tkinter 能够应付自如。在本章的内容中，将详细讲解使用 Tkinter 框架开发图形化界面程序的知识。

9.1　tkinter 开发基础

扫码看视频

在 Python 程序中，tkinter 是 Python 的一个模块，可以像其他模块一样在 Python 交互式 shell(或者.py 程序)中被导入，导入后即可使用 tkinter 模块中的函数、方法等。开发者可以使用 tkinter 库中的文本框、按钮、标签等组件实现 GUI 开发功能，整个实现过程十分简单。例如，要实现某个界面元素，只需要调用对应的 tkinter 组件即可。

9.1.1　案例 1：创建第一个 tkinter 程序

1. 实例介绍

创建一个 tkinter 窗体，执行后显示一个 GUI 窗口。

2. 知识点介绍

在 Python 程序中使用 tkinter 创建图形界面时，要首先使用 import 语句导入 tkinter 模块：

```
import tkinter
```

如果在 Python 的交互式环境中输入上述语句后没有错误发生，则说明当前 Python 已经安装了 tkinter 模块。这样以后在编写程序时只要使用 import 语句导入 tkinter 模块，即可使用 tkinter 模块中的函数、对象等进行 GUI 编程。

在 Python 程序中使用 tkinter 模块时，需要先使用 tkinter.Tk 生成一个主窗口对象，然后才能使用 tkinter 模块中的其他函数和方法等元素。生成主窗口以后，才可以向里面添加组件，或者直接调用其 mainloop 方法进行消息循环。

3. 编码实现

本实例的实现文件是 easy.py，代码如下：

```
import tkinter                    #导入 tkinter 模块
top = tkinter.Tk()               #生成一个主窗口对象
# 进入消息循环

top.mainloop()
```

4. 实例解析

在上述实例代码中，首先导入了 tkinter 库，然后由 tkinter.Tk 生成一个主窗口对象，并进入消息循环。生成的窗口具有一般应用程序窗口的基本功能，可以最小化、最大化、关闭，还具有标题栏，甚至使用鼠标可以调整其大小。执行效果如图 9-1 所示。通过上述实例代码创建了一个简单的 GUI 窗口，在完成窗口内部组件的创建工作后，也要进入消息循环中，这样可以处理窗口及其内部组件的事件。

图 9-1　案例 1 的执行效果

9.1.2　案例 2：确定是否购买购物车中的商品

1. 实例介绍

在窗口上方显示"确定购买此商品吗？"，在下方显示两个按钮"确定"和"取消"。

2. 知识点介绍

在 Python 程序中，使用 tkinter 创建 GUI 窗口后，接下来可以向窗体中添加组件元素。其实组件与窗口一样，也是通过 tkinter 模块中相应的组件函数生成的。在生成组件以后，就可以使用 pack、grid 或 place 等方法将其添加到窗口中。

模块 tkinter 中提供了各种各样的常用组件，例如按钮、标签和文本框，这些组件通常也被称为控件或者部件。其中最为主要的组件如下。

- Button：按钮控件，在程序中显示按钮。
- Canvas：画布控件，显示图形元素，如线条或文本。
- Checkbutton：多选框控件，用于在程序中提供多项选择框。
- Entry：输入控件，用于显示简单的文本内容。
- Frame：框架控件，在屏幕上显示一个矩形区域，多用来作为容器。
- Label：标签控件，可以显示文本和位图。
- Listbox：列表框控件，显示一个字符串列表给用户。
- Menubutton：菜单按钮控件，用于显示菜单项。
- Menu：菜单控件，显示菜单栏、下拉菜单和弹出菜单。

- Message：消息控件，用来显示多行文本，与 Label 比较类似。
- Radiobutton：单选按钮控件，显示一个单选的按钮状态。
- Scale：范围控件，显示一个数值刻度，为输出限定范围的数字区间。
- Scrollbar：滚动条控件，当内容超过可视化区域时使用，如列表框。
- Text：文本控件，用于显示多行文本。
- Toplevel：容器控件，用来提供一个单独的对话框，与 Frame 比较类似。
- Spinbox：输入控件，与 Entry 类似，但是可以指定输入范围值。
- PanedWindow：窗口布局管理控件，可以包含一个或者多个子控件。
- LabelFrame：简单的容器控件，常用于复杂的窗口布局。
- messagebox：用于显示应用程序的消息框。

在模块 tkinter 的组件中提供了对应的属性和方法，其中标准属性是所有控件拥有的共同属性，例如大小、字体和颜色。模块 tkinter 中的标准属性如表 9-1 所示。

表 9-1　模块 tkinter 中的标准属性

属　性	描　述
Dimension	控件大小
Color	控件颜色
Font	控件字体
Anchor	锚点
Relief	控件样式
Bitmap	位图
Cursor	光标

3. 编码实现

本实例的实现文件是 zu.py，代码如下：

```
import tkinter                                    #导入 tkinter 模块
root = tkinter.Tk()                               #生成一个主窗口对象
#实例化标签(Label)组件
label= tkinter.Label(root, text="确定购买此商品吗？")
label.pack()                                      #将标签(Label)添加到窗口
button1 = tkinter.Button(root, text="确定")        #创建按钮 1
button1.pack(side=tkinter.LEFT)                   #将按钮 1 添加到窗口

button2 = tkinter.Button(root, text="取消")        #创建按钮 2
button2.pack(side=tkinter.RIGHT)                  #将按钮 2 添加到窗口
root.mainloop()                                   #进入消息循环
```

4. 实例解析

在上述实例代码中，分别实例化了库 tkinter 中的 1 个标签(Label)组件和两个按钮(Button)组件，然后调用 pack()方法将这三个组件添加到主窗口中。执行后的效果如图 9-2 所示。

图 9-2　案例 2 的执行效果

9.2　tkinter 组件开发

创建一个窗口后，实际上只是创建了一个存放组件的"容器"。为了实现项目的需求，还需要根据程序的功能向窗口中添加对应的组件，然后定义相关的处理函数，这样才算是一个完整的 GUI 程序。

扫码看视频

9.2.1　案例 3：输出显示阿里旗下的四大品牌

1. 实例介绍

使用两行两列的布局方式显示阿里旗下的四大品牌：淘宝、天猫、支付宝和阿里云。

2. 知识点介绍

在模块 tkinter 中，控件有特定的几何状态管理方法，管理整个控件区域，其中 tkinter 控件公开的几何管理有包装、网格和位置，具体如表 9-2 所示。

表 9-2　几何状态管理方法

几何方法	描　述
pack()	包装
grid()	网格
place()	位置

在本章前面的案例 2 中，只是使用组件的 pack()方法将标签组件添加到窗口中，而没有设置组件的位置，例子中的组件位置都是由 tkinter 模块自动确定的。如果是一个包含多个组件的窗口，为了让组件布局更加合理，可以通过方法 pack()的参数来设置组件在窗口中的

具体位置。除了组件的 pack()方法以外，还可以通过使用 grid()和 place()方法来设置组件的位置。

3. 编码实现

本实例的实现文件是 Frame.py，代码如下：

```python
from tkinter import *
root = Tk()
root.title("hello world")
root.geometry('300x200')

Label(root, text='阿里旗下四大品牌', font=('Arial', 20)).pack()

frm = Frame(root)
#left

frm_L = Frame(frm)
Label(frm_L, text='淘宝', font=('Arial', 15)).pack(side=TOP)
Label(frm_L, text='天猫', font=('Arial', 15)).pack(side=TOP)
frm_L.pack(side=LEFT)

#right
frm_R = Frame(frm)
Label(frm_R, text='支付宝', font=('Arial', 15)).pack(side=TOP)
Label(frm_R, text='阿里云', font=('Arial', 15)).pack(side=TOP)
frm_R.pack(side=RIGHT)

frm.pack()

root.mainloop()
```

4. 实例解析

在本实例中导入 tkinter 创建了一个窗体程序，然后使用 Frame 创建了左、右两列区域。执行后的效果如图 9-3 所示。

图 9-3　案例 3 的执行效果

9.2.2 案例 4：简易购物程序

1. 实例介绍

用组件设计一个简易购物程序，依次显示 4 个按钮："购物车""收藏""直接购买"和"关注"。

2. 知识点介绍

在库 tkinter 中有很多 GUI 控件，主要包括在图形化界面中常用的按钮、标签、文本框、菜单、单选按钮、复选框等，本节将首先介绍使用按钮控件的方法。在使用按钮控件 tkinter.Button 时，通过向其传递属性参数的方式可以控制按钮的属性，例如可以设置按钮上文本的颜色、按钮的颜色、按钮的大小以及按钮的状态等。库 tkinter 中的按钮控件常用的属性控制参数如表 9-3 所示。

表 9-3　按钮控件常用的属性控制参数

参 数 名	功　能
anchor	指定按钮上文本的位置
background (bg)	指定按钮的背景色
bitmap	指定按钮上显示的位图
borderwidth (bd)	指定按钮边框的宽度
command	指定按钮消息的回调函数
cursor	指定鼠标移动到按钮上的指针样式
font	指定按钮上文本的字体
foreground (fg)	指定按钮的前景色
height	指定按钮的高度
image	指定按钮上显示的图片
state	指定按钮的状态
text	指定按钮上显示的文本
width	指定按钮的宽度

3. 编码实现

本实例的实现文件是 gou.py，代码如下：

```
import tkinter                    #导入 tkinter 模块
root = tkinter.Tk()               #生成一个主窗口对象
```

```
button1 = tkinter.Button(root,              #创建按钮 1
            anchor = tkinter.E,             #设置文本的对齐方式
            text = '购物车',                #设置按钮上显示的文本
            width = 30,                     #设置按钮的宽度
            height = 7)                     #设置按钮的高度
button1.pack()                              #将按钮添加到窗口
button2 = tkinter.Button(root,              #创建按钮 2
            text = '收藏',                  #设置按钮上显示的文本
            bg = 'blue')                    #设置按钮的背景色
button2.pack()                              #将按钮添加到窗口
button3 = tkinter.Button(root,              #创建按钮 3
            text = '直接购买',              #设置按钮上显示的文本
            width = 12,                     #设置按钮的宽度
            height = 1)                     #设置按钮的高度
button3.pack()                              #将按钮添加到窗口
button4 = tkinter.Button(root,              #创建按钮 4
            text = '关注',                  #设置按钮上显示的文本
            width = 40,                     #设置按钮的宽度
            height = 7,                     #设置按钮的高度
            state = tkinter.DISABLED)       #设置按钮为禁用的
button4.pack()                              #将按钮添加到窗口
root.mainloop()                             #进入消息循环
```

4. 实例解析

在上述实例代码中，使用不同的属性参数实例化了 4 个按钮，并分别将这 4 个按钮添加到主窗口中。执行后会在主程序窗口中显示 4 种不同的按钮，执行效果如图 9-4 所示。

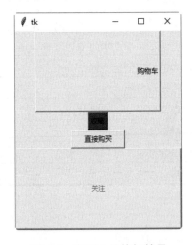

图 9-4　案例 4 的执行效果

9.2.3　案例5：简易文本编辑器

1. 实例介绍

开发一个简易文本编辑器，可以在文本框中输入文字信息，可以通过按钮在文本框中插入指定的信息。

2. 知识点介绍

在库 tkinter 的控件中，文本框控件主要用来实现信息接收和用户的信息输入工作。在 Python 程序中，使用 tkinter.Entry 和 tkinter.Text 可以创建单行文本框和多行文本框组件。通过向其传递属性参数，可以设置文本框的背景色、大小、状态等。例如表 9-4 中所示是 tkinter.Entry 和 tkinter.Text 共有的几个常用的属性控制参数。

表 9-4　tkinter.Entry 和 tkinter.Text 共有的常用属性控制参数

参　数　名	功　　　能
background (bg)	指定文本框的背景色
borderwidth (bd)	指定文本框边框的宽度
font	指定文本框中文字的字体
foreground (fg)	指定文本框的前景色
selectbackground	指定选定文本的背景色
selectforeground	指定选定文本的前景色
show	指定文本框中显示的字符，如果是星号，表示文本框为密码框
state	指定文本框的状态
width	指定文本框的宽度

3. 编码实现

本实例的实现文件是 bian.py，代码如下：

```
from tkinter import *
# 导入ttk
from tkinter import ttk
from tkinter import messagebox
class App:
    def __init__(self, master):
        self.master = master
        self.initWidgets()
    def initWidgets(self):
```

```
    # 创建 Entry 组件
    self.entry = ttk.Entry(self.master,
        width=44,
        font=('StSong', 14),
        foreground='green')
    self.entry.pack(fill=BOTH, expand=YES)
    # 创建 Text 组件
    self.text = Text(self.master,
        width=44,
        height=4,
        font=('StSong', 14),
        foreground='gray')
    self.text.pack(fill=BOTH, expand=YES)
    # 创建 Frame 作为容器
    f = Frame(self.master)
    f.pack()
    # 创建五个按钮，将其放入 Frame 中
    ttk.Button(f, text='开始插入', command=self.insert_start).pack(side=LEFT)
    ttk.Button(f, text='编辑插入', command=self.insert_edit).pack(side=LEFT)
    ttk.Button(f, text='结尾插入', command=self.insert_end).pack(side=LEFT)
    ttk.Button(f, text='获取 Entry', command=self.get_entry).pack(side=LEFT)
    ttk.Button(f, text='获取 Text', command=self.get_text).pack(side=LEFT)
def insert_start(self):
    # 在 Entry 和 Text 开始处插入内容
    self.entry.insert(0, 'Kotlin')          ①
    self.text.insert(1.0, 'Kotlin')         ②
def insert_edit(self):
    # 在 Entry 和 Text 的编辑处插入内容
    self.entry.insert(INSERT, 'Python')
    self.text.insert(INSERT, 'Python')
def insert_end(self):
    # 在 Entry 和 Text 的结尾处插入内容
    self.entry.insert(END, 'Swift')
    self.text.insert(END, 'Swift')
def get_entry(self):
    messagebox.showinfo(title='输入内容', message=self.entry.get())          ③
def get_text(self):
    messagebox.showinfo(title='输入内容', message=self.text.get(1.0, END))   ④
root = Tk()
root.title("开始测试")
App(root)
root.mainloop()
```

4. 实例解析

本实例的具体实现流程如下。

(1) 首先创建了一个 Entry 组件和一个 Text 组件，程序中第 ①、②行代码用于在 Entry 和 Text 组件的开始部分插入指定文本内容，如果要在 Entry、Text 的指定位置插入文本内容，通过方法 insert()的第一个参数指定位置即可。如果要在编辑处插入内容，则将第一个参数设为 INSERT 常量(值为 'insert')；　如果要在结尾处插入内容，则将第一个参数设为 END 常量(值为 'end')。

(2) 在第③、④行代码调用了 Entry 和 Text 组件的方法 get()来获取其中的文本内容。

执行后在里面写入文本，并且可以设置文本的样式，效果如图 9-5 所示。

图 9-5　案例 5 的执行效果

9.2.4　案例 6：模拟记事本编辑器

1. 实例介绍

使用菜单技术模拟实现一个记事本编辑器，主窗口有三个主菜单，在"文件"菜单下面有 3 个命令："打开""关闭"和"保存"，在"编辑"菜单下面有 3 个命令："复制""粘贴"和"剪切"。

2. 知识点介绍

在库 tkinter 的控件中，使用菜单控件的方式与使用其他控件的方式有所不同。在创建菜单控件时，需要使用创建主窗口的方法 config()将菜单添加到窗口中。

3. 编码实现

本实例的实现文件是 cai.py，代码如下：

```python
import tkinter
root = tkinter.Tk()

menu = tkinter.Menu(root)
submenu = tkinter.Menu(menu, tearoff=0)
submenu.add_command(label="打开")
submenu.add_command(label="保存")
submenu.add_command(label="关闭")
```

```
menu.add_cascade(label="文件", menu=submenu)
submenu = tkinter.Menu(menu, tearoff=0)
submenu.add_command(label="复制")
submenu.add_command(label="粘贴")
submenu.add_separator()
submenu.add_command(label="剪切")
menu.add_cascade(label="编辑", menu=submenu)
submenu = tkinter.Menu(menu, tearoff=0)
submenu.add_command(label="关于")
menu.add_cascade(label="帮助", menu=submenu)
root.config(menu=menu)
root.mainloop()
```

4. 实例解析

在上述实例代码中，在主窗口中加入了三个主菜单(文件，编辑，帮助)，而在"文件"主菜单下设置了三个命令(打开，保存，关闭)。在第二个菜单"编辑"中，通过代码submenu.add_separator()添加了一个分割线。执行后的效果如图 9-6 所示。

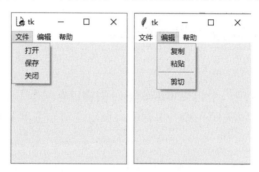

图 9-6　案例 6 的执行效果

9.2.5　案例 7：在窗体中显示 4 个电商平台的名字

1. 实例介绍

使用标签控件将整个窗体划分为 4 部分，然后分别显示 4 个电商平台的名字，并为第一部分设置一个背景颜色。

2. 知识点介绍

在 Python 程序中，标签控件的功能是在窗口中显示文本或图片。在库 tkinter 的控件中，使用 tkinter.Label 可以创建标签控件。标签控件常用的属性参数如表 9-5 所示。

表 9-5　标签控件常用的属性参数

参 数 名	功 能
anchor	指定标签中文本的位置
background (bg)	指定标签的背景色
borderwidth (bd)	指定标签的边框宽度
bitmap	指定标签中的位图
font	指定标签中文本的字体
foreground (fg)	指定标签的前景色
height	指定标签的高度
image	指定标签中的图片
justify	指定标签中多行文本的对齐方式
text	指定标签中的文本，可以使用 "\n" 表示换行
width	指定标签的宽度

3. 编码实现

本实例的实现文件是 shop.py，代码如下：

```
import tkinter                           #导入 tkinter 模块
root = tkinter.Tk()                      #生成一个主窗口对象
label1 = tkinter.Label(root,             #创建标签 1
          anchor = tkinter.E,            #设置标签文本的位置
          bg = 'red',                    #设置标签的背景色
          fg = 'blue',                   #设置标签的前景色
          text = '天猫',                  #设置标签中的显示文本
          width = 40,                    #设置标签的宽度
          height = 5)                    #设置标签的高度

label1.pack()                            #将标签添加到主窗口
label2 = tkinter.Label(root,             #创建标签 2
          text = '淘宝',                  #设置标签中的显示文本
          justify = tkinter.LEFT,        #设置多行文本左对齐
          width = 40,                    #设置标签的宽度
          height = 5)                    #设置标签的高度
label2.pack()                            #将标签添加到主窗口
label3 = tkinter.Label(root,             #创建标签 3
          text = '京东',                  #设置标签中的显示文本
          justify = tkinter.RIGHT,       #设置多行文本右对齐
          width = 40,                    #设置标签的宽度
          height = 5)                    #设置标签的高度
```

```
label3.pack()                          #将标签添加到主窗口
label4 = tkinter.Label(root,           #创建标签 4
            text = '苏宁易购',          #设置标签中的显示文本
            justify = tkinter.CENTER,  #设置多行文本居中对齐
            width = 40,                #设置标签的宽度
            height = 5)                #设置标签的高度
label4.pack()                          #将标签添加到主窗口
root.mainloop()                        #进入消息循环
```

4. 实例解析

在上述实例代码中，在主窗口中创建了 4 个类型的标签，执行后的效果如图 9-7 所示。

图 9-7　案例 7 的执行效果

9.2.6　案例 8：问卷调查系统

1. 实例介绍

设计一个问卷调查系统：选择您喜欢的编程语言，用单选按钮设置 4 个选项：C 语言、Python 语言、C++语言、Java 语言。

2. 知识点介绍

在库 tkinter 的控件中，使用 tkinter.Radiobutton 和 tkinter.Checkbutton 可以分别创建单选按钮和复选框。通过向其传递属性参数的方式，可以单独设置单选按钮和复选框的背景色、大小、状态等。tkinter.Radiobutton 和 tkinter.Checkbutton 中常用的属性控制参数如表 9-6 所示。

表 9-6　单选按钮和复选框控件常用的属性控制参数

参　数	功　能
anchor	设置文本位置
background (bg)	设置背景色
borderwidth (bd)	设置边框的宽度
bitmap	设置组件中的位图
font	设置组件中文本的字体
foreground (fg)	设置组件的前景色
height	设置组件的高度
image	设置组件中的图片
Justify	设置组件中多行文本的对齐方式
text	设置组件中的文本，可以使用 "\n" 表示换行
value	设置组件被选中后关联变量的值
variable	设置组件所关联的变量
width	设置组件的宽度

在 Python 程序中，variable 是单选按钮和复选框控件中比较重要的属性参数，需要使用 tkinter.IntVar 或 tkinter.StringVar 生成。其中 tkinter.IntVar 能够生成一个整型变量，而 tkinter.StringVar 可以生成一个字符串变量。当使用 tkinter.IntVar 或者 tkinter.StringVar 生成变量后，可以使用方法 set() 设置变量的初始值。如果这个初始值与组件的 value 参数所指定的值相同，则这个组件处于被选中状态。如果其他组件被选中，则变量值将被修改为这个组件 value 参数所指定的值。

3. 编码实现

本实例的实现文件是 wen.py，代码如下：

```python
from tkinter import *
# 导入 ttk
from tkinter import ttk
class App:
  def __init__(self, master):
    self.master = master
    self.initWidgets()
  def initWidgets(self):
    # 创建一个 Label 组件
    ttk.Label(self.master, text='问卷调查：选择您喜欢的编程语言:')\
      .pack(fill=BOTH, expand=YES)
```

```
            self.intVar = IntVar()
            # 定义元组
            books = ('C语言', 'Python语言','C++语言', 'Java语言')
            i = 1
            # 采用循环创建多个Radiobutton
            for book in books:
                ttk.Radiobutton(self.master,
                    text = book,
                    variable = self.intVar,        #将Radiobutton绑定到self.intVar变量
                    command = self.change,         #将选中事件绑定到self.change方法
                    value=i).pack(anchor=W)
                i += 1
            # 设置Radiobutton绑定的变量的值为2，
            # 则选中value为2的Radiobutton
            self.intVar.set(2)
        def change(self):
            from tkinter import messagebox
            # 通过Radiobutton绑定变量获取选中的单选按钮
            messagebox.showinfo(title=None, message=self.intVar.get() )
root = Tk()
root.title("Radiobutton测试")
App(root)
root.mainloop()
```

4. 实例解析

在本实例中导入 tkinter 创建了一个窗体程序，然后定义了元组 books，最后将元组中的元素作为 Radiobutton 的选项值。在上述实例代码中，使用循环创建了多个 Radiobutton 组件，程序指定将这些 Radiobutton 绑定到 self.intVar 变量，这意味着这些 Radiobutton 位于同一组内。与此同时，程序为这组 Radiobutton 的选中事件绑定了 self.change 方法，因此每次当用户选择不同的单选按钮时，总会触发该对象的方法 change()。运行上面程序，执行后的效果如图 9-8 所示。可以看到程序默认选中第二个单选按钮，这是因为第二个单选按钮的 value 为 2，而程序将这组单选按钮绑定的 self.intVar 值设置为 2。如果用户选中其他单选按钮，程序将会弹出提示框显示用户的选择项。

图 9-8　案例 8 的执行效果

9.3　库 tkinter 的事件

在使用库 tkinter 实现 GUI 界面开发过程中,属性和方法是 tkinter 控件的两个重要元素。除此之外,还需要借助于事件来实现 tkinter 控件的动态功能效果。例如,我们在窗口中创建一个文件菜单,单击"文件"菜单后应该是打开一个选择文件对话框,只有这样才是一个合格的软件。这个单击"文件"菜单打开一个选择文件对话框的过程就是通过单击事件完成的。由此可见,在计算机控件应用中,事件就是执行某个功能的动作。

扫码看视频

9.3.1　案例 9:"英尺/米"转换器

1. 实例介绍

开发一个"英尺/米"转换器,在文本框中输入"英尺"单位的长度,单击"计算"按钮后会计算出这个长度以"米"为单位的数值。

2. 知识点介绍

本实例需要用控件的事件机制实现,在 tkinter 库中,鼠标事件、键盘事件和窗口事件可以采用事件绑定的方法来处理消息。为了实现控件绑定功能,可以使用控件中的 bind() 方法,或者使用 bind_class() 方法实现类绑定,分别调用函数或者类来响应事件。bind_all() 方法也可以绑定事件,它能够将所有的组件事件绑定到事件响应函数上。上述 3 个方法的具体语法格式如下:

```
bind(sequence, func, add)
bind_class(className, sequence, func, add)
bind_all(sequence, func, add)
```

各个参数的具体说明如下。
- func:所绑定的事件处理函数。
- add:可选参数,为空字符或者"+"。
- className:所绑定的类。
- sequence:表示所绑定的事件,必须是以尖括号"<>"包围的字符串。

当窗口中的事件被绑定到函数后,如果该事件被触发,将会调用所绑定的函数进行处理。事件被触发后,系统将向该函数传递一个 event 对象的参数。正因如此,应该将被绑定的响应事件函数定义成如下所示的格式:

```
def function (event):
<语句>
```

在上述格式中，event 对象具有的属性信息如表 9-7 所示。

表 9-7　event 对象的属性信息

属　　性	功　　能
char	按键字符，仅对键盘事件有效
keycode	按键名，仅对键盘事件有效
keysym	按键编码，仅对键盘事件有效
num	鼠标按键，仅对鼠标事件有效
type	所触发的事件类型
widget	引起事件的组件
width, height	组件改变后的大小，仅对 Configure 有效
x,y	鼠标当前位置，相对于窗口
x_root, y_root	鼠标当前位置，相对于整个屏幕

3. 编码实现

本实例的实现文件是 zhuan.py，代码如下：

```
from tkinter import *
from tkinter import ttk

def calculate(*args):
    try:
        value = float(feet.get())
        meters.set((0.3048 * value * 10000.0 + 0.5) / 10000.0)
    except ValueError:
        pass

root = Tk()
root.title("英尺转换米")
mainframe = ttk.Frame(root, padding="3 3 12 12")
mainframe.grid(column=0, row=0, sticky=(N, W, E, S))
mainframe.columnconfigure(0, weight=1)
mainframe.rowconfigure(0, weight=1)
feet = StringVar()
meters = StringVar()
feet_entry = ttk.Entry(mainframe, width=7, textvariable=feet)
feet_entry.grid(column=2, row=1, sticky=(W, E))
ttk.Label(mainframe, textvariable=meters).grid(column=2, row=2, sticky=(W, E))
```

```
ttk.Button(mainframe, text="计算", command=calculate).grid(column=3, row=3, sticky=W)
ttk.Label(mainframe, text="英尺").grid(column=3, row=1, sticky=W)
ttk.Label(mainframe, text="相当于").grid(column=1, row=2, sticky=E)
ttk.Label(mainframe, text="米").grid(column=3, row=2, sticky=W)
for child in mainframe.winfo_children(): child.grid_configure(padx=5, pady=5)
feet_entry.focus()
root.bind('<Return>', calculate)
root.mainloop()
```

4. 实例解析

上述代码的实现流程如下。

(1) 导入了 tkinter 所有的模块，这样可以直接使用 tkinter 的所有功能，这是 tkinter 的标准做法。然而在后面导入 ttk 后，意味着我们接下来要用到的组件都得加前缀。举个例子，直接调用 Entry 会调用 tkinter 内部的模块，然而我们需要的是 ttk 里的 Entry，所以要用 ttk.Enter 的形式，如你所见，许多函数在两者中都有，如果同时用到这两个模块，需要根据整体代码选择用哪个模块，让 ttk 的调用更加清晰，本书中也会使用这种风格。

(2) 创建主窗口，设置窗口的标题为"英尺转换米"，然后创建一个 frame 控件，用户界面上的所有东西都包含在里面，并且放在主窗口中。columnconfigure 和 rowconfigure 是告诉 Tk，如果主窗口的大小被调整，frame 空间的大小也随之调整。

(3) 创建 3 个主要的控件，一个用作输入英尺的输入框，一个用作输出转换成米单位结果的标签，一个用作执行计算的计算按钮。这三个控件都是窗口的"孩子"，是"带主题"控件的类的实例。同时我们为它们设置一些选项，比如输入的宽度，按钮显示的文本等。输入框和标签都带了一个神秘的参数 textvariable。如果控件仅仅被创建了，是不会自动显示在屏幕上的，因为 Tk 并不知道这些控件与其他控件的位置关系，那是 grid 部分要做的事情。还记得我们程序的网格布局么？我们把每个控件放到对应行或者列中，sticky 选项指明控件在网格单元中的排列，用的是指南针方向。所以 W,E 代表固定这个控件在左边的网格中。例如 we 代表固定这个控件在左右之间。

(4) 创建三个静态标签，然后放在适合的网格位置中。在最后 3 行代码中，第 1 行处理了 frame 中的所有控件，并且为每个控件四周添加了一些空隙，不会揉成一团。我们可以在之前调用 grid 的时候做这些事，但上面这样做也是个不错的选择。第 2 行告诉 Tk 让输入框获取焦点。这方法可以让光标一开始就在输入框的位置，用户就可以不用再点击了。第 3 行告诉 Tk 如果用户在窗口中按下了回车键，就执行计算，等同于用户按下了计算按钮。

在下述代码中定义了计算过程，无论是按回车键还是单击计算按钮，都会从输入框中取得数据并把英尺转换成米，然后输出到标签中：

```
def calculate(*args):
try:
    value = float(feet.get())
```

```
    meters.set((0.3048 * value * 10000.0 + 0.5)/10000.0)
except ValueError:
    pass
```

执行效果如图 9-9 所示。

图 9-9　案例 9 的执行效果

9.3.2　案例 10：为某商城设计一个购买按钮

1. 实例介绍

为某商城设计一个购买按钮，单击按钮后可以显示一个提示对话框。

2. 知识点介绍

在库 tkinter 中提供了标准的对话框模板，在 Python 程序中可以直接使用这些标准对话框与用户进行交互。在 tkinter 标准对话框中，包含简单的消息框和用户输入对话框。其中，消息框以窗口的形式向用户输出信息，也可以获取用户所单击的按钮信息。而在输入对话框中，一般要求用户输入字符串、整型或者浮点型的值。

在 tkinter.messagebox 模块中，为 Python 3 提供了几个内置的消息框模板。使用 tkinter.messagebox 模块中的方法 askokcancel、askquestion、askyesno、showerror、showinfo 和 showwarning 可以创建消息框，使用这些方法时，需要向其传递 title 和 message 参数。

3. 编码实现

本实例的实现文件是 gou.py，代码如下：

```
import tkinter                              #导入 tkinter 模块
import tkinter.messagebox                   #导入 messagebox 模块
def cmd():                                  #定义处理按钮消息函数 cmd()
    global n                                #定义全局变量 n
    global buttontext                       #定义全局变量 buttontext
    n = n + 1                               #设置 n 的值加 1
    if n == 1:                              #如果 n 的值是 1
        tkinter.messagebox.askokcancel('Python tkinter','不买了')   #调用
askokcancel 函数
        buttontext.set('确认购买')  #修改按钮上的文字
```

```
    elif n == 2:                                               #如果 n 的值是 2
        #调用 askquestion 函数
        tkinter.messagebox.askquestion('Python tkinter','付款？')
        buttontext.set('确认付款')                              #修改按钮上的文字
    elif n == 3:                                               #如果 n 的值是 3
        #调用 askyesno 函数
        tkinter.messagebox.askyesno('Python tkinter','否')
        buttontext.set('showerror')                           #修改按钮上的文字
    elif n == 4:                                               #如果 n 的值是 4
        #调用 showerror 函数
        tkinter.messagebox.showerror('Python tkinter','错误')
        buttontext.set('showinfo')                            #修改按钮上的文字
    elif n == 5:                                               #如果 n 的值是 5
        #调用 showinfo 函数
        tkinter.messagebox.showinfo('Python tkinter','详情')
        buttontext.set('显示警告')                             #修改按钮上的文字
    else :                                                     #如果 n 是其他的值
        n = 0                                                 #将 n 赋值为 0，并重新进行循环
        #调用 showwarning 函数
        tkinter.messagebox.showwarning('Python tkinter','警告')
        buttontext.set('AAAA1')                               #修改按钮上的文字
n = 0                                                         #设置 n 的初始值
root = tkinter.Tk()                                           #生成一个主窗口对象
buttontext = tkinter.StringVar()                             #生成相关按钮的显示文字
buttontext.set('购买')                                        #设置 buttontext 显示的文字
button = tkinter.Button(root,                                 #创建一个按钮
        textvariable = buttontext,
        command = cmd)
button.pack()                                                 #将按钮添加到主窗口
root.mainloop()
```

4. 实例解析

在本实例中导入 tkinter 创建了一个窗体程序，创建了按钮消息处理函数，然后将其绑定到按钮上，根据按钮的值在 if 语句中使用 tkinter.messagebox 模块创建了不同的消息对话框。执行后会显示不同类型的对话框效果，如图 9-10 所示。

图 9-10　案例 10 的执行效果

第 10 章

数据库开发

　　数据库技术是实现动态软件技术的必需手段,在软件项目中通过数据库可以存储海量的数据。因为软件显示的内容是从数据库中读取的,所以开发者可以通过修改数据库内容而实现动态交互功能。在 Python 软件开发应用中,数据库起了一个中间媒介的作用。在本章的内容中,将详细讲解 Python 数据库开发方面的知识和用法。

10.1　操作 SQLite3 数据库

扫码看视频

从 Python 3.x 版本开始，在标准库中内置了 sqlite3 模块，可以支持 SQLite3 数据库的访问和相关的数据库操作。在需要操作 SQLite3 数据库中的数据时，只需在程序中导入 sqlite3 模块即可。

10.1.1　案例 1：使用方法 cursor.execute()执行 SQL 语句

1. 实例介绍

准备好一个创建数据库表的 SQL 语句，然后执行这个 SQL 语句，在 SQLite3 数据库中创建数据库表。

2. 知识点介绍

通过使用 sqlite3 模块，可以满足开发者在 Python 程序中使用 SQLite 数据库的需求。在 sqlite3 模块中包含如下方法成员。

sqlite3.connect(database [,timeout ,other optional arguments])：用于打开一个到 SQLite 数据库文件 database 的链接。可以使用 ":memory:" 在 RAM 中打开一个到 database 的数据库连接，而不是在磁盘上打开。如果数据库成功打开，则返回一个连接对象。当一个数据库被多个连接访问，且其中一个修改了数据库时，SQLite 数据库将被锁定，直到事务提交。参数 timeout 表示连接等待锁定的持续时间，直到发生异常断开连接。参数 timeout 的默认值是 5.0(5 秒)。如果给定的数据库名称 filename 不存在，则该调用将创建一个数据库。如果不想在当前目录中创建数据库，那么可以指定带有路径的文件名，这样就能在任意地方创建数据库了。

connection.cursor([cursorClass])：用于创建一个 cursor，以在 Python 数据库编程中使用。该方法接受一个单一的可选的参数 cursorClass。如果提供了该参数，则它必须是一个扩展自 sqlite3.Cursor 的自定义的 cursor 类。

cursor.execute(sql [, optional parameters])：用于执行一个 SQL 语句。该 SQL 语句可以被参数化(即使用占位符代替 SQL 文本)。sqlite3 模块支持两种类型的占位符：问号和命名占位符(命名样式)。例如：

```
cursor.execute("insert into people values (?, ?)", (who, age))
```

3. 编码实现

本实例的实现文件是 e.py，代码如下：

```
import sqlite3

con = sqlite3.connect(":memory:")
cur = con.cursor()
cur.execute("create table people (name_last, age)")

who = "Yeltsin"
age = 72

# 问号样式
cur.execute("insert into people values (?, ?)", (who, age))

#命名样式:
cur.execute("select * from people where name_last=:who and age=:age", {"who": who,
"age": age})

print(cur.fetchone())
```

4. 实例解析

在本实例中使用内置方法 execute()执行了参数中的 SQL 语句，执行后会输出：

```
('Yeltsin', 72)
```

10.1.2　案例 2：在 SQLite3 数据库中添加、删除、修改数据信息

1. 实例介绍

假设存在一个 SQLite3 数据库，请在这个 SQLite3 数据库中实现添加、删除、修改操作。

2. 知识点介绍

Python 语言操作 SQLite3 数据库的基本流程如下。

(1) 导入相关库或模块。

(2) 使用 connect()连接数据库并获取数据库连接对象。

(3) 使用 con.cursor()获取游标对象。

(4) 使用游标对象的方法(execute()、executemany()、fetchall()等)来操作数据库，实现插入、修改和删除操作，并查询获取显示相关的记录。在 Python 程序中，连接函数 sqlite3.connect()有如下两个常用参数。

● database：表示要访问的数据库名。

● timeout：表示访问数据的超时设定。

其中，参数 database 表示用字符串的形式指定数据库的名称，如果数据库文件位置不是当前目录，则必须写出其相对或绝对路径。还可以用 ":memory:" 表示使用临时放入内存的数据库，当退出程序时，数据库中的数据也就不存在了。

（5）使用 close() 关闭游标对象和数据库连接。数据库操作完成之后，必须及时调用其 close() 方法关闭数据库连接，这样做的目的是减轻数据库服务器的压力。

3. 编码实现

本实例的实现文件是 sqlite.py，代码如下：

```python
import sqlite3                              #导入内置模块
import random                               #导入内置模块
#初始化变量 src，设置用于随机生成字符串中的所有字符
src = 'abcdefghijklmnopqrstuvwxyz'
def get_str(x,y):                           #生成字符串函数 get_str()
    str_sum = random.randint(x,y)           #生成 x 和 y 之间的随机整数
    astr = ''                               #变量 astr 赋值
    for i in range(str_sum):                #遍历随机数
        astr += random.choice(src)          #累计求和生成的随机数
    return astr                             #返回和
def output():                               #函数 output() 用于输出数据库表中的所有信息
    cur.execute('select * from biao')       #查询表 biao 中的所有信息
    for sid,name,ps in cur:                 #查询表中的 3 个字段 sid、name 和 ps
        print(sid,' ',name,' ',ps)          #显示 3 个字段的查询结果


def output_all():                           #函数 output_all() 用于输出数据库表中的所有信息
    cur.execute('select * from biao')       #查询表 biao 中的所有信息
    for item in cur.fetchall():             #获取查询到的所有数据
        print(item)                         #打印显示获取到的数据


def get_data_list(n):                       #函数 get_data_list() 用于生成查询列表
    res = []                                #列表初始化
    for i in range(n):                      #遍历列表

        res.append((get_str(2,4),get_str(8,12)))    #生成列表
    return res                              #返回生成的列表
if __name__ == '__main__':
    print("建立连接...")                     #打印提示
    con = sqlite3.connect(':memory:')       #开始建立与数据库的连接
    print("建立游标...")
    cur = con.cursor()                      #获取游标
    print('创建一张表 biao...')              #打印提示信息
    #在数据库中创建表 biao，设置表中的各个字段
```

```
    cur.execute('create table biao(id integer primary key autoincrement not
null,name text,passwd text)')
    print('插入一条记录...')                          #打印提示信息
    #插入 1 条数据信息
    cur.execute('insert into biao (name,passwd)values(?,?)',(get_str(2,4),get_str(8,12),))
    print('显示所有记录...')                          #打印提示信息
    output()                                        #显示数据库中的数据信息
    print('批量插入多条记录...')                      #打印提示信息
    #插入多条数据信息
    cur.executemany('insert into biao (name,passwd)values(?,?)',get_data_list(3))
    print("显示所有记录...")                          #打印提示信息
    output_all()                                    #显示数据库中的数据信息
    print('更新一条记录...')                          #打印提示信息
    #修改表 biao 中的一条信息
    cur.execute('update biao set name=? where id=?',('aaa',1))
    print('显示所有记录...')                          #打印提示信息
    output()                                        #显示数据库中的数据信息
    print('删除一条记录...')                          #打印提示信息
    #删除表 biao 中的一条数据信息
    cur.execute('delete from  biao where id=?',(3,))
    print('显示所有记录: ')                           #打印提示信息
    output()                                        #显示数据库中的数据信息
```

4. 实例解析

在上述实例代码中，首先定义了两个能够生成随机字符串的函数，生成的随机字符串作为数据库中存储的数据；然后定义 output()和 output-all()方法，功能是分别通过遍历 cursor、调用 cursor 的方式来获取数据库表中的所有记录并输出。在主程序中，依次通过建立连接，获取连接的 cursor，通过 cursor 的 execute()和 executemany()等方法来执行 SQL 语句，以实现插入一条记录、插入多条记录、更新记录和删除记录的功能。执行后会输出：

```
建立连接...
建立游标...
创建一张表 biao...
插入一条记录...
显示所有记录...
1   bld   zbynubfxt
批量插入多条记录...
显示所有记录...
(1, 'bld', 'zbynubfxt')
(2, 'owd', 'lqpperrey')
(3, 'vc', 'fqrbarwsotra')
(4, 'yqk', 'oyzarvrv')
更新一条记录...
显示所有记录...
1   aaa   zbynubfxt
```

```
2  owd  lqpperrey
3  vc   fqrbarwsotra
4  yqk  oyzarvrv
删除一条记录...
显示所有记录:
1  aaa  zbynubfxt
2  owd  lqpperrey
4  yqk  oyzarvrv
```

10.1.3　案例 3：将自定义类 Point 适配 SQLite3 数据库

1. 实例介绍

编写一个 Python 适配器，能够与 SQLite3 数据库一一对应。

2. 知识点介绍

SQLite 数据库支持 Python 数据类型，表 10-1 中的 Python 数据类型可以直接发送给 SQLite。

表 10-1　SQLite 可以直接使用的 Python 数据类型

Python 数据类型	SQLite 数据类型
None	NULL
int	INTEGER
float	REAL
str	TEXT
bytes	BLOB

在默认情况下，SQLite 将表 10-2 中的类型转换成 Python 类型。

表 10-2　转换成 Python 类型

SQLite 数据类型	Python 数据类型
NULL	None
INTEGER	int
REAL	float
TEXT	在默认情况下取决于 text_factory 和 str
BLOB	bytes

在 SQLite 处理 Python 数据的过程中，有可能需要处理其他更多种类型的数据，而这些

数据类型 SQLite 并不支持,此时就需要用到类型扩展技术。在 Python 语言的 sqlite3 模块中,其类型系统可以用两种方式来扩展数据类型:

● 通过对象适配,可以在 SQLite 数据库中存储其他的 Python 类型;

● 通过类型转换器,可以将 SQLite 类型转换成其他的 Python 类型。

3. 编码实现

本实例的实现文件是 i.py,代码如下:

```
import sqlite3
class Point(object):                          #自定义类
  def __init__(self, x, y):                   #构造函数
    self.x, self.y = x, y                     #复制 x 和 y 的值

  def __conform__(self, protocol):            #在类中定义方法__conform__()
    if protocol is sqlite3.PrepareProtocol:   #使用 PrepareProtocol 类型参数
      return "%f;%f" % (self.x, self.y)       #返回 x 和 y 的值

con = sqlite3.connect(":memory:")             #连接 SQLite3 数据库
cur = con.cursor()                            #游标对象

p = Point(4.0, -3.2)                          #赋值类 Point 中的 x 和 y 的值
cur.execute("select ?", (p,))                 #执行 SQL 语句
print(cur.fetchone()[0])                      #打印输出 x 和 y 的值
```

4. 实例解析

在本实例中,想要在某个 SQLite 列中存储类 Point,首先得选择一个支持的类型,这个类型可以用来表示 Point。假定使用 str,并用分号来分隔坐标。需要给类加一个 __conform__ (self, protocl)方法,该方法必须返回转换后的值。参数 protocol 为 PrepareProtocol 类型。执行后会输出:

```
4.000000;-3.200000
```

10.2 操作 MySQL 数据库

在 Python 3.x 版本中,使用内置库 PyMySQL 来连接 MySQL 数据库服务器,Python 2 版本中使用库 mysqldb。PyMySQL 完全遵循 Python 数据库 API v2.0 规范,并包含 pure-Python MySQL 客户端库。

扫码看视频

10.2.1　案例 4：输出显示 MySQL 数据库的版本号

1. 实例介绍

先安装 PyMySQL，然后编写程序打印输出 MySQL 数据库的版本号。

2. 知识点介绍

在使用 PyMySQL 之前，必须先确保已经安装 PyMySQL。PyMySQL 的下载地址是 https://github.com/PyMySQL/PyMySQL。如果还没有安装，可以使用如下命令安装最新版的 PyMySQL：

```
pip install PyMySQL
```

在连接 MySQL 数据库之前，请按照如下所示的步骤进行操作。

(1) 安装 MySQL 数据库和 PyMySQL。

(2) 在 MySQL 数据库中创建数据库 TESTDB。

(3) 在 TESTDB 数据库中创建表 EMPLOYEE。

(4) 在表 EMPLOYEE 中添加 5 个字段，分别是 FIRST_NAME、LAST_NAME、AGE、SEX 和 INCOME。在 MySQL 数据库中，表 EMPLOYEE 的界面效果如图 10-1 所示。

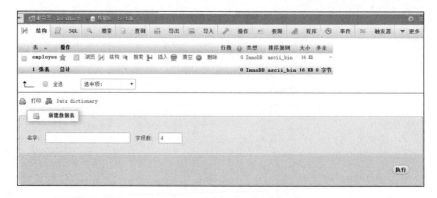

图 10-1　表 EMPLOYEE 的界面效果

假设本地 MySQL 数据库的登录用户名为 root，密码为 66688888。

3. 编码实现

本实例的实现文件是 mysql.py，代码如下：

```
import pymysql
#打开数据库连接
```

```
db = pymysql.connect("localhost","root","66688888","TESTDB" )
#使用 cursor()方法创建一个游标对象 cursor
cursor = db.cursor()
#使用 execute()方法执行 SQL 查询
cursor.execute("SELECT VERSION()")
#使用 fetchone() 方法获取单条数据
data = cursor.fetchone()
print ("Database version : %s " % data)
#关闭数据库连接
db.close()
```

4. 实例解析

本实例使用内置方法 connect()连接了指定的 MySQL 数据库，并打印显示 PyMySQL 数据库的版本号。执行后会输出：

```
Database version : 5.7.10-log
```

10.2.2　案例 5：在 MySQL 数据库中创建一个新表

1. 实例介绍

假设存在指定名字的 MySQL 数据库，请在这个 MySQL 数据库中创建一个新表。

2. 知识点介绍

在 Python 程序中，可以使用方法 execute()在数据库中创建一个新表。

3. 编码实现

本实例的实现文件是 new.py，代码如下：

```
import pymysql
#打开数据库连接
db = pymysql.connect("localhost","root","66688888","TESTDB" )
#使用 cursor()方法创建一个游标对象 cursor
cursor = db.cursor()
#使用 execute() 方法执行 SQL,如果表存在则删除
cursor.execute("DROP TABLE IF EXISTS EMPLOYEE")
#使用预处理语句创建表
sql = """CREATE TABLE EMPLOYEE (

     FIRST_NAME  CHAR(20) NOT NULL,
     LAST_NAME  CHAR(20),
     AGE INT,
```

```
        SEX CHAR(1),
        INCOME FLOAT )"""
cursor.execute(sql)
#关闭数据库连接
db.close()
```

4. 实例解析

在上述代码中，使用内置方法 execute()在 MySQL 数据库中创建了一个新表。执行上述代码，将在 MySQL 数据库中创建一个名为 EMPLOYEE 的新表，执行后的效果如图 10-2 所示。

图 10-2　案例 5 的执行效果

10.2.3　案例 6：向 MySQL 数据库中添加新的数据

1. 实例介绍

假设存在指定名字的 MySQL 数据库，请在这个 MySQL 数据库中添加新的数据。

2. 知识点介绍

在 Python 程序中，可以使用 SQL 语句在数据库中插入新的数据信息。INSERT INTO 语句有两种编写形式。

第一种形式无须指定要插入数据的列名，只需提供被插入的值即可(没有指定要插入数据的列名的形式需要列出插入行除自增 ID 外的每一列数据)：

```
INSERT INTO table_name
VALUES (value1,value2,value3,...);
```

第二种形式需要指定列名及被插入的值：

```
INSERT INTO table_name (column1,column2,column3,...)
VALUES (value1,value2,value3,...);
```

3. 编码实现

本实例的实现文件是 cha.py，代码如下：

```python
import pymysql
#打开数据库连接
db = pymysql.connect("localhost","root","66688888","TESTDB" )
#使用 cursor()方法获取操作游标
cursor = db.cursor()
# SQL插入语句
sql = """INSERT INTO EMPLOYEE(FIRST_NAME,
        LAST_NAME, AGE, SEX, INCOME)
        VALUES ('Mac', 'Mohan', 20, 'M', 2000)"""

try:
    #执行 sql 语句
    cursor.execute(sql)
    #提交到数据库执行
    db.commit()
except:
    #如果发生错误则回滚
    db.rollback()
# 关闭数据库连接
db.close()
```

4. 实例解析

在本实例中使用内置方法 connect()连接指定的 MySQL 数据库，然后使用方法 execute() 执行 SQL 语句向数据库中添加新的信息。执行上述代码后，打开 MySQL 数据库中的表 EMPLOYEE，会发现在里面插入了一条新的数据信息。执行后的效果如图 10-3 所示。

图 10-3 案例 6 的执行效果

10.2.4 案例 7：查询数据库中的员工信息

1. 实例介绍

假设在 MySQL 数据库中保存了某公司员工的基本信息，请查询并输出显示数据库中工资大于 1000 的员工信息。

2. 知识点介绍

在 Python 程序中，可以使用 fetchone()方法获取 MySQL 数据库中的单条数据，使用 fetchall()方法获取 MySQL 数据库中的多条数据。当使用 Python 语言查询 MySQL 数据库时，需要用到如下所示的方法和属性。

- fetchone()：该方法获取下一个查询结果集。结果集是一个对象。
- fetchall()：接收全部的返回结果行。
- rowcount：这是一个只读属性，统计并返回执行 execute()方法后所处理的所有数据的行数。

3. 编码实现

本实例的实现文件是 fi.py，代码如下：

```python
import pymysql
#打开数据库连接
db = pymysql.connect("localhost","root","66688888","TESTDB" )
#使用 cursor()方法获取操作游标
cursor = db.cursor()
# SQL 查询语句
sql = "SELECT * FROM EMPLOYEE \
      WHERE INCOME > '%d'" % (1000)
try:
   #执行 SQL 语句
   cursor.execute(sql)
   #获取所有记录列表
   results = cursor.fetchall()
   for row in results:
      fname = row[0]
      lname = row[1]
      age = row[2]
      sex = row[3]
      income = row[4]
       # 打印结果
      print ("fname=%s,lname=%s,age=%d,sex=%s,income=%d" % \
            (fname, lname, age, sex, income ))
except:
   print ("Error: unable to fetch data")
#关闭数据库连接
db.close()
```

4. 实例解析

本实例的功能是,查询并输出显示数据库表 EMPLOYEE 中列 INCOME(工资)大于 1000 的所有数据,执行后会输出:

```
fname=Mac,lname=Mohan,age=20,sex=M,income=2000
```

10.2.5　案例 8:更新数据库中的信息

1. 实例介绍

假设在 MySQL 数据库中保存了某公司员工的基本信息,请将数据库表中 SEX 字段为 M 的 AGE 字段递增 1。

2. 知识点介绍

在 Python 程序中,可以使用 UPDATE 语句更新数据库中的数据信息,语法格式如下:

```
UPDATE 表名称 SET 列名称 = 新值 WHERE 列名称 = 某值
```

3. 编码实现

本实例的实现文件是 xiu.py,代码如下:

```python
import pymysql
#打开数据库连接
db = pymysql.connect("localhost","root","66688888","TESTDB" )
#使用 cursor()方法获取操作游标
cursor = db.cursor()
# SQL 更新语句
sql = "UPDATE EMPLOYEE SET AGE = AGE + 1 WHERE SEX = '%c'" % ('M')
try:
   #执行 SQL 语句
   cursor.execute(sql)
   #提交到数据库执行
   db.commit()
except:
   #发生错误时回滚
   db.rollback()
#关闭数据库连接
db.close()
```

4. 实例解析

在上述代码中,首先使用内置方法 connect()连接了指定的 MySQL 数据库,然后使用方法 execute()执行 SQL 语句修改数据库中的某条数据信息。执行后的效果如图 10-4 所示。

FIRST_NAME	LAST_NAME	AGE	SEX	INCOME
Mac	Mohan	20	M	2000

修改前

FIRST_NAME	LAST_NAME	AGE	SEX	INCOME
Mac	Mohan	21	M	2000

修改后

图 10-4　案例 8 的执行效果

10.2.6　案例 9：删除数据库中的指定信息

1. 实例介绍

假设在 MySQL 数据库中保存了某公司员工的基本信息，请删除所有年龄大于 20 的员工信息。

2. 知识点介绍

在 Python 程序中，可以使用 DELETE 语句删除数据库中的数据信息。具体语法格式如下：

```
DELETE FROM 表名称 WHERE 列名称 = 值
```

3. 编码实现

本实例的实现文件是 del.py，代码如下：

```python
import pymysql
#打开数据库连接
db = pymysql.connect("localhost","root","66688888","TESTDB")
#使用 cursor()方法获取操作游标
cursor = db.cursor()
# SQL 删除语句
sql = "DELETE FROM EMPLOYEE WHERE AGE > '%d'" % (20)
try:

    #执行 SQL 语句
    cursor.execute(sql)
    #提交修改
    db.commit()
except:
    #发生错误时回滚
    db.rollback()
#关闭连接
db.close()
```

4. 实例解析

在上述代码中，使用内置方法 connect()连接了指定的 MySQL 数据库，然后使用方法

execute()执行 SQL 语句删除表 EMPLOYEE 中所有 AGE 大于 20 的数据，执行后的效果如图 10-5 所示。

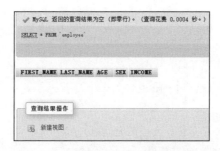

图 10-5　表 EMPLOYEE 中的数据已经为空

10.3　使用 MariaDB 数据库

MariaDB 是一种开源数据库，是 MySQL 数据库的一个分支。因为某些历史原因，有不少用户担心 MySQL 数据库会停止开源，所以 MariaDB 逐步发展成为 MySQL 数据库的替代品。

扫码看视频

10.3.1　案例 10：实现数据的插入、更新和删除操作

1. 实例介绍

假设已经安装了 MariaDB 数据库，请对这个数据库实现数据的插入、更新和删除操作。

2. 知识点介绍

当在 Python 程序中使用 MariaDB 数据库时，需要在程序中加载 Python 语言的第三方库 MySQL Connector Python。但是在使用这个第三方库操作 MariaDB 数据库之前，需要先下载并安装这个第三方库。下载并安装的过程非常简单，只需在控制台中执行如下命令即可实现：

```
pip install mysql-connector
```

3. 编码实现

本实例的实现文件是 md.py，代码如下：

```
from mysql import connector
import random                        #导入内置模块
...省略部分代码...
```

```
if __name__ == '__main__':
    print("建立连接...")                    #打印显示提示信息
    #建立数据库连接
    con = connector.connect(user='root',password= '66688888',database='md')
    print("建立游标...")                    #打印显示提示信息
    cur = con.cursor()                      #建立游标
    print('创建一张表mdd...')                #打印显示提示信息
    #创建数据库表mdd
    cur.execute('create table mdd(id int primary key auto_increment not null,name
text,passwd text)')
    #在表mdd中插入一条数据
    print('插入一条记录...')                  #打印显示提示信息
    cur.execute('insert into mdd
(name,passwd)values(%s,%s)',(get_str(2,4),get_str(8,12),))
    print('显示所有记录...')                  #打印显示提示信息
    output()                                #显示数据库中的数据信息
    print('批量插入多条记录...')               #打印显示提示信息
    #在表mdd中插入多条数据
    cur.executemany('insert into mdd(name,passwd)values(%s,%s)',get_data_list(3))
    print("显示所有记录...")                  #打印显示提示信息
    output_all()                            #显示数据库中的数据信息
    print('更新一条记录...')                  #打印显示提示信息
    #修改表mdd中的一条数据
    cur.execute('update mdd set name=%s where id=%s',('aaa',1))
    print('显示所有记录...')                  #打印显示提示信息
    output()                                #显示数据库中的数据信息
    print('删除一条记录...')                  #打印显示提示信息
    #删除表mdd中的一条数据信息
    cur.execute('delete from  mdd where id=%s',(3,))
    print('显示所有记录: ')                   #打印显示提示信息
    output()                                #显示数据库中的数据信息
```

4. 实例解析

在上述实例代码中，使用 mysql-connector-python 模块中的函数 connect()建立了与 MariaDB 数据库的连接。连接函数 connect()在 mysql.connector 中定义，此函数的语法原型如下：

```
connect(host, port,user, password, database, charset)
```

- host：访问数据库的服务器主机(默认为本机)。
- port：访问数据库的服务端口(默认为 3306)。
- user：访问数据库的用户名。
- password：访问数据库用户名的密码。

- database：访问数据库名称。
- charset：字符编码(默认为 uft8)。

执行后将显示创建数据表并实现数据插入、更新和删除操作的过程。执行后会输出：

```
建立连接...
建立游标...
创建一张表 mdd...
插入一条记录...
显示所有记录...
1   kpv   lrdupdsuh
批量插入多条记录...
显示所有记录...
(1, 'kpv', 'lrdupdsuh')
(2, 'hsue', 'ilrleakcoh')
(3, 'hb', 'dzmcajvm')
(4, 'll', 'ngjhixta')
更新一条记录...
显示所有记录...
1   aaa   lrdupdsuh
2   hsue   ilrleakcoh
3   hb   dzmcajvm
4   ll   ngjhixta
删除一条记录...
显示所有记录：
1   aaa   lrdupdsuh
2   hsue   ilrleakcoh
4   ll   ngjhixta
```

读者需要注意的是，在操作 MariaDB 数据库时，与操作 SQLite3 的 SQL 语句不同的是，SQL 语句中的占位符不是"?"，而是"%s"。

10.3.2　案例 11：使用 MariaDB 创建 MySQL 数据库

1. 实例介绍

使用 MariaDB 创建一个指定名字的 MySQL 数据库，并分别创建对应的表和字段。

2. 知识点介绍

通过使用 MariaDB 和 SQL 语句，可以分别创建 MySQL 数据库和对应的表、字段。首先通过 MariaDB 建立与 MySQL 数据库的连接，然后使用 SQL 语句实现与数据库相关的操作。

3. 编码实现

本实例的实现文件是 cao.py，代码如下：

```
DB_NAME='mariadb'
TABLES = {}
TABLES['location'] = (
    "CREATE TABLE IF NOT EXISTS 'location' ("
    " 'id' int(255) NOT NULL AUTO_INCREMENT,"
    " 'latitud' varchar(15) NOT NULL,"
    " 'longitud' varchar(15) NOT NULL,"
    " 'Fecha' varchar(22) NOT NULL,"
    " 'Hora' varchar(22) NOT NULL,"
    " PRIMARY KEY ('id'), UNIQUE KEY 'Hora' ('Hora')"
    ") ENGINE=InnoDB")
cnx = mariadb.connect(host='localhost', user='root', password='66688888')
cursor = cnx.cursor()
def generate_database(curs):
    try:
        curs.execute(
            "CREATE DATABASE IF NOT EXISTS {} DEFAULT CHARACTER SET
'utf8'".format(DB_NAME))
    except mariadb.Error as err:
        print("Failed creating database: {}".format(err))
        exit(1)
    else:
        print("Database OK")

try:
    generate_database(cursor)
except mariadb.Error as err:
    print("Error: {}".format(err))

cursor.execute("USE {}".format(DB_NAME))
for name, ddl in TABLES.items():
    try:
        print("Creating table {}: ".format(name), end='')
        cursor.execute(ddl)
    except mariadb.Error as err:
        print("Failed creating table: {}".format(err))
        exit(1)
    else:
        print("Table OK")
cnx.commit()
cnx.close()
```

4. 实例解析

执行后会创建 MySQL 数据库 mariadb，在此数据库中创建一个名为 location 的表。输出结果如下：

```
Database OK
Creating table location: Table OK
Inicializando en Host IPV4 192.168.1.102 Puerto 10
Connected
```

10.4　使用 MongoDB 数据库

MongoDB 是一个基于分布式文件存储的数据库，由 C++语言编写，旨在为 Web 应用提供可扩展的高性能数据存储解决方案。MongoDB 是一个介于关系数据库和非关系数据库之间的产品，是非关系数据库中功能最丰富、最像关系数据库的。

扫码看视频

10.4.1　案例 12：使用 pymongo 操作 MongoDB 数据库

1. 实例介绍

假设存在指定名字的 MongoDB 数据库，请对这个数据库中实现添加、修改和删除数据操作。

2. 知识点介绍

在使用 MongoDB 数据库之前，在 MongoDB 官网中提供了可用于 32 位和 64 位系统的预编译二进制包，读者可以从 MongoDB 官网下载安装包，下载地址是 https://www.mongodb.com/download-center#enterprise，如图 10-6 所示。

在 Python 程序中使用 MongoDB 数据库时，必须首先确保安装了 pymongo 第三方库。如果下载 exe 格式的安装文件，可以直接运行安装。如果是压缩包的安装文件，可以使用以下命令进行安装：

```
pip install pymongo
```

如果没有下载安装文件，可以通过如下命令进行在线安装：

```
easy_install pymongo
```

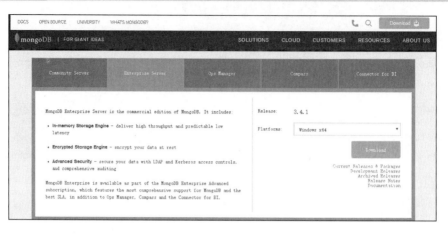

图 10-6　MongoDB 下载页面

3. 编码实现

本实例的实现文件是 name.py，代码如下：

```
from pymongo import MongoClient
import random
...省略部分代码...
if __name__ == '__main__':
    print("建立连接...")                        #打印提示信息
    stus = MongoClient().test.stu              #建立连接
    print('插入一条记录...')                    #打印提示信息
    #向表 stu 中插入一条数据
    stus.insert({'name':get_str(2,4),'passwd':get_str(8,12)})
    print("显示所有记录...")                    #打印提示信息
    stu = stus.find_one()                      #获取数据库信息
    print(stu)                                 #显示数据库中的数据信息
    print('批量插入多条记录...')                #打印提示信息
    stus.insert(get_data_list(3))              #向表 stu 中插入多条数据
    print('显示所有记录...')                    #打印提示信息
    for stu in stus.find():                    #遍历数据信息
        print(stu)                             #显示数据库中的数据信息
    print('更新一条记录...')                    #打印提示信息
    name = input('请输入记录的 name:')          #提示输入要修改的数据
    #修改表 stu 中的一条数据
    stus.update({'name':name},{'$set':{'name':'langchao'}})
    print('显示所有记录...')                    #打印提示信息
    for stu in stus.find():                    #遍历数据
        print(stu)                             #显示数据库中的数据信息
    print('删除一条记录...')                    #打印提示信息
    name = input('请输入记录的 name:')          #提示输入要删除的数据
    stus.remove({'name':name})                 #删除表中的数据
```

```
print('显示所有记录...')              #打印提示信息
for stu in stus.find():              #遍历数据信息
    print(stu)                       #显示数据库中的数据信息
```

4. 实例解析

在上述实例代码中，是使用两个函数生成字符串的。在主程序中首先连接集合，然后使用集合对象的方法对集合中的文档进行插入、更新和删除操作。每当数据被修改后，会显示集合中的所有文档，以验证操作结果的正确性。

在运行本实例时，初学者很容易遇到如下 Mongo 运行错误：

```
Failed to connect 127.0.0.1:27017,reason:errno:10061 由于目标计算机积极拒绝，无法连接...
```

发生上述错误的原因是没有开启 MongoDB 服务，下面是开启 MongoDB 服务的命令：

```
mongod --dbpath "h:\data"
```

在上述命令中，"h:\data" 是一个保存 MongoDB 数据库数据的目录，读者可以随意在本地计算机硬盘中创建，并且还可以自定义目录名字。在 CMD 控制台界面中，开启 MongoDB 服务成功时的界面效果如图 10-7 所示。

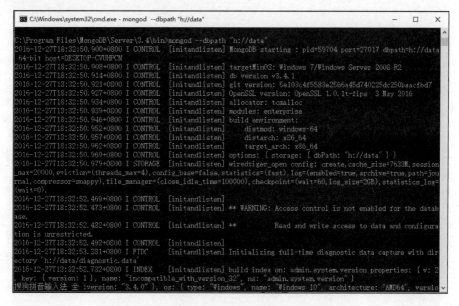

图 10-7　开启 MongoDB 服务成功时的界面

在运行本实例程序时，必须在 CMD 控制台中启动 MongoDB 服务，并且确保上述控制台界面处于打开状态。本实例执行后会输出：

建立连接...
插入一条记录...
显示所有记录...

{'_id': ObjectId('586243795cd071f570ed3b39'), 'name': 'vvtj', 'passwd': 'iigbddauwj'}
批量插入多条记录...
显示所有记录...
{'_id': ObjectId('586243795cd071f570ed3b39'), 'name': 'vvtj', 'passwd': 'iigbddauwj'}
{'_id': ObjectId('5862437a5cd071f570ed3b3a'), 'name': 'nh', 'passwd': 'upyufzknzgdc'}
{'_id': ObjectId('5862437a5cd071f570ed3b3b'), 'name': 'rgf', 'passwd': 'iqdlyjhztq'}
{'_id': ObjectId('5862437a5cd071f570ed3b3c'), 'name': 'dh', 'passwd': 'rgupzruqb'}
{'_id': ObjectId('586243e45cd071f570ed3b3e'), 'name': 'hcq', 'passwd': 'chiwwvxs'}
{'_id': ObjectId('586243e45cd071f570ed3b3f'), 'name': 'yrp', 'passwd': 'kiocdmeerneb'}
{'_id': ObjectId('586243e45cd071f570ed3b40'), 'name': 'hu', 'passwd': 'pknqgfnm'}
{'_id': ObjectId('5862440d5cd071f570ed3b43'), 'name': 'tlh', 'passwd': 'cikouuladgqn'}
{'_id': ObjectId('5862440d5cd071f570ed3b44'), 'name': 'qxf', 'passwd': 'jlsealrqeeel'}
{'_id': ObjectId('5862440d5cd071f570ed3b45'), 'name': 'vlzp', 'passwd': 'wolypmej'}
{'_id': ObjectId('58632e6c5cd07155543cc27a'), 'sid': 2, 'name': 'sgu', 'passwd': 'ogzvdq'}
{'_id': ObjectId('58632e6c5cd07155543cc27b'), 'sid': 3, 'name': 'jiyl', 'passwd': 'atgmhmxr'}
{'_id': ObjectId('58632e6c5cd07155543cc27c'), 'sid': 4, 'name': 'dbb', 'passwd': 'wmwoeua'}
{'_id': ObjectId('5863305b5cd07155543cc27d'), 'sid': 27, 'name': 'langchao', 'passwd': '123123'}
{'_id': ObjectId('5863305b5cd07155543cc27e'), 'sid': 28, 'name': 'oxp', 'passwd': 'acgjph'}
{'_id': ObjectId('5863305b5cd07155543cc27f'), 'sid': 29, 'name': 'sukj', 'passwd': 'hjtcjf'}
{'_id': ObjectId('5863305b5cd07155543cc280'), 'sid': 30, 'name': 'bf', 'passwd': 'cqerluvk'}
{'_id': ObjectId('5988087533fda81adc0d332f'), 'name': 'hg', 'passwd': 'gmflqxfa××nv'}
{'_id': ObjectId('5988087533fda81adc0d3330'), 'name': 'ojb', 'passwd': 'rgxodvkprm'}
{'_id': ObjectId('5988087533fda81adc0d3331'), 'name': 'gtdj', 'passwd': 'zigavkysc'}
{'_id': ObjectId('5988087533fda81adc0d3332'), 'name': 'smgt', 'passwd': 'sizvlhdll'}
{'_id': ObjectId('5a33c1cb33fda859b82399d0'), 'name': 'dbu', 'passwd': 'ypdxtqjjafsm'}
{'_id': ObjectId('5a33c1cb33fda859b82399d1'), 'name': 'qg', 'passwd': 'frnoypez'}
{'_id': ObjectId('5a33c1cb33fda859b82399d2'), 'name': 'ky', 'passwd': 'jvzjtcfs'}
{'_id': ObjectId('5a33c1cb33fda859b82399d3'), 'name': 'glnt', 'passwd': 'ejrerztki'}
更新一条记录...
请输入记录的 name：

10.4.2　案例 13：使用 mongoengine 操作 MongoDB 数据库

1. 实例介绍

假设存在指定名字的 MongoDB 数据库，请使用 mongoengine 连接这个 MongoDB 数据库，然后对数据库中的数据进行基本操作。

2. 知识点介绍

在 Python 程序中，MongoDB 数据库的 ORM 框架是 mongoengine。在使用 mongoengine 框架之前，需要先安装 mongoengine，具体安装命令如下：

```
easy_install mongoengine
```

3. 编码实现

本实例的实现文件是 orm.py，代码如下：

```
import random                          #导入内置模块
from mongoengine import *
connect('test')                        #连接数据库对象 test
class Stu(Document):                    #定义 ORM 框架类 Stu
    sid = SequenceField()              # "序号" 属性表示用户 id
    name = StringField()               # "用户名" 属性
    passwd = StringField()             # "密码" 属性
    def introduce(self):               #定义函数 introduce() 显示自己的介绍信息
        print('序号:',self.sid,end=" ")  #打印显示 id
        print('姓名:',self.name,end=' ')  #打印显示姓名
        print('密码:',self.passwd)        #打印显示密码
    def set_pw(self,pw):               #定义函数 set_pw() 用于修改密码
        if pw:
            self.passwd = pw           #修改密码
            self.save()                #保存修改的密码
...省略部分代码...
if __name__ == '__main__':
    print('插入一个文档:')
    stu = Stu(name='langchao',passwd='123123')#创建文档类对象实例 stu，设置用户名和密码
    stu.save()                         #持久化保存文档
    stu = Stu.objects(name='lilei').first()    #查询数据并对类进行初始化
    if stu:
        stu.introduce()                #显示文档信息
    print('插入多个文档')                 #打印提示信息
    for i in range(3):                 #遍历操作
        Stu(name=get_str(2,4),passwd=get_str(6,8)).save()    #插入 3 个文档
    stus = Stu.objects()               #创建文档类对象实例
    for stu in stus:                   #遍历所有的文档信息
        stu.introduce()                #显示所有的遍历文档
    print('修改一个文档')                 #打印提示信息
    stu = Stu.objects(name='langchao').first()  #查询某个要操作的文档
    if stu:
        stu.name='daxie'               #修改用户名属性
        stu.save()                     #保存修改
        stu.set_pw('bbbbbbbb')         #修改密码属性
        stu.introduce()                #显示修改后结果
```

```
print('删除一个文档')                                    #打印提示信息
stu = Stu.objects(name='daxie').first()                #查询某个要操作的文档
stu.delete()                                           #删除这个文档
stus = Stu.objects()
for stu in stus:                                       #遍历所有的文档
    stu.introduce()                                    #显示删除后的结果
```

4. 实例解析

在上述实例代码中，在导入 mongoengine 库和连接 MongoDB 数据库后，定义了一个继承于类 Document 的子类 Stu。在主程序中通过创建类的实例，并调用其方法 save()将类持久化到数据库；通过类 Stu 中的方法 objects()来查询数据库并映射为类 Stu 的实例，调用其自定义方法 introduce()来显示载入的信息。然后插入 3 个文档信息，并调用方法 save()持久化存入数据库，通过调用类中的自定义方法 set_pw()修改数据并存入数据库。最后通过调用类中的方法 delete()从数据库中删除一个文档。

在运行本实例程序时，必须在 CMD 控制台中启动 MongoDB 服务，并且确保上述控制台界面处于打开状态。下面是开启 MongoDB 服务的命令：

```
mongod --dbpath "h:\data"
```

在上述命令中，"h:\data" 是一个保存 MongoDB 数据库数据的目录。

本实例执行后的效果如图 10-8 所示。

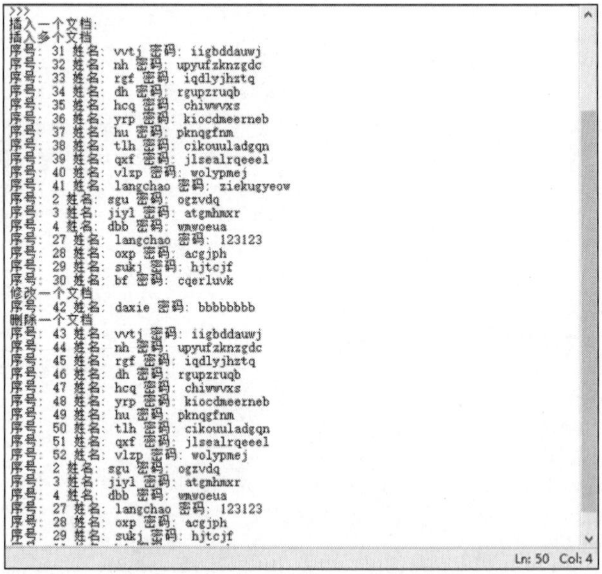

图 10-8　案例 13 的执行效果

10.5　使用 ORM 操作数据库

ORM 是对象关系映射(Object Relational Mapping)的简称，用于实现面向对象编程语言中不同类型系统数据之间的转换。

10.5.1　案例 14：使用 SQLAlchemy 操作两种数据库

1. 实例介绍

假设存在指定名字的 MySQL 数据库和 SQLite，请使用 SQLAlchemy 操作这两个数据库，通过自定义方法实现数据库数据的添加、删除和修改操作。

2. 知识点介绍

ORM 的作用是在关系型数据库和对象之间建立映射，这样，我们在具体操作数据库的时候，就不需要再与复杂的 SQL 语句打交道，而只要像平时操作对象一样操作就可以了。在 ORM 系统中，数据库表被转化为 Python 类，其中的数据列作为属性，而数据库操作则作为方法。在开发过程中，最著名的 Python ORM 是 SQLAlchemy(http://www.qlalchemy.org)。在使用 SQLAlchemy 之前需要先安装，安装命令如下：

```
easy_install SQLAlchemy
```

3. 编码实现

本实例的实现文件是 SQLAlchemy.py，代码如下：

```python
from distutils.log import warn as printf
from os.path import dirname
from random import randrange as rand
from sqlalchemy import Column, Integer, String, create_engine, exc, orm
from sqlalchemy.ext.declarative import declarative_base
from db import DBNAME, NAMELEN, randName, FIELDS, tformat, cformat, setup
DSNs = {
    'mysql': 'mysql://root@localhost/%s' % DBNAME,
    'sqlite': 'sqlite:///:memory:',
}
Base = declarative_base()
class Users(Base):
    __tablename__ = 'users'
    login  = Column(String(NAMELEN))
    userid = Column(Integer, primary_key=True)
```

```
        projid = Column(Integer)
    def __str__(self):
        return ''.join(map(tformat,
            (self.login, self.userid, self.projid)))
class SQLAlchemyTest(object):
    def __init__(self, dsn):
        try:
            eng = create_engine(dsn)
        except ImportError:
            raise RuntimeError()
        try:
            eng.connect()
        except exc.OperationalError:
            eng = create_engine(dirname(dsn))
            eng.execute('CREATE DATABASE %s' % DBNAME).close()
            eng = create_engine(dsn)
        Session = orm.sessionmaker(bind=eng)
        self.ses = Session()
        self.users = Users.__table__
        self.eng = self.users.metadata.bind = eng
    def insert(self):
        self.ses.add_all(
            Users(login=who, userid=userid, projid=rand(1,5)) \
            for who, userid in randName()
        )
        self.ses.commit()
    def update(self):
        fr = rand(1,5)
        to = rand(1,5)
        i = -1
        users = self.ses.query(
            Users).filter_by(projid=fr).all()
        for i, user in enumerate(users):
            user.projid = to
        self.ses.commit()
        return fr, to, i+1
    def delete(self):
        rm = rand(1,5)
        i = -1
        users = self.ses.query(
            Users).filter_by(projid=rm).all()
        for i, user in enumerate(users):
            self.ses.delete(user)
        self.ses.commit()
        return rm, i+1
    def dbDump(self):
        printf('\n%s' % ''.join(map(cformat, FIELDS)))
```

```
        users = self.ses.query(Users).all()
        for user in users:
            printf(user)
        self.ses.commit()
    def __getattr__(self, attr):   # use for drop/create
        return getattr(self.users, attr)
    def finish(self):
        self.ses.connection().close()
    def main():
        printf('*** Connect to %r database' % DBNAME)
        db = setup()
        if db not in DSNs:
            printf('\nERROR: %r not supported, exit' % db)
            return
    try:
        orm = SQLAlchemyTest(DSNs[db])
    except RuntimeError:
        printf('\nERROR: %r not supported, exit' % db)
        return
    printf('\n*** Create users table (drop old one if appl.)')
    orm.drop(checkfirst=True)
    orm.create()
    printf('\n*** Insert names into table')
    orm.insert()
    orm.dbDump()
    printf('\n*** Move users to a random group')
    fr, to, num = orm.update()
    printf('\t(%d users moved) from (%d) to (%d)' % (num, fr, to))
    orm.dbDump()
    printf('\n*** Randomly delete group')
    rm, num = orm.delete()
    printf('\t(group #%d; %d users removed)' % (rm, num))
    orm.dbDump()
    printf('\n*** Drop users table')
    orm.drop()
    printf('\n*** Close cxns')
    orm.finish()
if __name__ == '__main__':
    main()
```

4. 实例解析

对上述代码的具体说明如下。

首先导入了 Python 标准库中的模块(distutils、os.path、random)，然后是第三方或外部模块(sqlalchemy)，最后是应用的本地模块(db)，该模块会给我们提供主要的常量和工具函数。

使用了 SQLAlchemy 的声明层，在使用前必须先导入 sqlalchemy.ext.declarative.

declarative_base，然后使用它创建一个 Base 类，最后让数据子类继承自这个 Base 类。类定义的下一个部分包含了一个__tablename__属性，它定义了映射的数据库表名。也可以显式地定义一个低级别的 sqlalchemy.Table 对象，在这种情况下，需要将其写为__table__。在大多数情况下使用对象进行数据行的访问，不过也会使用表级别的行为(创建和删除)保存表。另外，定义了方法__str()__用来返回易于阅读的数据行的字符串格式。

- 通过方法 ses.add_all()实现数据的插入操作，使用迭代的方式产生一系列的插入操作。
- 方法 update()和方法 delete()分别实现数据的更新和删除操作功能，这两个方法都先使用方法 query.filter_by()进行查找，找到要修改的数据后实现对应的修改操作或删除操作。

函数 dbDump()负责向屏幕上显示正确的输出。该方法从数据库中获取数据行，并按照db.py 中相似的样式输出数据。

本实例执行后会输出：

```
Choose a database system:
(M)ySQL
(G)adfly
(S)SQLite

Enter choice: S

*** Create users table (drop old one if appl.)

*** Insert names into table

LOGIN      USERID    PROJID
Faye       6812      4
Serena     7003      1
Amy        7209      2
Dave       7306      3
Larry      7311      3
Mona       7404      3
Ernie      7410      3
Jim        7512      3
Angela     7603      3
Stan       7607      3
Jennifer   7608      1
Pat        7711      1
Leslie     7808      4
Davina     7902      4
Elliot     7911      1
Jess       7912      4
```

```
Aaron       8312     3
Melissa     8602     4


*** Move users to a random group
    (1 users moved) from (2) to (1)


LOGIN      USERID   PROJID
Faye       6812     4
Serena     7003     1
Amy        7209     1
Dave       7306     3
Larry      7311     3
Mona       7404     3
Ernie      7410     3
Jim        7512     3
Angela     7603     3
Stan       7607     3
Jennifer   7608     1
Pat        7711     1
Leslie     7808     4
Davina     7902     4
Elliot     7911     1
Jess       7912     4
Aaron      8312     3
Melissa    8602     4


*** Randomly delete group
    (group #1; 5 users removed)


LOGIN      USERID   PROJID
Faye       6812     4
Dave       7306     3
Larry      7311     3
Mona       7404     3
Ernie      7410     3
Jim        7512     3
Angela     7603     3
Stan       7607     3
Leslie     7808     4
Davina     7902     4
Jess       7912     4
Aaron      8312     3
Melissa    8602     4


*** Drop users table

*** Close cxns
```

10.5.2　案例 15：使用 Peewee 操作 SQLite 数据库

1. 实例介绍

使用 Peewee 创建一个名为 people.db 的 SQLite 数据库，然后在里面创建两个数据库表：Person 和 Pet。

2. 知识点介绍

Peewee 是一款简单的、轻巧的 Python ORM，支持的数据库有 SQLite、MySQL 和 PostgreSQL。在本节的内容中，将详细讲解使用 Peewee 连接数据库的基本知识。开发者可以通过如下命令安装 Peewee：

```
pip install Peewee
```

3. 编码实现

本实例的实现文件是 Peewee01.py，代码如下：

```python
from datetime import date
from peewee import *

db = SqliteDatabase('people.db')

'''模型定义'''
class Person(Model):
    name = CharField()
    birthday = DateField()
    is_relative = BooleanField()

    class Meta:
        database = db #这个模型使用了 people.db 数据库

class Pet(Model):
    owner = ForeignKeyField(Person, related_name='pets')
    name = CharField()
    animal_type = CharField()

    class Meta:
        database = db #这个模型使用了 people.db 数据库

"""连接数据库"""
db.connect()
"""创建 Person 和 Pet 表"""
db.create_tables([Person, Pet])
```

```
uncle_bob = Person(name='Bob', birthday=date(1960, 1, 15), is_relative=True)
uncle_bob.save()
db.close()                          #连接数据库关闭
```

4. 实例解析

在使用 Peewee 连接数据库时，推荐使用 playhouse 中的 db_url 模块。db_url 的 connect 方法可以通过传入的 URL 字符串，生成数据库连接。方法 connect(url, **connect_params)的功能是通过传入的 url 字符串，创建一个数据库实例。通过上述代码创建了一个名为 people.db 的 SQLite 数据库，并且在里面创建了两个表 Person 和 Pet。

10.5.3　案例 16：使用 Pony 创建一个 SQLite 数据库

1. 实例介绍

使用 Pony 创建一个 SQLite 数据库，然后在这个数据库里面创建两个表。

2. 知识点介绍

Pony 是 Python 语言中的一种 ORM，它允许使用生成器表达式来构造查询，它会将生成器表达式的抽象语法树解析成 SQL 语句。Pony 的功能强大，提供了在线 ER 图编辑器工具，可以帮助开发者创建 Model。

在使用 Pony 之前需要先进行安装，具体安装命令如下：

```
pip install pony
```

3. 编码实现

本实例的实现文件是 pony01.py，代码如下：

```
import datetime
import pony.orm as pny

database = pny.Database("sqlite","music.sqlite",create_db=True)
class Artist(database.Entity):      #使用 Pony ORM 创建表 Artist
    name = pny.Required(str)
    albums = pny.Set("Album")
class Album(database.Entity):       #使用 Pony ORM 创建表 Album
    artist = pny.Required(Artist)
    title = pny.Required(str)
    release_date = pny.Required(datetime.date)
    publisher = pny.Required(str)
    media_type = pny.Required(str)
pny.sql_debug(True)                 #打开调试模式
database.generate_mapping(create_tables=True)  #映射模型数据库，如果它们不存在则创建表
```

4. 实例解析

在上述代码中，首先创建了一个名为 music.sqlite 的数据库，然后在里面创建了两个表 Artist 和 Album。执行后会输出如下创建数据库和表的等效功能的 SQL 语句，如果多次运行上述代码，不会重新创建数据库和表，并且会自动设置主键。

```
GET CONNECTION FROM THE LOCAL POOL
PRAGMA foreign_keys = false
BEGIN IMMEDIATE TRANSACTION
CREATE TABLE "Artist" (
  "id" INTEGER PRIMARY KEY AUTOINCREMENT,
  "name" TEXT NOT NULL
)

CREATE TABLE "Album" (
  "id" INTEGER PRIMARY KEY AUTOINCREMENT,
  "artist" INTEGER NOT NULL REFERENCES "Artist" ("id"),
  "title" TEXT NOT NULL,
  "release_date" DATE NOT NULL,
  "publisher" TEXT NOT NULL,
  "media_type" TEXT NOT NULL
)

CREATE INDEX "idx_album__artist" ON "Album" ("artist")

SELECT "Album"."id", "Album"."artist", "Album"."title", "Album"."release_date",
"Album"."publisher", "Album"."media_type"
FROM "Album" "Album"
WHERE 0 = 1

SELECT "Artist"."id", "Artist"."name"
FROM "Artist" "Artist"
WHERE 0 = 1

COMMIT
PRAGMA foreign_keys = true
CLOSE CONNECTION
```

第 11 章

Django Web 开发

Django 是一个开放源代码的 Web 应用框架，用 Python 编写而成。Django 遵守 BSD 版权，初次发布于 2005 年 7 月，并于 2008 年 9 月发布了第一个正式版本 1.0。Django 采用了 MVC 的软件设计模式，即模型 M、视图 V 和控制器 C。在本章的内容中，将详细讲解使用 Django 框架开发动态 Web 程序的知识。

11.1 Django Web 初级实战

Django 自称是"能够很好地应对应用上线期限的 Web 框架"，本节将首先用比较简单的实例的实现过程，讲解开发初级 Django Web 程序的知识。

扫码看视频

11.1.1 案例 1：第一个 Django Web 程序

1. 实例介绍

使用 Django 框架开发一个简单的 Web 程序。

2. 知识点介绍

在安装 Django 之前，必须先安装 Python。Django 可以使用 easy_install 命令安装 Django：

```
easy_install django
```

也可以使用 pip 命令进行安装：

```
pip install django
```

3. 编码实现

(1) 在 CMD 命令中定位到 H 盘，然后通过如下命令创建一个 mysite 目录作为 project(工程)：

```
django-admin startproject mysite
```

创建成功后会看到如下所示的目录样式：

```
mysite
├── manage.py
└── mysite
    ├── __init__.py
    ├── settings.py
    ├── urls.py
    └── wsgi.py
```

也就是说，在 H 盘中新建了一个 mysite 目录，其中还有一个 mysite 子目录，这个子目录中是一些项目的设置文件 settings.py，总的 urls 配置文件 urls.py，以及部署服务器时用到的 wsgi.py 文件，文件__init__.py 是 python 包的目录结构必须的，与调用有关。

- mysite：项目的容器，保存整个工程。
- manage.py：一个实用的命令行工具，我们可以以各种方式与 Django 项目进行交互。
- mysite/__init__.py：一个空文件，告诉 Python 该目录是一个 Python 包。
- mysite/settings.py：Django 项目的设置/配置。
- mysite/urls.py：Django 项目的 URL 声明；一份由 Django 驱动的网站"目录"。
- mysite/wsgi.py：WSGI 兼容的 Web 服务器的入口，以便运行项目。

(2) 在 CMD 中定位到 mysite 目录(注意，不是 mysite 中的 mysite 目录)，然后通过如下命令新建一个应用(app)，名称叫 learn：

```
H:\mysite>python manage.py startapp learn
```

此时可以看到在 mysite 主目录中多了一个 learn 文件夹，里面有如下文件：

```
learn/
├── __init__.py
├── admin.py
├── apps.py
├── models.py
├── tests.py
└── views.py
```

(3) 为了将新定义的 app 添加到 settings.py 文件的 INSTALL_APPS 中，需要对文件 mysite/mysite/settings.py 进行如下修改：

```
INSTALLED_APPS = [
    'django.contrib.admin',
    'django.contrib.auth',
    'django.contrib.contenttypes',
    'django.contrib.sessions',
    'django.contrib.messages',
    'django.contrib.staticfiles',
    'learn',
]
```

这一步的目的是将新建的程序 learn 添加到 INSTALL_APPS 中，如果不这样做，django 就不能自动找到 app 中的模板文件(app-name/templates/ 下的文件)和静态文件 (app-name/static/下的文件)。

(4) 定义视图函数，用于显示访问页面时的内容。在 learn 目录中打开文件 views.py，然后进行如下修改：

```
#coding:utf-8
from django.http import HttpResponse
def index(request):
    return HttpResponse(u"欢迎光临，浪潮软件欢迎您！")
```

对上述代码的具体说明如下。

- 第 1 行：声明编码为 utf-8，因为在代码中用到了中文，如果不声明就会报错。
- 第 2 行：引入 HttpResponse，用来向网页返回内容。就像 Python 中的 print 函数一样，只不过 HttpResponse 是把内容显示到网页上。
- 第 3~4 行：定义一个 index()函数，第一个参数必须是 request，与网页发来的请求有关。request 变量包含 get/post 的内容、用户浏览器和系统等信息。函数 index() 返回一个 HttpResponse 对象，可以经过一些处理，最终在网页上显示几个字。

现在问题来了，用户应该访问哪个网址才能看到刚才写的这个函数呢？怎么让网址和函数关联起来呢？接下来需要定义与视图函数相关的 URL 网址。

(5) 开始定义与视图函数相关的 URL 网址，对文件 mysite/mysite/urls.py 进行如下修改：

```
from django.conf.urls import url
from django.contrib import admin
from learn import views as learn_views  # new

urlpatterns = [
    url(r'^$', learn_views.index),  # new
    url(r'^admin/', admin.site.urls),
]
```

(6) 最后在终端上运行如下命令进行测试：

```
python manage.py runserver
```

测试成功后，显示如图 11-1 所示的界面。

```
Starting development server at http://127.0.0.1:8000/
Quit the server with CTRL-BREAK.
[30/Dec/2016 22:52:35] "GET / HTTP/1.1" 200 39
```

图 11-1　控制台执行效果

在浏览器中的执行效果如图 11-2 所示。

图 11-2　浏览器中的执行效果

4．实例解析

在上述实例代码中导入了 Django 框架，然后定义了函数 index()打印输出一行文本，然后/urls.py 文件中将 URL 和函数 index()联系起来，使得服务器收到对应的 URL 请求时，调用这个函数，返回这个函数生产的数据。

11.1.2　案例 2：加法计算器

1. 实例介绍

使用 Django 框架开发一个简单的 Web 程序，通过 URL 传递两个参数，然后计算这两个参数的和。

2. 知识点介绍

与前面学习的 Flask 框架一样，使用 Django 框架也可以实现对 URL 参数的处理。

3. 编码实现

(1) 在 CMD 命令中定位到 H 盘，然后通过如下命令创建一个 zqxt_views 目录作为 project(工程)：

```
django-admin startproject zqxt_views
```

也就是说，在 H 盘中新建一个 zqxt_views 目录，其中还有一个 zqxt_views 子目录，这个子目录 mysite 中是一些项目的设置文件，例如配置文件 settings.py 和 URL 链接配置文件 urls.py，以及部署服务器时用到的 wsgi.py 文件，__init__.py 文件是 python 包的目录结构必须有的，与调用有关。

(2) 在 CMD 中定位到 zqxt_views 目录下(注意，不是 zqxt_views 中的 zqxt_views 目录)，然后通过如下命令新建一个应用(app)，名称叫 calc：

```
cd zqxt_views
python manage.py startapp calc
```

此时自动生成的目录结构大致如下：

```
zqxt_views/
├── calc
│   ├── __init__.py
│   ├── admin.py
│   ├── apps.py
│   ├── models.py
│   ├── tests.py
│   └── views.py
├── manage.py
└── zqxt_views
    ├── __init__.py
```

```
        ├── settings.py
        ├── urls.py
        └── wsgi.py
```

（3）为了将新定义的 app 添加到 settings.py 文件的 INSTALL_APPS 中，需要对文件 zqxt_views/zqxt_views/settings.py 进行如下修改：

```
INSTALLED_APPS = [
    'django.contrib.admin',
    'django.contrib.auth',
    'django.contrib.contenttypes',
    'django.contrib.sessions',
    'django.contrib.messages',
    'django.contrib.staticfiles',
    'calc',
]
```

这一步的目的是将新建的程序 calc 添加到 INSTALL_APPS 中，如果不这样做，django 就不能自动找到 app 中的模板文件(app-name/templates/ 下的文件)和静态文件 (app-name/static/下的文件)。

（4）定义视图函数，用于显示访问页面时的内容。对文件 calc/views.py 中的代码进行如下修改：

```
from django.shortcuts import render
from django.http import HttpResponse

def add(request):
    a = request.GET['a']
    b = request.GET['b']
    c = int(a)+int(b)
    return HttpResponse(str(c))
```

在上述代码中，request.GET 类似于一个字典，当没有传递 a 的值时，a 的默认值为 0。

（5）开始定义与视图函数相关的 URL 网址，添加一个网址来对应我们刚才新建的视图函数。对文件 zqxt_views/zqxt_views/urls.py 进行如下修改：

```
from django.conf.urls import url
from django.contrib import admin
from learn import views as learn_views  # new

urlpatterns = [
    url(r'^$', learn_views.index),  # new
    url(r'^admin/', admin.site.urls),
]
```

(6) 最后在终端上运行如下命令进行测试：

```
python manage.py runserver
```

在浏览器中输入"http://localhost:8000/add/"后的执行效果如图 11-3 所示。

```
MultiValueDictKeyError at /add/
"'a'"
        Request Method: GET
        Request URL: http://localhost:8000/add/
       Django Version: 1.10.4
       Exception Type: MultiValueDictKeyError
      Exception Value: "'a'"
   Exception Location: C:\Program Files\Python36\lib\site-packages\django-1.10.4-py3.6.egg\django\utils\datastructures.py in __getitem__, line 85
    Python Executable: C:\Program Files\Python36\python.exe
       Python Version: 3.6.0
          Python Path: ['H:\\zqxt_views',
                        'C:\\Program Files\\Python36\\python36.zip',
                        'C:\\Program Files\\Python36\\DLLs',
                        'C:\\Program Files\\Python36\\lib',
                        'C:\\Program Files\\Python36',
                        'C:\\Program Files\\Python36\\lib\\site-packages',
                        'C:\\Program Files\\Python36\\lib\\site-packages\\Flask-0.12-py3.6.egg',
                        'C:\\Program Files\\Python36\\lib\\site-packages\\click-6.6-py3.6.egg',
                        'C:\\Program Files\\Python36\\lib\\site-packages\\itsdangerous-0.24-py3.6.egg',
                        'C:\\Program Files\\Python36\\lib\\site-packages\\jinja2-2.8.1-py3.6.egg',
                        'C:\\Program Files\\Python36\\lib\\site-packages\\werkzeug-0.11.13-py3.6.egg',
                        'C:\\Program
                        Files\\Python36\\lib\\site-packages\\markupsafe-0.23-py3.6-win-amd64.egg',
                        'C:\\Program
                        Files\\Python36\\lib\\site-packages\\tornado-4.4.2-py3.6-win-amd64.egg',
                        'C:\\Program Files\\Python36\\lib\\site-packages\\django-1.10.4-py3.6.egg']
          Server time: Sat, 31 Dec 2016 12:05:23 +0800
```

图 11-3　案例 2 的执行效果

如果在 URL 中输入数字参数，例如在浏览器中输入"http://localhost:8000/add/?a=4&b=5"，执行后会显示这两个数字(4 和 5)的和，执行效果如图 11-4 所示。

图 11-4　加法运算的执行效果

4．实例解析

在 Python 程序中，也可以采用"/add/3/4/"这样的方式对 URL 中的参数进行求和处理。这时需要修改文件 calc/views.py 的代码，在里面新定义一个求和函数 add2()，具体代码如下：

```
def add2(request, a, b):
    c = int(a) + int(b)
    return HttpResponse(str(c))
```

接着修改文件 zqxt_views/urls.py 的代码，再添加一个新的 URL，具体代码如下：

```
url(r'^add/(\d+)/(\d+)/$', calc_views.add2, name='add2'),
```

此时可以看到网址中多了"\d+"，正则表达式中的"\d"代表一个数字，"+"代表一个或多个前面的字符，写在一起"\d+"就表示一个或多个数字，用括号括起来的意思是保存为一个子组(更多知识请参见 Python 正则表达式)，每一个子组将作为一个参数，被文件 views.py 中的对应视图函数接收。此时输入如下网址执行后就可以看到与图 11-4 同样的效果：

```
http://localhost:8000/add/?add/4/5/
```

11.1.3 案例 3：创建 SQLite3 数据库

1. 实例介绍

使用 Django 框架实现一个 Web 程序，能够创建一个指定的 SQLite3 数据库。

2. 知识点介绍

在动态 Web 应用中，数据库技术永远是核心技术。Django 模型是与数据库相关的，与数据库相关的代码一般保存在 models.py 文件中。Django 框架支持 SQLite3、MySQL 和 PostgreSQL 等数据库工具，开发者只需要在 settings.py 文件中进行配置即可，不用修改 models.py 文件中的代码。

3. 编码实现

(1) 首先新建一个名为 learn_models 的项目，然后进入 learn_models 文件夹，新建一个名为 people 的 app：

```
django-admin startproject learn_models # 新建一个项目
cd learn_models # 进入该项目的文件夹
django-admin startapp people # 新建一个 people 应用(app)
```

(2) 将新建的应用(people)添加到 settings.py 文件中的 INSTALLED_APPS 中，也就是告诉 Django 有这么一个应用：

```
INSTALLED_APPS = (
    'django.contrib.admin',
    'django.contrib.auth',
    'django.contrib.contenttypes',
    'django.contrib.sessions',
    'django.contrib.messages',
    'django.contrib.staticfiles',
    'people',
)
```

(3) 打开文件 people/models.py，新建一个继承自类 models.Model 的子类 Person，此类中有姓名和年龄两个 Field。具体实现代码如下：

```
from django.db import models
class Person(models.Model):
    name = models.CharField(max_length=30)
    age = models.IntegerField()
    def __str__(self):
        return self.name
```

在上述代码中，name 和 age 两个字段中不能有双下划线"__"，这是因为双下划线"__"在 Django QuerySet API 中有特殊含义(用于关系，包含，不区分大小写，以什么开头或结尾，日期的大于小于，正则等)。另外，也不能有 Python 中的关键字。所以说 name 是合法的，student_name 也是合法的，但是 student__name 不合法，try、class 和 continue 也不合法，因为它们是 Python 中的关键字。

(4) 开始同步数据库操作，在此使用默认数据库 SQLite3，无须进行额外配置。具体命令如下：

```
# 进入 manage.py 所在的文件夹下输入命令
python manage.py makemigrations
python manage.py migrate
```

4. 实例解析

在前面的 models.py 文件中新增类 people 时，运行上述命令，就可以自动在数据库中创建对应的数据库表，不用开发者手动创建。CMD 命令运行后会发现 Django 生成了一系列的表，也生成了上面刚刚新建的表 people_person。CMD 命令运行界面如图 11-5 所示。

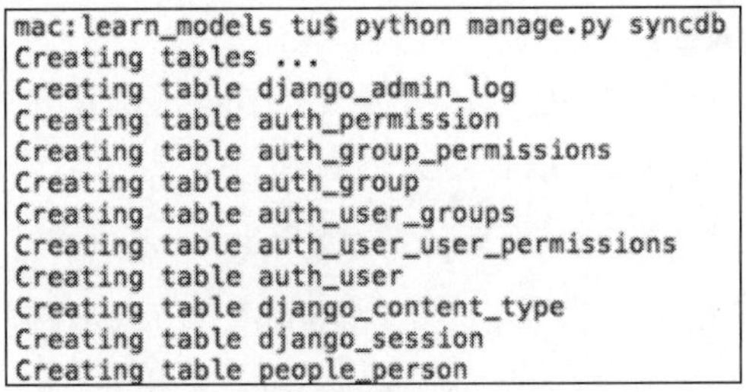

```
mac:learn_models tu$ python manage.py syncdb
Creating tables ...
Creating table django_admin_log
Creating table auth_permission
Creating table auth_group_permissions
Creating table auth_group
Creating table auth_user_groups
Creating table auth_user_user_permissions
Creating table auth_user
Creating table django_content_type
Creating table django_session
Creating table people_person
```

图 11-5　CMD 命令运行界面

输入 CMD 命令进行测试，整个测试过程如下：

```
$ python manage.py shell
>>> from people.models import Person
>>> Person.objects.create(name="haoren", age=24)
<Person: haoren>
>>> Person.objects.get(name="haoren")
<Person: haoren>
```

11.2　Django Web 高级实战

本章前面的实例都比较简单，在本节的内容中，将通过比较复杂的高级实例的实现过程，详细讲解开发 Django Web 程序的知识。

11.2.1　案例 4：在线博客系统

扫码看视频

1. 实例介绍

使用 Django 框架自带的后台系统开发一个在线博客系统。

2. 知识点介绍

在一个动态的 Web 程序中，最主流的做法是实现前台和后台的分离。Django 框架为开发者提供了 Admin 管理模块，可以帮助开发者快速搭建一个功能强大的后台管理系统。

在 Django Web 程序中，通过使用 Admin 模块，可以高效地对数据库表实现增加、删除、查询和修改功能。如果 Django 没有提供 Admin 模块，开发者不但需要自己手动开发后台管理系统，并且需要手动编写对数据库实现增加、删除、查询和修改功能的代码，这样不但会带来更大的开发工作量，而且不利于系统的后期维护和后台管理工作。通过使用 Admin 模块的功能，将所有需要管理的模型(数据表)集中在一个平台，我们不仅可以有选择性地管理模型(数据表)，而且还可以快速设置数据条目查询、过滤和搜索条件。

(1) 创建超级用户 superuser。

使用 Django Admin 的第一步是创建超级用户(superuser)，使用如下命令并根据指示分别输入用户名和密码，即可创建超级管理员：

```
python manage.py createsuperuser
```

此时在浏览器中访问 http://127.0.0.1:8000/admin/，就可以看到后台登录界面，如图 11-6 所示。

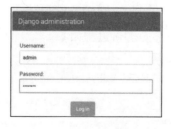

图 11-6　后台登录界面

(2) 注册模型(数据表)。

假设有一个名字为 blog 的 app，里面包含一个名字为 Articles(文章)的模型。如果想对 Articles 进行管理，我们只需打开 blog 目录下的文件 admin.py，然后使用 admin.site.register 方法注册 Articles 模型。演示代码如下：

```
from django.contrib import admin
from.models import Articles

#注册模型
admin.site.register(Articles)
```

此时登录后台，会看到 Articles 数据表中的信息，单击标题即可对文章进行修改。在这个列表中只会显示 Title 字段，并不会显示作者和发布日期等相关信息，也没有分页和过滤条件。

(3) 自定义数据表显示选项。

在现实应用中，我们需要自定义显示数据表中的哪些字段，也需要设置可以编辑修改哪些字段，并可以对数据库表中的信息进行排序，同时可以设置查询指定的选项内容。在 Admin 模块中，内置了 list_display、list_filter、list_per_page、list_editable、date 和 ordering 等选项，通过这些选项可以轻松实现上面要求的自定义功能。

要想自定义显示数据表中的某些字段，只需对前面的演示文件 blog/admin.py 进行如下改进即可。我们可以先定义 ArticlesAdmin 类，然后使用 admin.site.register(Articles, ArticlesAdmin)方法注册：

```
from django.contrib import admin
from .models import Articles,

# Register your models here.


class ArticlesAdmin(admin.ModelAdmin):

   '''设置列表可显示的字段'''
   list_display = ('title', 'author', 'status', 'mod_date',)

   '''设置过滤选项'''
   list_filter = ('status', 'pub_date', )

   '''每页显示条目数'''
   list_per_page = 10

   '''设置可编辑字段'''
   list_editable = ('status',)
```

```
    '''按日期月份筛选'''
    date = 'pub_date'

    '''按发布日期排序'''
    ordering = ('-mod_date',)

admin.site.register(Articles, ArticlesAdmin)
```

此时登录后台，会看到 Articles 数据表中的展示内容，会一目了然地显示 Articles 标题、作者、状态、修改时间和分页信息，效果类似于图 11-7。

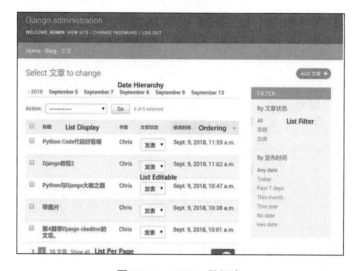

图 11-7　Articles 数据表

(4) 使用 raw_id_fields 选项实现单对多关系。

我们知道，新闻网站中的文章往往属于不同的类型，例如体育新闻、娱乐新闻等。假设创建了一个名为 Fenlei 的模型类，用于表示 Articles 所属的类型。在里面有一个父类(ForeignKey)，一个父类可能有多个子类。模型类 Fenlei 的具体实现代码如下：

```
class Fenlei(models.Model):
    """文章分类"""
    name = models.CharField('分类名', max_length=30, unique=True)
    slug = models.SlugField('slug', max_length=40)
    parent_Fenlei = models.ForeignKey('self', verbose_name="父级分类", blank=True,
null=True, on_delete=models.CASCADE)
```

现在把模型类 Fenlei 添加到 admin 中，因为我们需要根据类的别名(name)生成 slug，所以还需要在文件 blog/admin.py 中使用 prepopulated_fields 选项：

```
class FenleiAdmin(admin.ModelAdmin):
    prepopulated_fields = {'slug': ('name',)}

admin.site.register(Fenlei, FenleiAdmin)
```

在 Django Admin 模块中，下拉菜单是默认的单对多关系的选择器，如图 11-8 所示。如果 ForeignKey 非常多，那么下拉菜单将会非常长。所以此时可以设置 ForeignKey 使用 raw_id_fields 选项，如图 11-9 所示。

图 11-8　默认使用下拉菜单　　　　　　图 11-9　使用 raw_id_fields

(5) 使用 filter_horizontal 选项实现多对多关系。

在 Django Admin 模块中，列表框是默认多对多关系(Many To Many)的选择器。我们可以使用 filter_horizontal 或 filter_vertical 选项设置不同的选择器样式，如图 11-10 所示。

图 11-10　左侧是默认复选框样式，右侧是使用 filter_horizontal 后

(6) 使用类 InlineModelAdmin 在同一页面中显示多个数据表数据。

在现实应用中，在一个文章类别下通常会包含多篇文章。如果希望在查看或编辑某个文章类别信息时，同时显示并编辑该类别下的所有文章信息，可以先定义 ArticlesList 类，然后把其添加到 FenleiAdmin 中。这样就可以在同一页面上编辑修改文章类别信息，也可以修改所属文章信息。例如文件 blog/admin.py 的演示代码如下：

```
from django.contrib import admin
from.models import Articles, Fenlei, Tag

class ArticlesList(admin.TabularInline):
    model = Articles
    '''设置列表可显示的字段'''
    fields = ('title', 'author', 'status', 'mod_date',)


class FenleiAdmin(admin.ModelAdmin):
    prepopulated_fields = {'slug': ('name',)}
    raw_id_fields = ("parent_Fenlei", )
    inlines = [ArticlesList, ]

admin.site.register(Fenlei, FenleiAdmin)
```

3. 编码实现

（1）新建一个名称为 zqxt_admin 的项目，然后进入 zqxt_admin 文件夹中，新建一个名为 blog 的 app：

```
django-admin startproject zqxt_admin
cd zqxt_admin
# 创建 blog 这个 app
python manage.py startapp blog
```

（2）修改 blog 文件夹中的文件 models.py，具体实现代码如下：

```
# -*- coding: utf-8 -*-
from __future__ import unicode_literals

from django.db import models
from django.utils.encoding import python_2_unicode_compatible
@python_2_unicode_compatible
class Article(models.Model):
    title = models.CharField('标题', max_length=256)
    content = models.TextField('内容')
    pub_date = models.DateTimeField('发表时间', auto_now_add=True, editable=True)
    update_time = models.DateTimeField('更新时间', auto_now=True, null=True)
    def __str__(self):
        return self.title
class Person(models.Model):
    first_name = models.CharField(max_length=50)
    last_name = models.CharField(max_length=50)
    def my_property(self):
        return self.first_name + ' ' + self.last_name
    my_property.short_description = "Full name of the person"
    full_name = property(my_property)
```

(3) 将 blog 加入 settings.py 文件的 INSTALLED_APPS 中，具体实现代码如下：

```
INSTALLED_APPS = (
    'django.contrib.admin',
    'django.contrib.auth',
    'django.contrib.contenttypes',
    'django.contrib.sessions',
    'django.contrib.messages',
    'django.contrib.staticfiles',
    'blog',
)
```

(4) 通过如下命令同步所有的数据库表：

```
# 进入包含 manage.py 的文件夹
python manage.py makemigrations
python manage.py migrate
```

(5) 进入文件夹 blog，修改里面的文件 admin.py(如果没有就新建一个)，具体实现代码如下：

```
from django.contrib import admin
from.models import Article, Person
class ArticleAdmin(admin.ModelAdmin):
    list_display = ('title', 'pub_date', 'update_time',)
class PersonAdmin(admin.ModelAdmin):
    list_display = ('full_name',)
admin.site.register(Article, ArticleAdmin)
admin.site.register(Person, PersonAdmin)
```

输入下面的命令启动服务器：

```
python manage.py runserver
```

在浏览器中输入"http://localhost:8000/admin"，会显示一个用户登录表单界面，如图 11-11 所示。

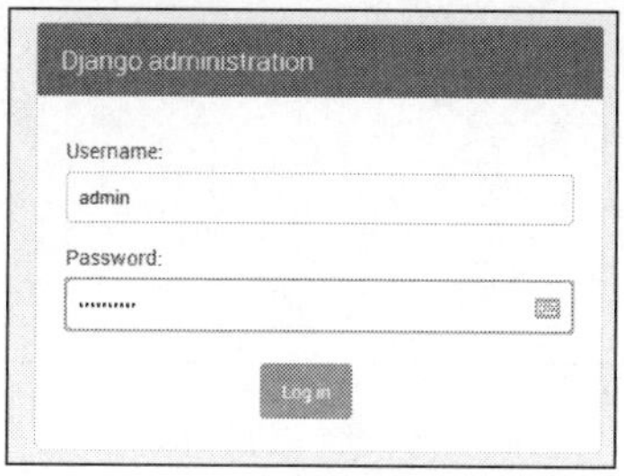

图 11-11　用户登录表单界面

4. 实例解析

我们可以创建一个超级管理员用户，使用 CMD 命令进入包含 manage.py 的文件夹 zqxt_admin，输入如下命令创建一个超级账号，然后根据提示分别输入账号、邮箱地址和密码：

```
python manage.py createsuperuser
```

此时可以使用超级账号登录后台管理系统，登录成功的界面如图 11-12 所示。

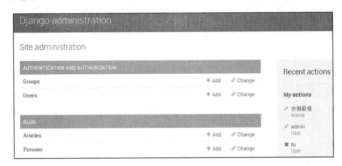

图 11-12　登录成功的界面

管理员可以修改、删除或添加账号信息，如图 11-13 所示。

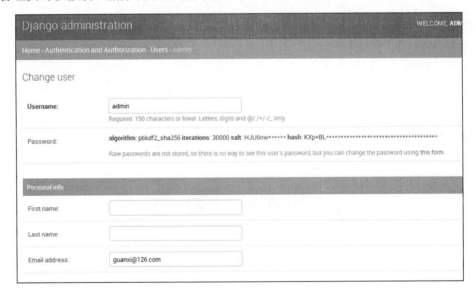

图 11-13　账号管理

也可以对系统内已经发布的博客信息进行管理维护，如图 11-14 所示。

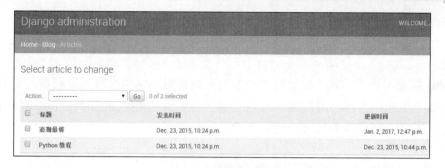

图 11-14　博客信息管理

也可以直接修改用户账号信息的密码，如图 11-15 所示。

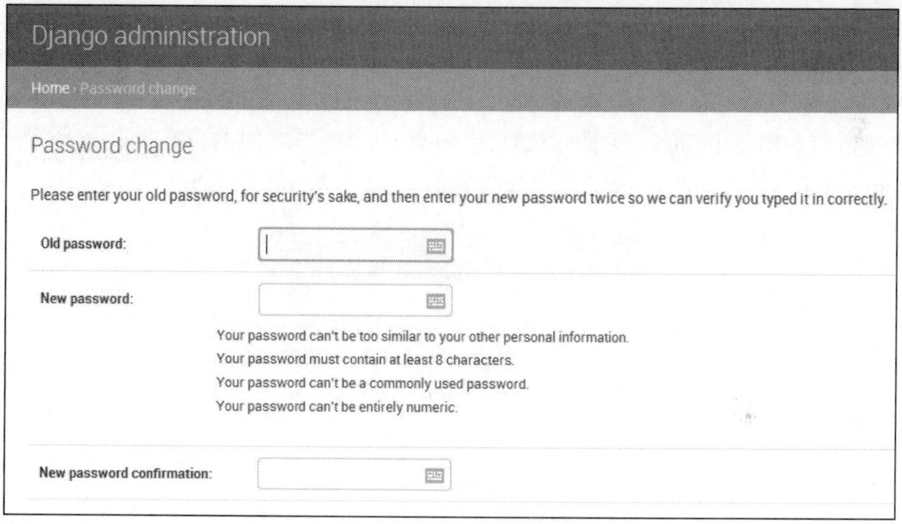

图 11-15　修改用户账号信息的密码

11.2.2　案例 5：开发一个在线商城系统

1. 实例介绍

本实例使用 Django 框架开发一个在线商城系统，实现后台商品数据的添加和修改操作，还能对商品分类的添加、修改和删除操作，以及商城系统的两大核心功能：订单处理和购物车处理。

2. 知识点介绍

对于一个在线商城系统来说，核心内容是购物车商品的操作处理，这会涉及表单处理和 Cookie/Session 问题。

(1) 表单处理。

Django 开发的是动态 Web 服务，而非单纯提供静态页面。动态服务的本质在于同用户进行互动，接收用户的输入，根据输入内容的不同返回不同的内容。返回数据是服务器后端做的，而接收用户输入就需要依靠 HTML 表单。表单<form>...</form>可以收集其内部标签中的用户输入，然后将数据发送到服务器端。

作为一个 HTML 表单，必须设置如下两个内容。

● 提交目的地：用户数据发送的目的 URL。

● 提交方式：发送数据所使用的 HTTP 方法。

例如，Django Admin 的登录页面就是一个表单，如图 11-16 所示。在这个登录表单中包含几个<input>元素：type="text"表示用户名，type="password"表示密码，type="submit"表示"登录"按钮。另外还包含一些用户看不到的隐藏的文本字段，Django 使用它们来提高安全性和决定下一步的行为。还需要告诉浏览器表单数据应该发往哪里，即为<form>的action 属性指定 URL:/admin/，而且应该使用 method 属性指定的 HTTP post 方法发送数据。当单击<input type="submit" value="登录">按钮时，数据将发送给/admin/。

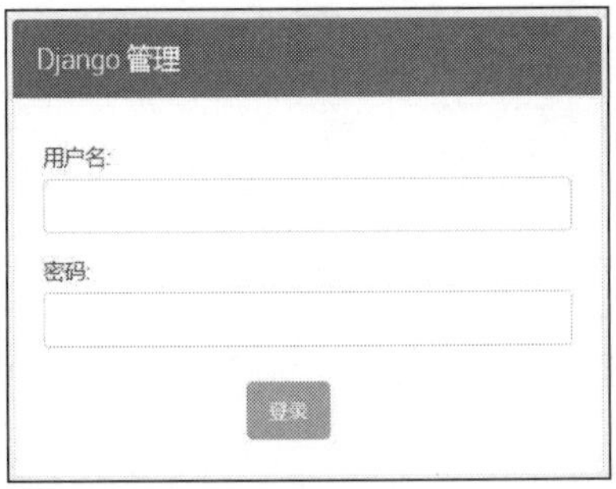

图 11-16　Django Admin 的登录页面

在动态 Web 应用中，处理表单是一件复杂的事情。例如，在 Django 的 admin 后台管理模块中，许多不同类型的数据可能需要在一张表单中显示，渲染成 HTML。然后在表单中编辑数据，将数据传到服务器，验证和清理数据，最后保存或跳过以进行下一步处理。

在 Django 中实现表单功能时，通常情况下，需要手动在 HTML 页面中编写 form 标签和其他元素。但是这样会费时费力，而且有可能写得不太恰当，数据验证也比较麻烦。为了提高开发效率，Django 在内部集成了一个表单模块 form，专门帮助我们快速处理表单相关的内容。Django 的表单模块给开发者提供了如下三个主要功能：

● 准备和重构数据用于页面渲染。

● 为数据创建 HTML 表单元素。

● 接收和处理用户从表单发送过来的数据。

在 Django 中编写 form 表单的方法，与我们在模型系统里编写模型的方法类似。在模型中，一个字段代表数据表的一列，而 form 表单中的一个字段代表<form>中的一个<input>元素。

(2) Cookie 和 Session。

服务器可以利用 Cookie 和 Session 记录客户端的访问状态，这样用户就不用在每次访问不同页面时都需要登录了。并且还可以确保只有 Web 的会员才能访问某些内容，从而提高了网站的安全性。另外，通过使用 Cookie 和 Session，可以存储用户在京东或天猫等网站的会员信息，这样用户下次无须输入用户名和密码即可登录。除了实现使用登录功能之外，还经常使用 cookie 实现购物车功能，用于保存购物车中的商品信息。

在 Django 框架中，通过如下代码设置 Cookie：

```
response.set_cookie(key,value,expires)
```

其中各项参数的含义如下。

● key：cookie 的名称。
● value：保存的 cookie 的值。
● expires：保存的时间，以秒为单位。

例如下面是一个设置 Cookie 的例子，设置的数据将被保存到客户端浏览器中：

```
response.set_cookie('username','John',60*60*24)
```

通常在 Django 的视图中先生成不包含 Cookie 的 response，然后使用 set_cookie 设置一个 Cookie，最后把 response 返回给客户端浏览器。

下面演示 3 个设置 Cookie 的例子：

```
#例子1，不使用模板
response = HttpResponse("hello world")
response.set_cookie(key,value,expires)
return response
#例子2，使用模板
response = render(request,'×××.html', context)
response.set_cookie(key,value,expires)
return response
#例子3，重定向
response = HttpResponseRedirect('/login/')
response.set_cookie(key,value,expires)
return response
```

在 Django 框架中，通过如下代码获取用户发来请求中的 Cookie：

```
request.COOKIES['username']
request.COOKIES.get('username')
```

通过如下代码检查 Cookie 是否已经存在：

```
request.COOKIES.has_key('<cookie_name>')
```

通过如下代码删除一个已有的 Cookie：

```
response.delete_cookie('username')
```

下面演示如何使用 Cookie 验证用户是否已登录：

```
# 如果登录成功，设置 cookie
def login(request):
    if request.method == 'POST':
        form = LoginForm(request.POST)

        if form.is_valid():
            username = form.cleaned_data['username']
            password = form.cleaned_data['password']

            user = User.objects.filter(username__exact=username, password__exact=password)

            if user:
                response = HttpResponseRedirect('/index/')
                # 将 username 写入浏览器 cookie，失效时间为 3600 秒
                response.set_cookie('username', username, 3600)
                return response

            else:
                return HttpResponseRedirect('/login/')

    else:
        form = LoginForm()

    return render(request, 'users/login.html', {'form': form})


# 通过 cookie 判断用户是否已登录
def index(request):

    #提取浏览器中的 cookie，如果不为空，表示已登录账号
    username = request.COOKIES.get('username', '')
    if not username:
        return HttpResponseRedirect('/login/')
    return render(request, 'index.html', {'username': username})
```

3. 编码实现

（1）系统设置。在 myshop 子目录下的 settings.py 文件中实现系统设置功能，分别添加 shop、cart 和 orders 三大模块，设置数据库信息，设置 URL 链接路径。主要实现代码如下：

```python
INSTALLED_APPS = (
    'django.contrib.admin',
    'django.contrib.auth',
    'django.contrib.contenttypes',
    'django.contrib.sessions',
    'django.contrib.messages',
    'django.contrib.staticfiles',
    'shop',
    'cart',
    'orders',
)

DATABASES = {
    'default': {
        'ENGINE': 'django.db.backends.sqlite3',
        'NAME': os.path.join(BASE_DIR, 'db.sqlite3'),
    }
}

STATIC_URL = '/static/'

MEDIA_URL = '/media/'
MEDIA_ROOT = os.path.join(BASE_DIR, 'media/')

CART_SESSION_ID = 'cart'

EMAIL_BACKEND = 'django.core.mail.backends.console.EmailBackend'

# Heroku settings
cwd = os.getcwd()
if cwd == '/app' or cwd[:4] == '/tmp':
    import dj_database_url
    DATABASES = {
        'default': dj_database_url.config(default='postgres://localhost')
    }

    # Honor the 'X-Forwarded-Proto' header for request.is_secure().
    SECURE_PROXY_SSL_HEADER = ('HTTP_X_FORWARDED_PROTO', 'https')

    # Only allow heroku to host the project.
    ALLOWED_HOSTS = ['*']
    DEBUG = False
```

```
# Static asset configuration
BASE_DIR = os.path.dirname(os.path.abspath(__file__))
STATIC_ROOT = 'staticfiles'
STATICFILES_DIRS = (
    os.path.join(BASE_DIR, 'static'),
)
```

在 myshop 子目录下的 urls.py 文件中实现系统总体功能模块页面的布局，整个系统分为四大模块：前台商城展示、后台管理、订单处理和购物车处理。文件 urls.py 的具体实现代码如下：

```
urlpatterns = [
    url(r'^admin/', admin.site.urls),
    url(r'^cart/', include('cart.urls', namespace='cart')),
    url(r'^orders/', include('orders.urls', namespace='orders')),
    url(r'^', include('shop.urls', namespace='shop')),
]

if settings.DEBUG:
    urlpatterns += static(settings.MEDIA_URL,
                    document_root=settings.MEDIA_ROOT)
```

(2) 前台商城展示模块。

在前台商城展示模块中显示系统内所有商品的分类信息，以及各个分类商品的信息，单击某个商品后可以展示这个商品的详情信息。本模块主要由以下 3 个文件实现：

- models.py。
- urls.py。
- views.py。

在文件 models.py 中编写两个类，其中类 Category 实现商品分类展示处理功能，类 Product 实现产品展示处理功能。文件 models.py 的具体实现代码如下：

```
class Category(models.Model):
    name = models.CharField(max_length=200, db_index=True)
    slug = models.SlugField(max_length=200, db_index=True, unique=True)

    class Meta:
        ordering = ('name',)
        verbose_name = 'category'
        verbose_name_plural = 'categories'

    def __str__(self):
        return self.name
```

```
    def get_absolute_url(self):
        return reverse('shop:product_list_by_category', args=[self.slug])


class Product(models.Model):
    category = models.ForeignKey(Category,
related_name='products',on_delete=models.CASCADE)
    name = models.CharField(max_length=200, db_index=True)
    slug = models.SlugField(max_length=200, db_index=True)
    image = models.ImageField(upload_to='products/%Y/%m/%d', blank=True)
    description = models.TextField(blank=True)
    price = models.DecimalField(max_digits=10, decimal_places=2)
    stock = models.PositiveIntegerField()
    available = models.BooleanField(default=True)
    created = models.DateTimeField(auto_now_add=True)
    updated = models.DateTimeField(auto_now=True)

    class Meta:
        ordering = ('-created',)
        index_together = (('id', 'slug'),)

    def __str__(self):
        return self.name

    def get_absolute_url(self):
        return reverse('shop:product_detail', args=[self.id, self.slug])
```

文件 urls.py 的功能是实现前台页面的 URL 处理，分别实现分类展示和产品详情展示两个功能，具体实现代码如下：

```
urlpatterns = [
    url(r'^$', views.product_list, name='product_list'),
    url(r'^(?P<category_slug>[-\w]+)/$', views.product_list,
name='product_list_by_category'),
    url(r'^(?P<id>\d+)/(?P<slug>[-\w]+)/$', views.product_detail,
name='product_detail'),
]
app_name = 'myshop'
```

在文件 views.py 中实现视图展示处理功能，通过函数 product_list()实现商品列表展示功能，通过函数 product_detail()实现商品详情展示功能。

文件 views.py 的具体实现代码如下：

```
def product_list(request, category_slug=None):
    category = None
    categories = Category.objects.all()
    products = Product.objects.filter(available=True)
```

```
    if category_slug:
        category = get_object_or_404(Category, slug=category_slug)
        products = products.filter(category=category)
    return render(request, 'shop/product/list.html', {'category': category,
                                                        'categories': categories,
                                                        'products': products})


def product_detail(request, id, slug):
    product = get_object_or_404(Product, id=id, slug=slug, available=True)
    cart_product_form = CartAddProductForm()
    return render(request,
                  'shop/product/detail.html',
                  {'product': product,
                   'cart_product_form': cart_product_form
                   })
```

前台商品展示主页的模板文件是 base.html，具体实现代码如下：

```
{% load static %}
<!DOCTYPE html>
<html>
<head>
    <meta charset="utf-8" />
    <title>{% block title %}My shop 我的商店{% endblock %}</title>
    <link href="{% static "css/base.css" %}" rel="stylesheet">
</head>
<body>
    <div id="header">
        <a href="/" class="logo">My shop 我的商店</a>
    </div>
    <div id="subheader">
        <div class="cart">
            {% with total_items=cart|length %}
                {% if cart|length > 0 %}
                    Your cart:
                    <a href="{% url "cart:cart_detail" %}">
                        {{ total_items }} item{{ total_items|pluralize }},
                        ${{ cart.get_total_price }}
                    </a>
                {% else %}
                    Your cart is empty.
                {% endif %}
            {% endwith %}
        </div>
    </div>
    <div id="content">
        {% block content %}
```

```
        {% endblock %}
    </div>
</body>
</html>
```

商品列表展示功能的模板文件是 list.html，具体实现代码如下：

```
{% extends "shop/base.html" %}
{% load static %}

{% block title %}
    {% if category %}{{ category.name }}{% else %}Products{% endif %}
{% endblock %}

{% block content %}
    <div id="sidebar">
        <h3>Categories</h3>
        <ul>
            <li {% if not category %}class="selected"{% endif %}>
                <a href="{% url "shop:product_list" %}">All</a>
            </li>
            {% for c in categories %}
            <li {% if category.slug == c.slug %}class="selected"{% endif %}>
                <a href="{{ c.get_absolute_url }}">{{ c.name }}</a>
            </li>
            {% endfor %}
        </ul>
    </div>
    <div id="main" class="product-list">
        <h1>{% if category %}{{ category.name }}{% else %}Products{% endif %}</h1>
        {% for product in products %}
            <div class="item">
                <a href="{{ product.get_absolute_url }}">
                    <img src="{% if product.image %}{{ product.image.url }}{% else %}{% static "img/no_image.png" %}{% endif %}">
                </a>
                <a href="{{ product.get_absolute_url }}">{{ product.name }}</a><br>
                ${{ product.price }}
            </div>
        {% endfor %}
    </div>
{% endblock %}
```

商品详情展示功能的模板文件是 detail.html，具体实现代码如下：

```
{% extends "shop/base.html" %}
{% load static %}

{% block title %}
```

```
    {{ product.name }}
{% endblock %}

{% block content %}
    <div class="product-detail">
        <img src="{% if product.image %}{{ product.image.url }}{% else %}{% static"
img/no_image.png" %}{% endif %}">
        <h1>{{ product.name }}</h1>
        <h2><a href="{{ product.category.get_absolute_url }}">{{ product.category }}
</a></h2>
        <p class="price">${{ product.price }}</p>
        <form action="{% url "cart:cart_add" product.id %}" method="post">
            {{ cart_product_form }}
            {% csrf_token %}
            <input type="submit" value="Add to cart">
        </form>

        {{ product.description|linebreaks }}
    </div>
{% endblock %}
```

前台商品展示主页的执行效果如图 11-17 所示。单击左侧分类链接后，将显示这个分类下的所有商品信息。

图 11-17　前台商品展示主页

某商品详情展示页面如图 11-18 所示。

(3) 购物车处理模块。

购物车是在线商城系统的核心功能之一，本模块主要由如下 4 个文件实现：

- cart.py。
- urls.py。
- forms.py。
- views.py。

图 11-18 某商品详情展示页面

文件 urls.py 的功能是实现购物车页面的 URL 处理功能，包括购物车详情展示、添加商品和删除商品功能，具体实现代码如下：

```
urlpatterns = [
    url(r'^$', views.cart_detail, name='cart_detail'),
    url(r'^add/(?P<product_id>\d+)/$', views.cart_add, name='cart_add'),
    url(r'^remove/(?P<product_id>\d+)/$', views.cart_remove, name='cart_remove'),
]
app_name = 'myshop'
```

在文件 cart.py 中实现与购物车相关的操作处理功能，具体实现代码如下：

```
class Cart(object):

    def __init__(self, request):
        """
        Initialize the cart.
        """
        self.session = request.session
        cart = self.session.get(settings.CART_SESSION_ID)
        if not cart:
            # save an empty cart in the session
            cart = self.session[settings.CART_SESSION_ID] = {}
        self.cart = cart

    def __len__(self):
        """
        Count all items in the cart.
        """
        return sum(item['quantity'] for item in self.cart.values())

    def __iter__(self):
        """
        Iterate over the items in the cart and get the products from the database.
        """
```

```
        product_ids = self.cart.keys()
        # get the product objects and add them to the cart
        products = Product.objects.filter(id__in=product_ids)
        for product in products:
            self.cart[str(product.id)]['product'] = product

        for item in self.cart.values():
            item['price'] = Decimal(item['price'])
            item['total_price'] = item['price'] * item['quantity']
            yield item

    def add(self, product, quantity=1, update_quantity=False):
        product_id = str(product.id)
        if product_id not in self.cart:
            self.cart[product_id] = {'quantity': 0,
                                     'price': str(product.price)}
        if update_quantity:
            self.cart[product_id]['quantity'] = quantity
        else:
            self.cart[product_id]['quantity'] += quantity
        self.save()

    def remove(self, product):
        """
        Remove a product from the cart.
        """
        product_id = str(product.id)
        if product_id in self.cart:
            del self.cart[product_id]
            self.save()

    def save(self):
        # update the session cart
        self.session[settings.CART_SESSION_ID] = self.cart
        # mark the session as "modified" to make sure it is saved
        self.session.modified = True

    def clear(self):
        # empty cart
        self.session[settings.CART_SESSION_ID] = {}
        self.session.modified = True

    def get_total_price(self):
        return sum(Decimal(item['price']) * item['quantity'] for item in
self.cart.values())
```

文件 forms.py 的功能是处理购物车表单中商品的变动信息，具体实现代码如下：

```
PRODUCT_QUANTITY_CHOICES = [(i, str(i)) for i in range(1, 21)]
class CartAddProductForm(forms.Form):
    quantity = forms.TypedChoiceField(choices=PRODUCT_QUANTITY_CHOICES,
                                      coerce=int)
    update = forms.BooleanField(required=False,initial=False,
                                widget=forms.HiddenInput)
```

在文件 views.py 中实现视图展示处理功能，通过函数 cart_add()向购物车中添加商品，通过函数 cart_remove()实现删除购物车中商品的功能，通过函数 cart_detail()实现购物车详情展示功能。文件 views.py 的具体实现代码如下：

```
def cart_add(request, product_id):
    cart = Cart(request)
    product = get_object_or_404(Product, id=product_id)
    form = CartAddProductForm(request.POST)
    if form.is_valid():
        cd = form.cleaned_data
        cart.add(product=product,
                 quantity=cd['quantity'],
                 update_quantity=cd['update'])
    return redirect('cart:cart_detail')

def cart_remove(request, product_id):
    cart = Cart(request)
    product = get_object_or_404(Product, id=product_id)
    cart.remove(product)
    return redirect('cart:cart_detail')


def cart_detail(request):
    cart = Cart(request)
    for item in cart:
        item['update_quantity_form'] = CartAddProductForm(initial={'quantity':
item['quantity'], 'update': True})
    return render(request, 'cart/detail.html', {'cart': cart})
```

购物车模块的模板文件是 detail.html，主要实现代码如下：

```
    <tbody>
    {% for item in cart %}
        {% with product=item.product %}
        <tr>
            <td>
                <a href="{{ product.get_absolute_url }}">
                    <img src="{% if product.image %}{{ product.image.url }}{%
else %}{% static "img/no_image.png" %}{% endif %}">
                </a>
```

```
        </td>
        <td>{{ product.name }}</td>
        <td>
            <form action="{% url "cart:cart_add" product.id %}" method="post">
                {{ item.update_quantity_form.quantity }}
                {{ item.update_quantity_form.update }}
                <input type="submit" value="Update">
                {% csrf_token %}
            </form>
        </td>
        <td><a href="{% url "cart:cart_remove" product.id %}">Remove</a></td>
        <td class="num">${{ item.price }}</td>
        <td class="num">${{ item.total_price }}</td>
    </tr>
    {% endwith %}
    {% endfor %}
    <tr class="total">
        <td>Total</td>
        <td colspan="4"></td>
        <td class="num">${{ cart.get_total_price }}</td>
    </tr>
    </tbody>
</table>
<p class="text-right">
    <a href="{% url "shop:product_list" %}" class="button light">Continue
shopping</a>
    <a href="{% url 'orders:order_create' %}" class="button">Checkout</a>
</p>
```

购物车界面如图 11-19 所示，我们可以灵活地增加或删除里面的商品，也可以修改里面的商品数量。

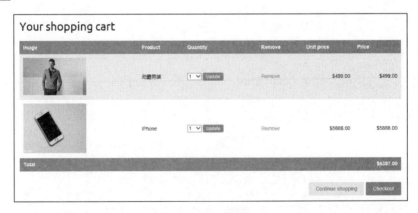

图 11-19　购物车界面

(4) 订单处理模块。

订单处理是在线商城系统的核心功能之一，本模块主要由如下文件实现。

① 文件 urls.py 的功能是实现订单页面的 URL 处理功能，实现创建订单功能，具体实现代码如下：

```
urlpatterns = [
    url(r'^create/$', views.order_create, name='order_create'),
]
app_name = 'myshop'
{% endblock %}
```

② 文件 admin.py 的功能是实现订单展示和订单管理功能，具体实现代码如下：

```
class OrderItemInline(admin.TabularInline):
    model = OrderItem
    raw_id_fields = ['product']

class OrderAdmin(admin.ModelAdmin):
    list_display = ['id', 'first_name', 'last_name', 'email', 'address',
'postal_code', 'city', 'paid', 'created', 'updated']
    list_filter = ['paid', 'created', 'updated']
    inlines = [OrderItemInline]

admin.site.register(Order, OrderAdmin)
```

③ 文件 forms.py 的功能是创建订单列表，具体实现代码如下：

```
class OrderCreateForm(forms.ModelForm):
    class Meta:
        model = Order
        fields = ['first_name', 'last_name', 'email', 'address', 'postal_code', 'city']
```

④ 文件 models.py 的功能是实现订单和订单列表处理，具体实现代码如下：

```
class Order(models.Model):
    first_name = models.CharField(max_length=50)
    last_name = models.CharField(max_length=50)
    email = models.EmailField()
    address = models.CharField(max_length=250)
    postal_code = models.CharField(max_length=20)
    city = models.CharField(max_length=100)
    created = models.DateTimeField(auto_now_add=True)
    updated = models.DateTimeField(auto_now=True)
    paid = models.BooleanField(default=False)

    class Meta:
        ordering = ('-created',)
```

```
    def __str__(self):
        return 'Order {}'.format(self.id)

    def get_total_cost(self):
        return sum(item.get_cost() for item in self.items.all())

class OrderItem(models.Model):
    order = models.ForeignKey(Order,
related_name='items',on_delete=models.CASCADE)
    product = models.ForeignKey(Product,
related_name='order_items',on_delete=models.CASCADE)
    price = models.DecimalField(max_digits=10, decimal_places=2)
    quantity = models.PositiveIntegerField(default=1)

    def __str__(self):
        return '{}'.format(self.id)

    def get_cost(self):
        return self.price * self.quantity
```

⑤ 文件 tasks.py 的功能是创建一个新的订单，具体实现代码如下：

```
def order_created(order_id):
    order = Order.objects.get(id=order_id)
    subject = 'Order nr. {}'.format(order.id)
    message = 'Dear {},\n\nYou have successfully placed an order. Your order id is
{}.'.format(order.first_name,order.id)
    mail_sent = send_mail(subject, message, 'admin@myshop.com', [order.email])
    return mail_sent
```

⑥ 文件 views.py 的功能是创建订单视图，具体实现代码如下：

```
def order_create(request):
    cart = Cart(request)
    if request.method == 'POST':
        form = OrderCreateForm(request.POST)
        if form.is_valid():
            order = form.save()
            for item in cart:
                OrderItem.objects.create(order=order,product=item['product'],
                                price=item['price'],
                                quantity=item['quantity'])
            cart.clear()
            return render(request, 'orders/order/created.html', {'order': order})
    else:
        form = OrderCreateForm()
    return render(request, 'orders/order/create.html', {'cart': cart,'form': form})
```

⑦ 创建订单功能的模板文件是 create.html，主要实现代码如下：

```
<div class="order-info">
    <h3>Your order</h3>
    <ul>
        {% for item in cart %}
            <li>{{ item.quantity }}x {{ item.product.name }}
<span>${{ item.total_price }}</span></li>
        {% endfor %}
    </ul>
    <p>Total: ${{ cart.get_total_price }}</p>
</div>
<form action="." method="post" class="order-form">
    {{ form.as_p }}
    <p><input type="submit" value="Place order"></p>
    {% csrf_token %}
</form>
{% endblock %}
```

⑧ 创建订单成功页面的模板文件是 created.html，主要实现代码如下：

```
{% block content %}
    <h1>Thank you</h1>
    <p>Your order has been successfully completed. Your order number is
<strong>{{ order.id }}</strong>.</p>
{% endblock %}
```

4. 实例解析

本项目的核心是购物车处理，在文件 cart.py 中通过函数__init__()获取登录用户的账号信息，通过函数__len__()统计当前账户购物车的商品数量，通过函数__iter__()展示购物车内的信息，通过函数 add()向购物车内添加商品信息，通过函数 remove()删除购物车内的某个商品信息，通过函数 save()保存当前购物车内的商品信息。

在购物车界面单击 Checkout 按钮会进入创建订单界面，如图 11-20 所示。填写配送信息后，单击 Place order 按钮会成功创建订单。

这样整个实例就全部制作完毕了，后台系统是 Django 框架自动实现的，订单管理界面如图 11-21 所示。

添加商品界面如图 11-22 所示。

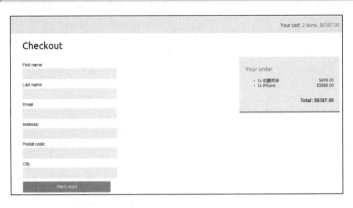

图 11-20　创建订单界面

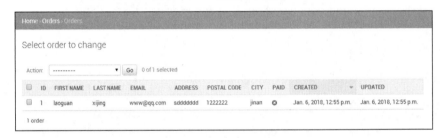

图 11-21　订单管理界面

图 11-22　添加商品界面

第 12 章

数据可视化

互联网的飞速发展伴随着海量信息的产生,而海量信息的背后对应的则是海量数据。要想从这些海量数据中获取有价值的信息来供人们学习和工作使用,就不得不用到大数据挖掘和分析技术。数据可视化分析作为大数据技术的核心环节,其重要性不言而喻。在本章的内容中,将详细讲解使用 Python 开发数据可视化程序的知识。

12.1　使用 Matplotlib

Matplotlib 是 Python 语言中最著名的数据可视化工具包，通过使用 Matplotlib，可以非常方便地实现与数据统计相关的图形，例如折线图、散点图、直方图等。正因为 Matplotlib 在绘图领域的强大功能，所以在 Python 数据挖掘方面得到了重用。

扫码看视频

12.1.1　案例 1：绘制点

1. 实例介绍

假设你有一堆数据样本，想要找出其中的异常值，那么最直观的方法就是将它们画成散点图。请使用 Matplotlib 绘制一个散点图。

2. 知识点介绍

在 Python 程序中使用库 Matplotlib 之前，需要先确保安装了 Matplotlib 库。要在 Windows 系统中安装 Matplotlib，首先需要确保已经安装了微软的开发工具 Visual Studio。其中最简单的安装方式是使用 pip 命令或 easy_install 命令：

```
easy_install matplotlib
pip install matplotlib
```

3. 编码实现

本实例的实现文件是 dian.py，代码如下：

```
import matplotlib.pyplot as plt        #导入 pyplot 包，并缩写为 plt
#定义两个点的 x 集合和 y 集合
x=[1,2]
y=[2,4]
plt.scatter(x,y)                       #绘制散点图
plt.show()                             #展示绘画框
```

4. 实例解析

本实例代码绘制了拥有两个点的散点图，向函数 scatter()传递了两个分别包含 x 值和 y 值的列表。执行效果如图 12-1 所示。

在本实例中，可以进一步调整坐标轴的样式，例如可以加上如下所示的代码：

```
#[]里的 4 个参数分别表示 X 轴起始点，X 轴结束点，Y 轴起始点，Y 轴结束点
plt.axis([0,10,0,10])
```

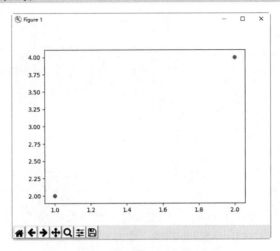

图 12-1　案例 1 的执行效果

12.1.2　案例 2：自定义散点图样式

1. 实例介绍

请使用 Matplotlib 绘制一个散点图，要求设置散点图的样式。

2. 知识点介绍

在现实应用中，经常需要绘制散点图并设置各个数据点的样式。例如，可能想以一种颜色显示较小的值，而用另一种颜色显示较大的值。当绘制大型数据集时，还需要先为每个点设置同样的样式，再使用不同的样式选项重新绘制某些点，这样可以突出显示它们的效果。在 matplotlib 库中，可以使用函数 scatter() 绘制单个点，可以通过传递 x 点和 y 点坐标的方式在指定的位置绘制一个点。

3. 编码实现

本实例的实现文件是 dianyang.py，代码如下：

```
import matplotlib.pyplot as plt
from pylab import *
mpl.rcParams['font.sans-serif'] = ['SimHei']      #指定默认字体
mpl.rcParams['axes.unicode_minus'] = False        #解决保存图像时负号'-'显示为方块的问题
x_values = list(range(1, 1001))
y_values = [x**2 for x in x_values]
```

```
plt.scatter(x_values, y_values, c=(0, 0, 0.8), edgecolor='none', s=40)
#设置图表标题，并设置坐标轴标签
plt.title("大中华区销售统计表", fontsize=24)
plt.xlabel("节点", fontsize=14)
plt.ylabel("销售数据", fontsize=14)
#设置刻度大小
plt.tick_params(axis='both', which='major', labelsize=14)
#设置每个坐标轴的取值范围
plt.axis([0, 110, 0, 1100])
plt.show()
```

4. 实例解析

(1) 第 2、3、4 行代码：导入字体库，设置中文字体，并解决负号"–"显示为方块的问题。

(2) 第 5、6 行代码：使用 Python 循环实现自动计算数据功能。首先创建一个包含 x 值的列表，其中包含数字 1~1000；接下来创建一个生成 y 值的列表解析，它能够遍历 x 值(for x in x_values)，计算其平方值($x**2$)，并将结果存储到列表 y_values 中。

(3) 第 7 行代码：将输入列表和输出列表传递给函数 scatter()。另外，因为 Matplotlib 允许给散列点图中的各个点设置颜色，默认为蓝色点和黑色轮廓，所以当散列点图中包含的数据点不多时效果会很好，但是当需要绘制很多个点时，这些黑色的轮廓可能会粘连在一起，此时需要删除数据点的轮廓。所以在本行代码中，在调用函数 scatter()时传递了实参：edgecolor='none'. 为了修改数据点的颜色，在此向函数 scatter()传递参数 c，并将其设置为要使用的颜色的值为(0, 0, 0.8)，这表示红色，也可以直接将 C 的值设置为"red"。

> **注意**：颜色映射是一系列颜色，它们从起始颜色渐变到结束颜色。在可视化视图模型中，颜色映射用于突出数据的规律，例如可能需要用较浅的颜色来显示较小的值，并使用较深的颜色来显示较大的值。在模块 pyplot 中内置了一组颜色映射，要想使用这些颜色映射，需要告诉 pyplot 应该如何设置数据集中每个点的颜色。

(4) 第 15 行代码：因为这个数据集较大，所以将点设置得较小，在本行代码中使用函数 axis()指定了坐标轴的取值范围。函数 axis()要求提供四个值：x 和 y 坐标轴的最小值和最大值。此处将 x 坐标轴的取值范围设置为 0~110，并将 y 坐标轴的取值范围设置为 0~1100。

(5) 第 16 行(最后一行)代码：使用函数 plt.show()显示绘制的图形。当然也可以让程序自动将图表保存到一个文件中，此时只需将对 plt.show()函数的调用替换为对 plt.savefig()函数的调用即可。例如：

```
plt.savefig ('plot.png', bbox_inches='tight')
```

在该代码中，第 1 个实参用于指定要以什么样的文件名保存图表，这个文件将存储到当前实例文件 dianyang.py 所在的目录中。第 2 个实参用于指定将图表多余的空白区域裁剪掉。如果要保留图表周围多余的空白区域，可省略这个实参。

执行效果如图 12-2 所示。

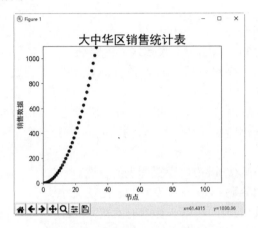

图 12-2　案例 2 的执行效果

12.1.3　案例 3：绘制折线图

1. 实例介绍

请使用 Matplotlib 绘制一个折线图，要求设置折线的粗细样式。

2. 知识点介绍

在使用 Matplotlib 绘制线形图时，其中最简单的是绘制折线图。例如，使用数字序列来绘制一个折线图，在具体实现时，只需向 matplotlib 提供这些平方数序列数字，就能完成绘制工作。并且开发者可以对绘制的线条样式进行灵活设置。例如可以设置线条的粗细、实现数据准确性校正等操作。

3. 编码实现

本实例的实现文件是 she.py，代码如下：

```
import matplotlib.pyplot as plt          #导入模块
input_values = [1, 2, 3, 4, 5]
squares = [1, 4, 9, 16, 25]
plt.plot(input_values, squares, linewidth=5)
# 设置图表标题，并在坐标轴上添加标签
plt.title("Numbers", fontsize=24)
plt.xlabel("Value", fontsize=14)
```

```
plt.ylabel("ARG Value", fontsize=14)
# 设置单位刻度的大小
plt.tick_params(axis='both', labelsize=14)
plt.show()
```

4．实例解析

（1）第 4 行代码中的 linewidth=5：设置线条的粗细。

（2）第 4 行代码中的函数 plot()：当向函数 plot()提供一系列数字时，它会假设第一个数据点对应的 x 坐标值为 0，但是实际上我们的第一个点对应的 x 值为 1。为改变这种默认行为，可以给函数 plot()同时提供输入值和输出值，这样函数 plot()可以正确地绘制数据，因为同时提供了输入值和输出值，所以无须对输出值的生成方式进行假设，所以最终绘制出的图形是正确的。

（3）第 6 行代码中的函数 title()：设置图表的标题。

（4）第 6 到 8 行中的参数 fontsize：设置图表中的文字大小。

（5）第 7 行中的函数 xlabel()和第 8 行中的函数 ylabel()：分别设置 x 轴的标题和 y 轴的标题。

（6）第 10 行中的函数 tick_params()：设置刻度样式，其中指定的实参将影响 x 轴和 y 轴上的刻度(axis='both')，并将刻度标记的字体大小设置为 14(labelsize=14)。

执行效果如图 12-3 所示。

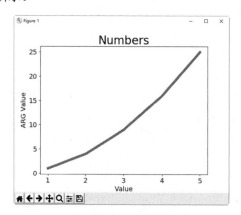

图 12-3　案例 3 的执行效果

12.1.4　案例 4：绘制柱状图

1．实例介绍

请使用 Matplotlib 绘制一个柱状图。

2. 知识点介绍

在现实应用中,柱状图经常被用于数据统计领域。在 Python 程序中,可以使用 Matplotlib 很容易地绘制一个柱状图。例如只需使用下面 3 行代码就可以绘制一个柱状图:

```
import matplotlib.pyplot as plt
plt.bar(x = 0,height = 1)
plt.show()
```

在上述代码中,首先使用 import 导入了 matplotlib.pyplot,然后直接调用其 bar()函数绘柱状图,最后用 show()函数显示图像。在函数 bar()中存在如下两个参数。

- x:柱形左边缘的位置,如果指定为 1,那么当前柱形左边缘的 x 值就是 1.0。
- height:这是柱形的高度,也就是 y 轴的值。

执行上述代码后会绘制一个柱状图,如图 12-4 所示。

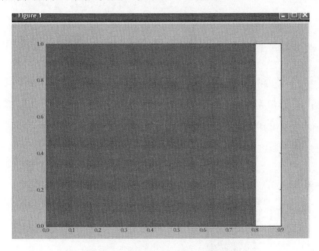

图 12-4 简单代码的执行效果

虽然通过上述代码绘制了一个柱状图,但是现实效果不够直观。在绘制函数 bar()中,参数 left 和 height 除了可以使用单独的值(此时是一个柱形)外,还可以使用元组来替换(此时代表多个矩形)。

3. 编码实现

本实例的实现文件是 xinxi.py,代码如下:

```
import matplotlib.pyplot as plt
from pylab import *
mpl.rcParams['font.sans-serif'] = ['SimHei']     #指定默认字体
mpl.rcParams['axes.unicode_minus'] = False       #解决保存图像时负号'-'显示为方块的问题
```

```
def autolabel(rects):
    for rect in rects:
        height = rect.get_height()
        plt.text(rect.get_x()+rect.get_width()/2., 1.03*height, '%s' %
float(height))
plt.xlabel(u'性别')
plt.ylabel(u'人数')
plt.title(u"性别比例分析")
plt.xticks((0,1),(u'男',u'女'))
#绘制柱形图
rect = plt.bar(x = (0,1),height = (1,0.5),width = 0.35,align="center",yerr=0.0001)
plt.legend((rect,),(u"图例",))
autolabel(rect)
plt.show()
```

4. 实例解析

在本实例代码中，plt.text 有三个参数，分别是：x 坐标、y 坐标、要显示的文字。调用函数 autolabel()的具体实现代码如下：

```
autolabel(rect)
```

为了避免绘制的矩形柱状图紧挨着顶部，可以通过函数 bar()的属性参数 yerr 来设置。当把 yerr 的值设置得很小的时候，上面的空白就自动出来了。执行后的效果如图 12-5 所示。

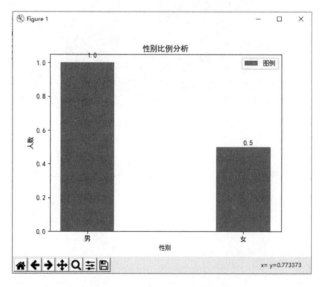

图 12-5　案例 4 的执行效果

12.1.5　案例 5：绘制曲线图

1. 实例介绍

使用 Matplotlib 绘制数学中的正弦函数或余弦函数的曲线图。

2. 知识点介绍

在 Python 程序中，绘制曲线的最简单方式是使用数学中的正弦函数或余弦函数。例如在下面的代码中，绘制了一个正弦函数和余弦函数曲线：

```
from pylab import *
X = np.linspace(-np.pi, np.pi, 256,endpoint=True)
C,S = np.cos(X), np.sin(X)
plot(X,C)
plot(X,S)
show()
```

执行后的效果如图 12-6 所示。

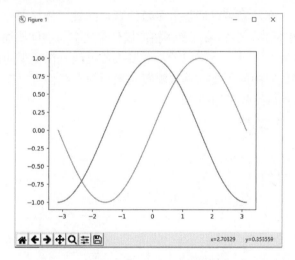

图 12-6　简单代码的执行效果

3. 编码实现

本实例的实现文件是 zi.py，代码如下：

```
from pylab import *
# 创建一个 8 * 6 点的图，设置分辨率为 80
figure(figsize=(8,6), dpi=80)
```

```
# 创建一个新的 1 * 1 的子图，并绘制第 1 块
subplot(1,1,1)
X = np.linspace(-np.pi, np.pi, 256,endpoint=True)
C,S = np.cos(X), np.sin(X)
# 绘制余弦曲线，使用蓝色的宽度为 1 像素的线条
plot(X, C, color="blue", linewidth=1.0, linestyle="-")
# 绘制正弦曲线，使用绿色的、连续的、宽度为 1 像素的线条
plot(X, S, color="green", linewidth=1.0, linestyle="-")
# 设置横轴的上下限
xlim(-4.0,4.0)
# 设置 x 轴的刻度
xticks(np.linspace(-4,4,9,endpoint=True))
# 设置纵轴的上下限
ylim(-1.0,1.0)
# 设置 y 轴的刻度
yticks(np.linspace(-1,1,5,endpoint=True))
# 在屏幕上显示绘制的曲线
show()
```

4. 实例解析

在绘制曲线图时，开发者可以调整大多数的默认配置，例如图片大小和分辨率(dpi)、线宽、颜色、风格、坐标轴、坐标轴以及网格的属性、文字与字体属性等。但是，Matplotlib 的默认配置在大多数情况下已经足够用了，开发人员可能只在很少的情况下才会想更改这些默认配置。本实例代码中的配置与默认配置完全相同，我们可以在交互模式中修改其中的值来观察效果。执行后的效果如图 12-7 所示。

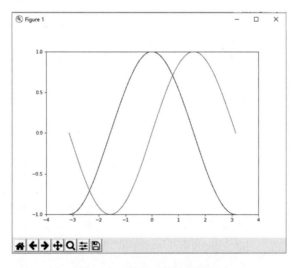

图 12-7　案例 5 的执行效果

在绘制曲线时可以改变线条的颜色和粗细，例如分别以蓝色和红色表示余弦和正弦函数，然后将线条变粗一点，接着在水平方向拉伸整个图：

```
...
figure(figsize=(10,6), dpi=80)
plot(X, C, color="blue", linewidth=2.5, linestyle="-")
plot(X, S, color="red", linewidth=2.5, linestyle="-")
...
```

此时的执行效果如图 12-8 所示。

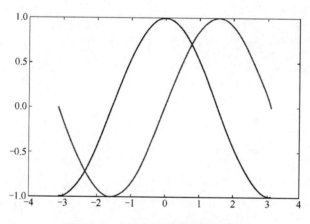

图 12-8　改变线条的颜色和粗细等

12.1.6　案例 6：绘制随机漫步图

1. 实例介绍

随机漫步(Random Walk)是一种数学统计模型，它由一连串随机的点组成。其中每一次漫步都是随机的，如同一个人酒后乱步所形成的随机记录，通常用于表示不规则的变化趋势。请使用 Matplotlib 绘制一个随机漫步图。

2. 知识点介绍

在 Python 程序中，使用随机数函数生成随机漫步数据后，可以使用 Matplotlib 可视化展示这些随机数据。随机漫步的行走路径独具特色，每次行走动作都完全随机，没有任何明确的方向，漫步结果由一系列随机决策决定。

3. 编码实现

编写实例文件 random_walk.py，首先创建一个名为 RandomA 的类，此类可以随机地选择前进方向。类 RandomA 需要用到 3 个属性，其中一个是存储随机漫步次数的变量，其他两个是列表，分别用于存储随机漫步经过的每个点的 x 坐标和 y 坐标。代码如下：

```
from random import choice
class RandomA():                              """"随机漫步类"""
    def __init__(self, num_points=5700):       #漫步初始化
        self.num_points = num_points
        # 所有的随机漫步从坐标(0, 0)开始
        self.x_values = [0]
        self.y_values = [0]
    def shibai(self):
        while len(self.x_values) < self.num_points:
            x_direction = choice([1, -1])
            x_distance = choice([0, 1, 2, 3, 4])
            x_step = x_direction * x_distance
            y_direction = choice([1, -1])
            y_distance = choice([0, 1, 2, 3, 4])
            y_step = y_direction * y_distance
            if x_step == 0 and y_step == 0:
                continue
            next_x = self.x_values[-1] + x_step
            next_y = self.y_values[-1] + y_step
            self.x_values.append(next_x)
            self.y_values.append(next_y)
```

在上述代码中，类 RandomA 包含两个函数：__init__()和 shibai()，其中后者用于计算随机漫步经过的所有点。

(1) 函数__init__()：实现初始化处理。

为了能够做出随机决策，首先将所有可能的选择都存储在一个列表中。在每次做出具体决策时，通过 from random import choice 代码使用函数 choice()来决定使用哪种选择。

接下来将随机漫步包含的默认点数设置为 57000，这个数值能够确保足以生成有趣的模式，同时也能够确保快速地模拟随机漫步。

然后创建两个用于存储 x 和 y 值的列表，并设置每次漫步都从点(0，0)开始出发。

(2) 函数 shibai()：生成漫步包含的点，并决定每次漫步的方向。

使用 while 语句建立一个循环，这个循环可以不断运行，直到漫步包含所需数量的点为止。这个函数的主要功能是告知 Python 应该如何模拟四种漫步决定：向右走还是向左走？沿指定的方向走多远？向上走还是向下走？沿选定的方向走多远？

① 使用 choice([1, -1])给 x_direction 设置一个值，在漫步时要么表示向右走的 1，要么表示向左走的-1。

② 使用 choice([0, 1, 2, 3, 4])随机地选择一个 0~4 之间的整数，告诉 Python 沿指定的方向走的距离(x_distance)。通过包含 0，不但可以沿两个轴进行移动，而且还可以沿着 y 轴进行移动。

③ 将移动方向乘以移动距离，以确定沿 x 轴移动的距离。如果 x_step 为正则向右移动，如果为负则向左移动，如果为 0 则垂直移动；如果 y_step 为正则向上移动，如果为负则向下移动，如果为零则水平移动。

④ 开始执行下一次循环。如果 x_step 和 y_step 都为零，则原地踏步，在我们的程序中必须杜绝这种原地踏步的情况发生。

⑤ 为了获取漫步中下一个点的 x 值，将 x_step 与 x_values 中的最后一个值相加，对 y 值进行相同的处理。获得下一个点的 x 值和 y 值之后，将它们分别附加到列表 x_values 和 y_values 的末尾。

在前面的实例文件 random_walk.py 中，已经创建了一个名为 RandomA 的类。在下面的实例文件 yun.py 中，使用 Matplotlib 将类 RandomA 生成的漫步数据绘制出来，最终生成一张可视化的随机漫步图：

```python
import matplotlib.pyplot as plt
from random_walk import RandomA
while True:
    rw = RandomA(57000)                    #设置点数的数目
    rw.shibai()                            #调用函数 shibai()
    plt.figure(dpi=128, figsize=(10, 6))   #使用函数 figure()设置图表的宽度、高度、分辨率
    point_numbers = list(range(rw.num_points))
    plt.scatter(rw.x_values, rw.y_values, c=point_numbers, cmap=plt.cm.Blues,
        edgecolors='none', s=1)
    plt.scatter(0, 0, c='green', edgecolors='none', s=100)
    plt.scatter(rw.x_values[-1], rw.y_values[-1], c='red', edgecolors='none',
        s=100)
    # 隐藏坐标轴
    plt.axes().get_xaxis().set_visible(False)
    plt.axes().get_yaxis().set_visible(False)
    plt.show()
    keep_running = input("哥，还继续漫步吗？ (y/n)：")
    if keep_running == 'n':
        break
```

4. 实例解析

文件 random_walk.py 的具体说明如下。

(1) 使用颜色映射指出漫步中各点的先后顺序，并删除每个点的黑色轮廓。传递参数 c，

并将 c 设置为一个列表，其中包含各点的先后顺序，这样可以根据漫步中各点的先后顺序进行着色。

(2) 将随机漫步包含的 x 和 y 值传递给函数 scatter()。

(3) 在绘制随机漫步图后重新绘制起点和终点，这样可以突出显示随机漫步过程中的起点和终点。为了突出显示终点，将漫步中的最后一个坐标的点设置为红色，并将其 s 值设置为 100。

(4) 隐藏图表中的坐标轴，使用函数 plt.axes() 将每条坐标轴的可见性都设置为 False。

(5) 使用 while 循环实现模拟多次随机漫步功能。

本实例最终执行的效果如图 12-9 所示。

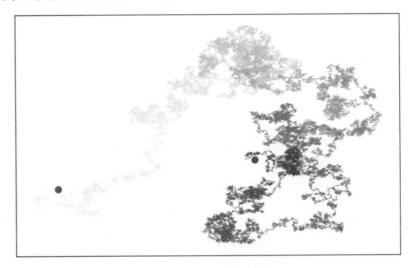

图 12-9　案例 6 的执行效果

12.1.7　案例 7：大数据分析某年最高温度和最低温度

1. 实例介绍

在文件 death_valley_2014.csv 中保存了 2014 年全年每一天各个时段的温度，使用 Matplotlib 绘制出对应的曲线图，统计出 2014 年的最高温度和最低温度。

2. 知识点介绍

首先从文件 death_valley_2014.csv 中获取温度数据，然后依次提取出每天的最高温度和最低温度，最后将各个温度绘制在 Matplotlib 曲线图中。

3. 编码实现

本实例的实现文件是 high_lows.py，代码如下：

```python
import csv
from matplotlib import pyplot as plt
from datetime import datetime

file = './csv/death_valley_2014.csv'
with open(file) as f:
    reader = csv.reader(f)
    header_row = next(reader)
    # 从文件中获取最高气温
    highs,dates,lows = [], [], []
    for row in reader:
        try:
            date = datetime.strptime(row[0],"%Y-%m-%d")
            high = int(row[1])
            low = int(row[3])
        except ValueError:
            print(date,'missing data')
        else:
            highs.append(high)
            dates.append(date)
            lows.append(low)

# 根据数据绘制图形
fig = plt.figure(figsize=(10,6))
plt.plot(dates,highs,c='r',alpha=0.5)
plt.plot(dates,lows,c='b',alpha=0.5)
plt.fill_between(dates,highs,lows,facecolor='b',alpha=0.2)
# 设置图形的格式
plt.title('Daily high and low temperatures-2014',fontsize=16)
plt.xlabel('',fontsize=12)
fig.autofmt_xdate()
plt.ylabel('Temperature(F)',fontsize=12)
plt.tick_params(axis='both',which='major',labelsize=20)
plt.show()
```

4. 实例解析

在上述代码中，使用 for 循环读取了 CSV 文件中的温度数据，执行后的效果如图 12-10 所示。

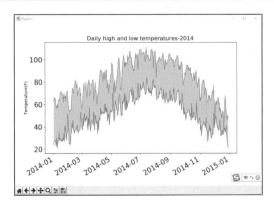

图 12-10　案例 7 的执行效果

12.2　使用 pygal

在 Python 程序中，可以使用库 pygal 实现数据的可视化处理功能。通过使用库 pygal，可以将数据处理成 SVG 格式的图形文件。SVG(Scalable Vector Graphics) 是一种矢量图格式。我们可以使用浏览器打开 SVG 文件，方便地与之交互。

扫码看视频

12.2.1　案例 8：绘制直方图

1. 实例介绍

请使用 pygal 绘制一个直方图。

2. 知识点介绍

使用 pygal 绘制直方图的方法十分简单，只需调用库 pygal 中的 Histogram()方法即可。

3. 编码实现

本实例的实现文件是 tiao01.py，代码如下：

```python
import pygal
hist = pygal.Histogram()
hist.add('Wide bars', [(5, 0, 10), (4, 5, 13), (2, 0, 15)])
hist.add('Narrow bars', [(10, 1, 2), (12, 4, 4.5), (8, 11, 13)])
hist.render_to_file('bar_chart.svg')
```

4. 实例解析

在上述代码中，使用 Histogram()方法分别绘制了宽直方图和窄直方图。执行后会创建生成直方图文件 bar_chart.svg，打开后的效果如图 12-11 所示。

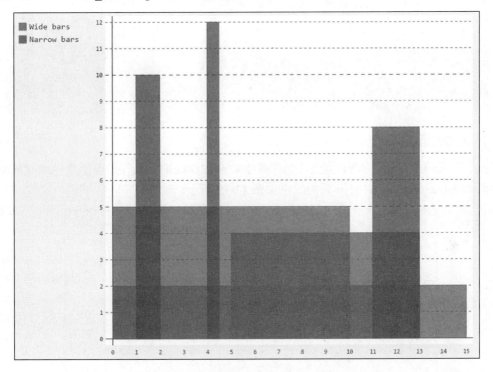

图 12-11　生成的直方图文件 bar_chart.svg

12.2.2　案例 9：绘制 XY 线图

1. 实例介绍

请使用 pygal 绘制一个 XY 线图。

2. 知识点介绍

XY 线是将各个点用直线连接起来的折线图，在绘制时需提供一个横纵坐标元组作为元素的列表。使用 pygal 绘制 XY 线图的方法十分简单，只需调用库 pygal 中的 XY()方法即可。

3. 编码实现

本实例的实现文件是 xy.py，代码如下：

```
import pygal
from math import cos
```

```
xy_chart = pygal.XY()
xy_chart.title = 'XY 余弦曲线图'
xy_chart.add('x = cos(y)', [(cos(x / 10.), x / 10.) for x in range(-50, 50, 5)])
xy_chart.add('y = cos(x)', [(x / 10., cos(x / 10.)) for x in range(-50, 50, 5)])
xy_chart.add('x = 1', [(1, -5), (1, 5)])
xy_chart.add('x = -1', [(-1, -5), (-1, 5)])
xy_chart.add('y = 1', [(-5, 1), (5, 1)])
xy_chart.add('y = -1', [(-5, -1), (5, -1)])
xy_chart.render_to_file('bar_chart.svg')
```

4. 实例解析

在上述代码中，使用 XY()方法绘制两条 XY 余弦曲线图。执行后会创建生成 XY 余弦曲线图文件 bar_chart.svg，打开后的效果如图 12-12 所示。

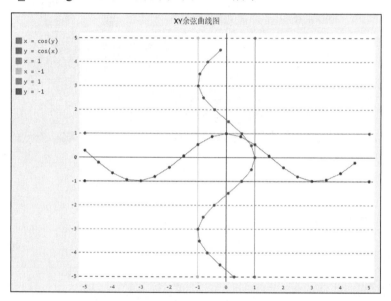

图 12-12　生成的直方图文件 bar_chart.svg

12.2.3　案例 10：绘制饼状图

1. 实例介绍

请使用 pygal 绘制一个饼状图。

2. 知识点介绍

使用 pygal 绘制饼状图的方法十分简单，只需调用库 pygal 中的 Pie()方法即可。

3. 编码实现

本实例的实现文件是 bing.py，代码如下：

```
import pygal
pie_chart = pygal.Pie()
pie_chart.title = '2012 年主流网页浏览器的使用率 (in %)'
pie_chart.add('IE', 19.5)
pie_chart.add('Firefox', 36.6)
pie_chart.add('Chrome', 36.3)
pie_chart.add('Safari', 4.5)
pie_chart.add('Opera', 2.3)
pie_chart.render_to_file('bar_chart.svg')
```

4. 实例解析

在上述代码中，使用函数 pygal.Pie()绘制主流网页浏览器的使用率饼状图，通过赋值给变量 chart.title 设置标题，通过 add()函数添加饼状图中的各个选项。执行后会创建生成饼状图文件 bar_chart.svg，打开后的效果如图 12-13 所示。

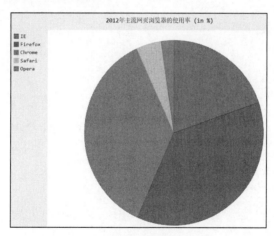

图 12-13　生成的饼状图文件 bar_chart.svg

12.2.4　案例 11：模拟掷骰子游戏

1. 实例介绍

骰子既色子，是用象牙、骨头或塑料等较坚硬物体做的小四方块；每面刻有点数，一到六，常用一对骰子做各种游戏。在掷骰子时先摇动骰子，然后抛掷，使两个骰子都随意停止在一平面上。请使用 pygal 库实现模拟掷骰子的过程。

2. 知识点介绍

首先定义了骰子类 Die，然后使用函数 range()模拟掷骰子 1000 次，然后统计每个骰子点数的出现次数，最后在柱形图中显示统计结果。

3. 编码实现

本实例的实现文件是 se.py，代码如下：

```python
import random
class Die:
    """
    一个骰子类
    """
    def __init__(self, num_sides=6):
        self.num_sides = num_sides
    def roll(self):
        return random.randint(1, self.num_sides)

import pygal
die = Die()
result_list = []
# 掷 1000 次
for roll_num in range(1000):
    result = die.roll()
    result_list.append(result)

frequencies = []
# 范围 1~6，统计每个数字出现的次数
for value in range(1, die.num_sides + 1):
    frequency = result_list.count(value)
    frequencies.append(frequency)

# 条形图
hist = pygal.Bar()
hist.title = 'Results of rolling one D6 1000 times'
# x 轴坐标
hist.x_labels = [1, 2, 3, 4, 5, 6]
# x、y 轴的描述
hist.x_title = 'Result'
hist.y_title = 'Frequency of Result'
# 添加数据，第一个参数是数据的标题
hist.add('D6', frequencies)
# 保存到本地，格式必须是 svg
hist.render_to_file('die_visual.svg')
```

4．实例解析

执行后会生成一个名为 die_visual.svg 的文件，可用浏览器打开这个 SVG 文件，打开后会显示统计柱形图，如图 12-14 所示。如果将鼠标指向数据，可以看到显示了标题 D6，x 轴的坐标以及 y 轴坐标。六个数字出现的频次差不多，其实理论上概率是 1/6，随着实验次数的增加，此趋势会越来越明显。

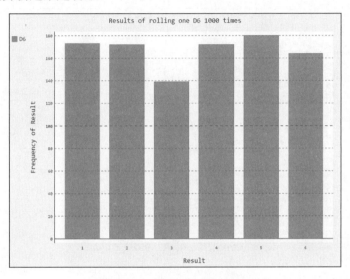

图 12-14　案例 11 的执行效果

12.2.5　案例 12：可视化分析前 30 名 GitHub 最受欢迎的 Python 库

1．实例介绍

在现实应用中，我们经常需要分析网络数据。请编写程序分析 GitHub 网中最受欢迎的 Python 库，要求以 stars 进行排序，并使用 pygal 绘制一个直方图。

2．知识点介绍

对于广大开发者来说，网站 GitHub 是大家心中的殿堂，上面很多开源程序供开发者学习和使用。为了便于开发者了解 GitHub 中的每一个项目的基本信息，GitHub 官方提供了一个 JSON 网页，存储了按照某个标准排列的项目信息。例如，通过如下网址可以查看关键字是 python、按照 stars 从高到低排列的项目信息，如图 12-15 所示。

```
https://api.github.com/search/repositories?q=language:python
```

在此处的 JSON 数据中，items 里面保存了前 30 名 stars 最多的 Python 项目信息。其中

name 表示库名称，owner 下的 login 是库的拥有者，html_url 表示该库的网址(注意 owner 下也有个 html_url，但它是用户的 GitHub 网址，我们要定位到该用户的具体库，所以不要用 owner 下的 html_url)，stargazers_count 表示所得的 stars 数目。另外，total_count 表示 Python 语言的仓库总数。incomplete_results 表示响应的值是否不完全，一般来说是 false，表示响应的数据完整。

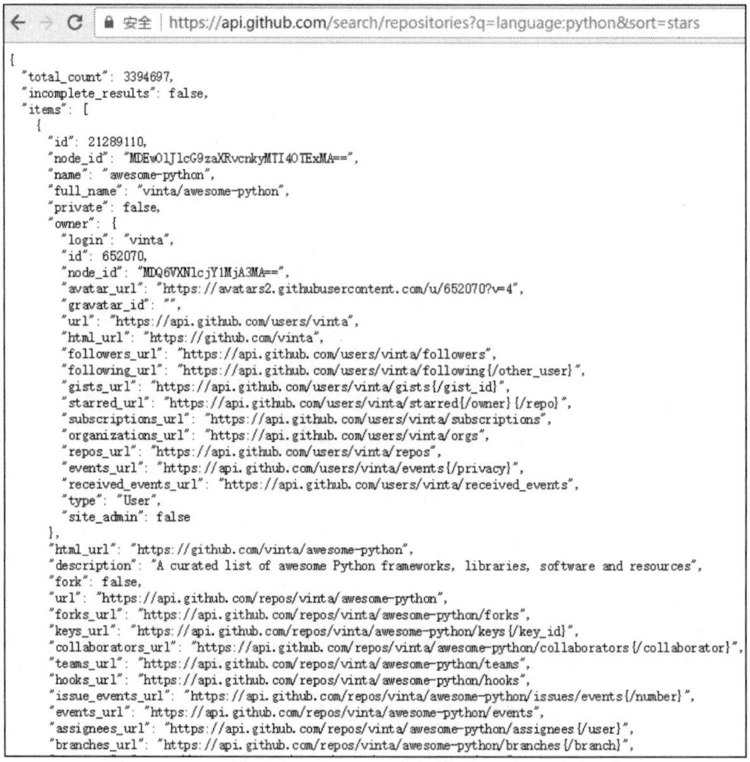


```
{
  "total_count": 3394697,
  "incomplete_results": false,
  "items": [
    {
      "id": 21289110,
      "node_id": "MDEwOlJlcG9zaXRvcnkyMTI4OTExMA==",
      "name": "awesome-python",
      "full_name": "vinta/awesome-python",
      "private": false,
      "owner": {
        "login": "vinta",
        "id": 652070,
        "node_id": "MDQ6VXNlcjY1MjA3MA==",
        "avatar_url": "https://avatars2.githubusercontent.com/u/652070?v=4",
        "gravatar_id": "",
        "url": "https://api.github.com/users/vinta",
        "html_url": "https://github.com/vinta",
        "followers_url": "https://api.github.com/users/vinta/followers",
        "following_url": "https://api.github.com/users/vinta/following{/other_user}",
        "gists_url": "https://api.github.com/users/vinta/gists{/gist_id}",
        "starred_url": "https://api.github.com/users/vinta/starred{/owner}{/repo}",
        "subscriptions_url": "https://api.github.com/users/vinta/subscriptions",
        "organizations_url": "https://api.github.com/users/vinta/orgs",
        "repos_url": "https://api.github.com/users/vinta/repos",
        "events_url": "https://api.github.com/users/vinta/events{/privacy}",
        "received_events_url": "https://api.github.com/users/vinta/received_events",
        "type": "User",
        "site_admin": false
      },
      "html_url": "https://github.com/vinta/awesome-python",
      "description": "A curated list of awesome Python frameworks, libraries, software and resources",
      "fork": false,
      "url": "https://api.github.com/repos/vinta/awesome-python",
      "forks_url": "https://api.github.com/repos/vinta/awesome-python/forks",
      "keys_url": "https://api.github.com/repos/vinta/awesome-python/keys{/key_id}",
      "collaborators_url": "https://api.github.com/repos/vinta/awesome-python/collaborators{/collaborator}",
      "teams_url": "https://api.github.com/repos/vinta/awesome-python/teams",
      "hooks_url": "https://api.github.com/repos/vinta/awesome-python/hooks",
      "issue_events_url": "https://api.github.com/repos/vinta/awesome-python/issues/events{/number}",
      "events_url": "https://api.github.com/repos/vinta/awesome-python/events",
      "assignees_url": "https://api.github.com/repos/vinta/awesome-python/assignees{/user}",
      "branches_url": "https://api.github.com/repos/vinta/awesome-python/branches{/branch}",
```


图 12-15　按照 stars 从高到低排列的 Python 项目

3. 编码实现

(1) 在实例文件 github01.py 中，使用 requests 获取 GitHub 中前 30 名最受欢迎的 Python 库数据信息。代码如下：

```
import requests

url = 'https://api.github.com/search/repositories?q=language:python&sort=stars'
response = requests.get(url)
# 200 为响应成功
print(response.status_code, '响应成功！')
```

```
response_dict = response.json()

total_repo = response_dict['total_count']
repo_list = response_dict['items']
print('总仓库数: ', total_repo)
print('top', len(repo_list))
for repo_dict in repo_list:
    print('\n 名字: ', repo_dict['name'])
    print('作者: ', repo_dict['owner']['login'])
    print('Stars: ', repo_dict['stargazers_count'])
    print('网址: ', repo_dict['html_url'])
    print('简介: ', repo_dict['description'])
```

执行后会提取 JSON 数据中的信息，输出显示 GitHub 中前 30 名最受欢迎的 Python 库信息:

```
200 响应成功!
总仓库数: 3394688
top 30

名字: awesome-python
作者: vinta
Stars: 60032
网址: https://github.com/vinta/awesome-python
简介: A curated list of awesome Python frameworks, libraries, software and resources

名字: system-design-primer
作者: donnemartin
Stars: 54886
网址: https://github.com/donnemartin/system-design-primer
简介: Learn how to design large-scale systems. Prep for the system design interview.
Includes Anki flashcards.

名字: models
作者: tensorflow
Stars: 47172
网址: https://github.com/tensorflow/models
简介: Models and examples built with TensorFlow

名字: public-apis
作者: toddmotto
Stars: 46373
网址: https://github.com/toddmotto/public-apis
简介: A collective list of free APIs for use in software and web development.
#########省略其余的结果
```

(2) 虽然通过实例文件 github01.py 可以提取 JSON 页面中的数据，但是数据还不够直观，接下来编写实例文件 github02.py，将从 Github 的总仓库中提取最受欢迎的 Python 库(前 30 名)，并绘制统计直方图。文件 github02.py 的具体实现代码如下：

```python
import requests

import pygal
from pygal.style import LightColorizedStyle, LightenStyle

url = 'https://api.github.com/search/repositories?q=language:python&sort=stars'
response = requests.get(url)
# 200 为响应成功
print(response.status_code, '响应成功! ')
response_dict = response.json()

total_repo = response_dict['total_count']
repo_list = response_dict['items']
print('总仓库数: ', total_repo)
print('top', len(repo_list))

names, plot_dicts = [], []
for repo_dict in repo_list:
    names.append(repo_dict['name'])
    # 加上str强转，否则会遇到'NoneType' object is not subscriptable 错误
    plot_dict = {
        'value' : repo_dict['stargazers_count'],
        # 有些描述很长，选前面一部分
        'label' : str(repo_dict['description'])[:200]+'...',
        'xlink' : repo_dict['html_url']
    }
    plot_dicts.append(plot_dict)

# 改变默认主题颜色，偏蓝色
my_style = LightenStyle('#333366', base_style=LightColorizedStyle)
# 配置
my_config = pygal.Config()
# x 轴的文字旋转 45 度
my_config.x_label_rotation = -45
# 隐藏左上角的图例
my_config.show_legend = False
# 标题字体大小
my_config.title_font_size = 30
# 副标签，包括 x 轴和 y 轴大部分
my_config.label_font_size = 20
# 主标签是 y 轴某数倍数，相当于一个特殊的刻度，让关键数据点更醒目
my_config.major_label_font_size = 24
# 限制字符为 15 个，超出的以……显示
my_config.truncate_label = 15
```

```
# 不显示 y 参考虚线
my_config.show_y_guides = False
# 图表宽度
my_config.width = 1000

# 第一个参数可以传配置
chart = pygal.Bar(my_config, style=my_style)
chart.title = 'GitHub 最受欢迎的 Python 库(前 30 名)'
# x 轴的数据
chart.x_labels = names
# 加入 y 轴的数据，title 无须设置为空，注意这里传入的字典，键--value 也就是 y 轴的坐标值
chart.add('', plot_dicts)
chart.render_to_file('30_stars_python_repo.svg')
```

4. 实例解析

执行后会创建生成数据统计直方图文件 30_stars_python_repo.svg，并输出如下提取信息：

```
200 响应成功!
总仓库数: 3394860
top 30
```

数据统计直方图文件 30_stars_python_repo.svg 的打开效果如图 12-16 所示。

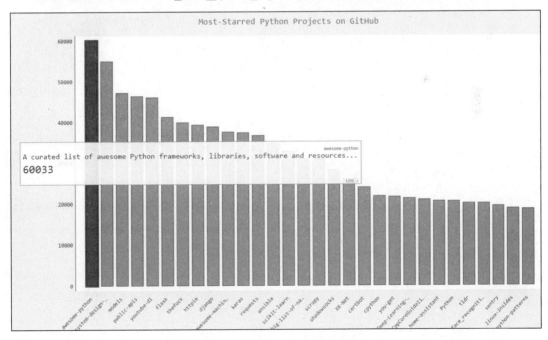

图 12-16　数据统计直方图的效果

第 13 章

水果连连看游戏

水果连连看是一款由 Loveyuki 开发的休闲游戏，在本章的内容中，将详细讲
解使用 Cocos2d 技术开发一个水果连连看游戏的过程。

13.1　游戏介绍

本项目的游戏规则与现实中的大多数连连看游戏的玩法相同，然而连连看小游戏经过多年的演变与创新，游戏规则也跟着多样化，但是依然保留着简单易上手、男女老少都适合玩的特点。该游戏主要取材于现实中人类日常饮食必不可少的健康食物"水果"图片，游戏操作简单，将相同的两个水果互连，即可消失。

扫码看视频

水果连连看游戏的规则如下。

（1）用鼠标将相同的两张可爱的水果图片进行连接。

（2）用鼠标将相同的三张或多张水果图片进行碰撞或按规律排列达到消除条件。

（3）用鼠标直接点击排放在一起的三张或多张相同的水果图片。

13.2　架构分析

在具体编码之前，需要做好系统架构分析方面的工作。在本节的内容中，将详细分析水果连连看游戏的基本规则，然后根据规则和玩法分析划分整个系统的功能模块，并最终做出编码的依据。

扫码看视频

13.2.1　分析游戏规则

在本游戏的同一行或同一列，只要满足存在大于或等于 3 个相同的水果，就会发生碰撞处理，让这些相同的水果消失，然后在消失的位置出现新的随机水果。请看图 13-1 所示的水平方向的矩阵。

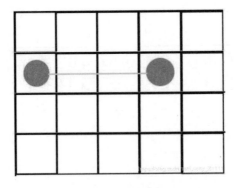

图 13-1　水平矩阵

首先判断是否在同一行，然后根据进行扫描两点之间是否存在非空的点。在最初测试 (0, 5) 和 (0, 6) 这两点的时候，发现明明是可以连接的，但返回的却是 False。这是因为有以下两种特殊情况。

(1) 如果两点相连接，会导致 for 循环一次都不运行。解决方案就是判断同一行的两点是否纵坐标相邻。如果两个坐标点所对应的矩阵中的值相同，则可以连线。但这会引起第二个特殊情况：其中一个点是-1，另一个点为大于零的数字。

(2) 其中一个点是-1，另一个点为大于零的数字。解决方案是用"或"运算符对两个点进行判断，若其中一个为-1，则可以连线。

13.2.2　功能模块

根据水果连连看的游戏规则，最终得出的功能模块结构如图 13-2 所示。

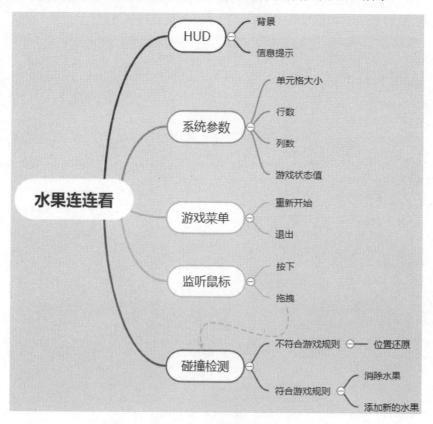

图 13-2　功能模块结构

13.3 具体编码

本实例的游戏规则是，使用鼠标将相同的 3 张或多于 3 张水果图片进行碰撞，以达到消除条件。在本节的内容中，将详细讲解本实例的具体编码过程。

13.3.1 设计 HUD

扫码看视频

在一款游戏中，HUD 是游戏世界与玩家交互最有效的方式。能够用视觉效果向玩家传达信息的元素都可以称为 HUD。设计师常用的 HUD 元素是画中画小屏幕以及各种图标。它们负责向玩家传达各种关键信息，告诉玩家应该做什么，应该去哪里。

本实例将整个游戏的 HUD 分为背景和提示信息。编写实例文件 HUD.py，分别通过不同的类实现 HUD 部分。实例文件 HUD.py 的主要实现代码如下：

```python
class BackgroundLayer(Layer):                    #创建背景层类
    def __init__(self):
        super(BackgroundLayer, self).__init__()

    def draw(self):                              #绘制
        pass

class ScoreLayer(Layer):                         #创建分数层类
    objectives = []
    def __init__(self):
        w, h = director.get_window_size()
        super(ScoreLayer, self).__init__()#获取窗口的大小
        #设置透明层
        self.add(ColorLayer(100, 100, 200, 100, width=w, height=48), z=-1)
        self.position = (0, h - 48)
        #进度条
        progress_bar = self.progress_bar = ProgressBar(width=200, height=20)
        progress_bar.position = 20, 15              #设置进度条的位置
        self.add(progress_bar)                      #添加进度条层到背景中
        #设置得分属性,分别设置文字的大小、颜色和对齐方式
        self.score = Label('Score:', font_size=36,
                    font_name='Edit Undo Line BRK',
                    color=(255, 255, 255, 255),
                    anchor_x='left',
                    anchor_y='bottom')
        self.score.position = (0, 0)
        # self.add(self.score)
        self.lvl = Label('Lvl:', font_size=36,
```

```
                font_name='Edit Undo Line BRK',
                color=(255, 255, 255, 255),
                anchor_x='left',
                anchor_y='bottom')
    self.lvl.position = (450, 0)
    # self.add(self.lvl)
    self.objectives_list = []
    self.objectives_labels = []

def set_objectives(self, objectives):
    w, h = director.get_window_size()
    # 清除任何预先设定的目标
    for tile_type, sprite, count in self.objectives:
        self.remove(sprite)
    for count_label in self.objectives_labels:
        self.remove(count_label)
    self.objectives = objectives
    self.objectives_labels = []
    x = w / 2 - 150 / 2                              #设置水平方向的位置
    for tile_type, sprite, count in objectives:
        text_w = len(str(count)) * 7
        #设置文字属性，字体、颜色、加粗、对齐方式
        count_label = Label(str(count), font_size=14,
                      font_name='Edit Undo Line BRK',
                      color=(255, 255, 255, 255), bold=True,
                      anchor_x='left', anchor_y='bottom')
        count_label.position = x - text_w, 7
        self.add(count_label, z=2)
        self.objectives_labels.append(count_label)
        #设置文字属性，字体、颜色、加粗、对齐方式
        count_label = Label(str(count), font_size=16,
                      font_name='Edit Undo Line BRK',
                      color=(0, 0, 0, 255), bold=True,
                      anchor_x='left', anchor_y='bottom')
        count_label.position = x - text_w - 1, 8
        self.add(count_label, z=1)
        self.objectives_labels.append(count_label)
        sprite.position = x, 24
        sprite.scale = 0.5
        x += 50
        self.add(sprite)

def draw(self):                                    #开始绘制元素
    super(ScoreLayer, self).draw()
    self.score.element.text = 'Score:%d' % status.score
    lvl = status.level_idx or 0
    self.lvl.element.text = 'Lvl:%d' % lvl
```

```
class MessageLayer(Layer):                          #创建提示信息层类
    def show_message(self, msg, callback=None, msg_duration=1):
        w, h = director.get_window_size()
        #设置提示信息文字的属性，包括文字大小、字体和对齐方式
        self.msg = Label(msg,
                        font_size=52,
                        font_name='Edit Undo Line BRK',
                        anchor_y='center',
                        anchor_x='center')
        self.msg.position = (w // 2.0, h)

        self.add(self.msg)
        actions = Accelerate(MoveBy((0, -h / 2.0), duration=msg_duration / 2))
        #设置提示信息的动作属性和延时
        actions += \
            Delay(1) + \
            Accelerate(MoveBy((0, -h / 2.0), duration=msg_duration / 2)) + \
            Hide()
        if callback:
            actions += CallFunc(callback)
        self.msg.do(actions)

class HUD(Layer):
    def __init__(self):
        super(HUD, self).__init__()
        self.score_layer = ScoreLayer()
        self.add(self.score_layer)
        self.add(MessageLayer(), name='msg')
    #显示提示信息
    def show_message(self, msg, callback=None, msg_duration=1):
        self.get('msg').show_message(msg, callback, msg_duration)

    def set_objectives(self, objectives):
        self.score_layer.set_objectives(objectives)

    def update_time(self, time_percent):
        self.score_layer.progress_bar.set_progress(time_percent)
```

13.3.2 监听鼠标的移动

编写文件 GameController.py，监听鼠标按下和拖曳移动的位置坐标 x 和 y。具体实现代码如下：

```
class GameController(Layer):
    is_event_handler = True    #启用 yglet 的事件
```

```
def __init__(self, model):
    super(GameController, self).__init__()
    self.model = model

def on_mouse_press(self, x, y, buttons, modifiers):
    self.model.on_mouse_press(x, y)

def on_mouse_drag(self, x, y, dx, dy, buttons, modifiers):
    self.model.on_mouse_drag(x, y)
```

13.3.3　显示视图

在文件 GameView.py 中实现显示视图功能，在网格中更新显示各个水果元素，并且随着时间推移显示不同的视图，通过指定函数分别实现游戏结束视图和完成一个级别的视图。文件 GameView.py 的具体实现代码如下：

```
class GameView(cocos.layer.ColorLayer):
    is_event_handler = True  #启用director.window事件

    def __init__(self, model, hud):
        super(GameView, self).__init__(64, 64, 224, 0)
        model.set_view(self)
        self.hud = hud
        self.model = model
        self.model.push_handlers(self.on_update_objectives,
                        self.on_update_time,
                        self.on_game_over,
                        self.on_level_completed)
        self.model.start()
        self.hud.set_objectives(self.model.objectives)
        self.hud.show_message('GET READY')

    def on_update_objectives(self):
        self.hud.set_objectives(self.model.objectives)

    #更新时间，进度条递减
    def on_update_time(self, time_percent):
        self.hud.update_time(time_percent)

    #进度条结束，标志着游戏结束
    def on_game_over(self):
        self.hud.show_message('GAME OVER', msg_duration=3, callback=lambda:
director.pop())
```

```python
    def on_level_completed(self):
        self.hud.show_message('LEVEL COMPLETED', msg_duration=3,
            callback=lambda: self.model.set_next_level())


#开始新的游戏
def get_newgame():
    scene = Scene()
    model = GameModel()
    controller = GameController(model)
    # 创建视图
    hud = HUD()
    view = GameView(model, hud)

    # 创建模型中的控制器
    model.set_controller(controller)

    # 添加控制器
    scene.add(controller, z=1, name="controller")
    scene.add(hud, z=3, name="hud")
    scene.add(view, z=2, name="view")

    return scene
```

13.3.4   游戏菜单

编写文件 Menus.py 实现游戏界面中的菜单功能，添加 New Game 和 Quit 两个菜单。文件 Menus.py 的具体实现代码如下：

```python
class MainMenu(Menu):
    def __init__(self):
        super(MainMenu, self).__init__('Match3')

        # 可以重写标题和项目所使用的字体
        # 也可以重写字体大小和颜色
        self.font_title['font_name'] = 'Edit Undo Line BRK'
        self.font_title['font_size'] = 72
        self.font_title['color'] = (204, 164, 164, 255)

        self.font_item['font_name'] = 'Edit Undo Line BRK',
        self.font_item['color'] = (32, 16, 32, 255)
        self.font_item['font_size'] = 32
        self.font_item_selected['font_name'] = 'Edit Undo Line BRK'
        self.font_item_selected['color'] = (32, 100, 32, 255)
        self.font_item_selected['font_size'] = 46

        # 菜单可以垂直对齐和水平对齐
```

```
        self.menu_anchor_y = CENTER
        self.menu_anchor_x = CENTER
        items = []
        items.append(MenuItem('New Game', self.on_new_game))
        items.append(MenuItem('Quit', self.on_quit))
        self.create_menu(items, shake(), shake_back())
    def on_new_game(self):
        import GameView

        director.push(FlipAngular3DTransition(
            GameView.get_newgame(), 1.5))

    def on_options(self):
        self.parent.switch_to(1)

    def on_scores(self):
        self.parent.switch_to(2)

    def on_quit(self):
        pyglet.app.exit()
```

13.4　实现游戏逻辑

　　本游戏的核心程序文件是 GameModel.py，实现 MVC 模式中的 Model 功能。在此文件中定义了多个函数，分别实现游戏中的各个功能。在本节的内容中，将详细讲解文件 GameModel.py 的具体实现流程。

扫码看视频

13.4.1　设置系统参数

　　设置单元格大小、行数、列数和游戏状态值等参数，代码如下：

```
CELL_WIDTH, CELL_HEIGHT = 100, 100
ROWS_COUNT, COLS_COUNT = 6, 8

#游戏状态值
WAITING_PLAYER_MOVEMENT = 1
PLAYER_DOING_MOVEMENT = 2
SWAPPING_TILES = 3
IMPLODING_TILES = 4
DROPPING_TILES = 5
GAME_OVER = 6
```

13.4.2　视图初始化

编写视图类 GameModel，使用矩阵排列游戏界面中的单元格，然后在单元格中加载 images 目录中的水果图片。代码如下：

```python
class GameModel(pyglet.event.EventDispatcher):
    def __init__(self):
        super(GameModel, self).__init__()
        self.tile_grid = {}   # 由 Dict 仿真稀疏矩阵组成，key 值是 tuple(x,y)，value 值是
tile_type
        self.imploding_tiles = []          #用于保存正在发生碰撞爆炸的水果列表
        self.dropping_tiles = []           #用于保存已经发生碰撞爆炸而删除的水果列表
        self.swap_start_pos = None         #点击第一个水果提醒准备交换位置
        self.swap_end_pos = None   # 点击的第二个的位置以交换水果的位置
        # 替换时的 Windows 兼容性
        script_dir = os.path.join(os.path.dirname(os.path.realpath(__file__)), '..')
        os.chdir(script_dir)
        if isdir('images'):
            image_base_path = join(script_dir, 'images')
        else:
            image_base_path = join(sys.prefix, 'share', 'match3cocos2d', 'images')
        pyglet.resource.path = [image_base_path]
        pyglet.resource.reindex()
        self.available_tiles = [basename(s) for s in glob(join(image_base_path,
'*.png'))]
        self.game_state = WAITING_PLAYER_MOVEMENT
        self.objectives = []
        self.on_game_over_pause = 0

    def start(self):
        self.set_next_level()
```

13.4.3　开始游戏的下一关

通过函数 set_next_level()开始游戏的下一关，设置最长时间限制是 60 秒。具体实现代码如下：

```python
    def set_next_level(self):
        self.play_time = self.max_play_time = 60
        for elem in self.imploding_tiles + self.dropping_tiles:
            self.view.remove(elem)
        self.on_game_over_pause = 0
        self.fill_with_random_tiles()
        self.set_objectives()
```

```
pyglet.clock.unschedule(self.time_tick)
pyglet.clock.schedule_interval(self.time_tick, 1)
```

13.4.4　倒计时

编写函数 time_tick()实现游戏的倒计时功能，时间结束游戏也结束，具体实现代码如下：

```
def time_tick(self, delta):
    self.play_time -= 1
    self.dispatch_event("on_update_time", self.play_time /
float(self.max_play_time))
    if self.play_time == 0:
        pyglet.clock.unschedule(self.time_tick)
        self.game_state = GAME_OVER
        self.dispatch_event("on_game_over")
```

13.4.5　设置随机显示的水果

(1) 编写函数 set_objectives()，功能是随机显示水果。具体实现代码如下：

```
def set_objectives(self):
    objectives = []
    while len(objectives) < 3:
        tile_type = choice(self.available_tiles)
        sprite = self.tile_sprite(tile_type, (0, 0))
        count = randint(1, 20)
        if tile_type not in [x[0] for x in objectives]:
            objectives.append([tile_type, sprite, count])

    self.objectives = objectives
```

(2) 编写函数 fill_with_random_tiles()，功能是用随机生成的水果填充游戏背景单元格。
代码如下：

```
def fill_with_random_tiles(self):
    """
    用随机 tiles 填充 tile_grid
    """
    for elem in [x[1] for x in self.tile_grid.values()]:
        self.view.remove(elem)
    tile_grid = {}
    # 用随机 tile 类型填充数据矩阵
    while True:  # 循环，直到我们有一个有效的表(没有内爆线)
        for x in range(COLS_COUNT):
            for y in range(ROWS_COUNT):
```

```
            tile_type, sprite = choice(self.available_tiles), None
            tile_grid[x, y] = tile_type, sprite
        if len(self.get_same_type_lines(tile_grid)) == 0:
            break
        tile_grid = {}

    # 基于指定的 tile 类型构建精灵
    for key, value in tile_grid.items():
        tile_type, sprite = value
        sprite = self.tile_sprite(tile_type, self.to_display(key))
        tile_grid[key] = tile_type, sprite
        self.view.add(sprite)

    self.tile_grid = tile_grid
```

（3）编写函数 tile_sprite()，根据单元格的图片 id 显示对应的精灵。代码如下：

```
def tile_sprite(self, tile_type, pos):
    """
    :param tile_type: 数字 ID 必须在可用图像的范围内
    :param pos:精灵的位置
    :return: 根据 tile_type 编译精灵
    """
    sprite = Sprite(tile_type)
    sprite.position = pos
    sprite.scale = 1
    return sprite
```

（4）编写函数 to_display(self, row_col)，功能是根据二维(row, col)阵列的位置返回对应的坐标。代码如下：

```
def to_display(self, row_col):
    """
    :param row:
    :param col:
    :return: (x, y)
    """
    row, col = row_col
    return CELL_WIDTH / 2 + row * CELL_WIDTH, CELL_HEIGHT / 2 + col * CELL_HEIGHT
```

13.4.6 碰撞检测处理

在本实例中，如果交换两个相邻单元格的精灵会构成连续三个相同的水果，则这两个精灵的位置可以交换，并且在构成连续三个相同的水果后产生碰撞动画，完成游戏的一个小关。

(1) 编写函数 swap_elements()，功能是交换两个水果元素的位置。代码如下：

```
def swap_elements(self, elem1_pos, elem2_pos):
    tile_type, sprite = self.tile_grid[elem1_pos]
    self.tile_grid[elem1_pos] = self.tile_grid[elem2_pos]
    self.tile_grid[elem2_pos] = tile_type, sprite
```

(2) 编写函数 on_mouse_press()，功能是检测用户是否按下鼠标。代码如下：

```
def on_mouse_press(self, x, y):
    if self.game_state == WAITING_PLAYER_MOVEMENT:
        self.swap_start_pos = self.to_model_pos((x, y))
        self.game_state = PLAYER_DOING_MOVEMENT
```

(3) 编写函数 on_mouse_drag(self, x, y)，功能是监听用户是否拖曳鼠标。如果是符合游戏规则的拖曳，则启动交换两个位置水果的动画，并在单元格中交换水果。代码如下：

```
def on_mouse_drag(self, x, y):
    if self.game_state != PLAYER_DOING_MOVEMENT:
        return
    start_x, start_y = self.swap_start_pos
    self.swap_end_pos = new_x, new_y = self.to_model_pos((x, y))

    distance = abs(new_x - start_x) + abs(new_y - start_y)  # 水平+垂直网格步长

    # 忽略移动，如果不在第 1 步离开初始位置
    if new_x < 0 or new_y < 0 or distance != 1:
        return

    # 为两个对象启动交换动画
    tile_type, sprite = self.tile_grid[self.swap_start_pos]
    sprite.do(MoveTo(self.to_display(self.swap_end_pos), 0.4))
    tile_type, sprite = self.tile_grid[self.swap_end_pos]
    sprite.do(MoveTo(self.to_display(self.swap_start_pos), 0.4) +
        CallFunc(self.on_tiles_swap_completed))

    # 在数据网格中交换元素
    self.swap_elements(self.swap_start_pos, self.swap_end_pos)
    self.game_state = SWAPPING_TILES
```

(4) 编写函数 on_tiles_swap_completed(self)，功能是完成相邻两个单元格水果的交换处理。代码如下：

```
def on_tiles_swap_completed(self):
    self.game_state = DROPPING_TILES
    if len(self.implode_lines()) == 0:
        # 如果没有发生碰撞爆炸则回滚游戏，并开始准备两个水果对象的交换动画
        tile_type, sprite = self.tile_grid[self.swap_start_pos]
```

```
    sprite.do(MoveTo(self.to_display(self.swap_end_pos), 0.4))
    tile_type, sprite = self.tile_grid[self.swap_end_pos]
    sprite.do(MoveTo(self.to_display(self.swap_start_pos), 0.4) +
        CallFunc(self.on_tiles_swap_back_completed))

    # 恢复网格
    self.swap_elements(self.swap_start_pos, self.swap_end_pos)
    self.game_state = SWAPPING_TILES
```

（5）编写函数 get_same_type_lines()，功能是识别垂直方向和水平方向是否有 3 个或以上的相同水果。具体实现代码如下：

```
def get_same_type_lines(self, tile_grid, min_count=3):
    """
    识别由连续元素组成的垂直和水平线
    :param min_count: 识别直线中的最少连续元素
    """
    all_line_members = []

    # 检查垂直线
    for x in range(COLS_COUNT):
        same_type_list = []
        last_tile_type = None
        for y in range(ROWS_COUNT):
            tile_type, sprite = tile_grid[x, y]
            if last_tile_type == tile_type:
                same_type_list.append((x, y))
            # 消除行，因为类型改变或到达边缘
            if tile_type != last_tile_type or y == ROWS_COUNT - 1:
                if len(same_type_list) >= min_count:
                    all_line_members.extend(same_type_list)
                last_tile_type = tile_type
                same_type_list = [(x, y)]

    # 检查水平线
    for y in range(ROWS_COUNT):
        same_type_list = []
        last_tile_type = None
        for x in range(COLS_COUNT):
            tile_type, sprite = tile_grid[x, y]
            if last_tile_type == tile_type:
                same_type_list.append((x, y))
            # 消除列，因为类型改变或到达边缘
            if tile_type != last_tile_type or x == COLS_COUNT - 1:
                if len(same_type_list) >= min_count:
                    all_line_members.extend(same_type_list)
                last_tile_type = tile_type
```

```
                    same_type_list = [(x, y)]

    # 删除重复
    all_line_members = list(set(all_line_members))
    return all_line_members
```

(6) 编写函数 implode_lines(self)，如果在某行或某列有 3 个连续的水果则产生爆炸，让这些相同的水果消失。代码如下：

```
def implode_lines(self):
    """
    对多于 3 个相同类型的水果进行处理
    """
    implode_count = {}
    for x, y in self.get_same_type_lines(self.tile_grid):
        tile_type, sprite = self.tile_grid[x, y]
        self.tile_grid[x, y] = None
        self.imploding_tiles.append(sprite)  # 在 tiles 内爆炸销毁
        # 内嵌爆炸动画
        sprite.do(ScaleTo(0, 0.5) | RotateTo(180, 0.5) +
CallFuncS(self.on_tile_remove))
        implode_count[tile_type] = implode_count.get(tile_type, 0) + 1
    #减少匹配目标的 tiles(瓦片)计数器
    for elem in self.objectives:
        if elem[0] in implode_count:
            Scale = ScaleBy(1.5, 0.2)
            elem[2] = max(0, elem[2] - implode_count[elem[0]])
            elem[1].do((Scale + Reverse(Scale)) * 3)
    # 删除已完成的目标
    self.objectives = [elem for elem in self.objectives if elem[2] > 0]
    if len(self.imploding_tiles) > 0:
        self.game_state = IMPLODING_TILES  # 等待爆炸动画完成
        pyglet.clock.unschedule(self.time_tick)
    else:
        self.game_state = WAITING_PLAYER_MOVEMENT
        pyglet.clock.schedule_interval(self.time_tick, 1)
    return self.imploding_tiles
```

(7) 编写函数 drop_groundless_tiles(self)，功能是实现 Tile(瓦片)单元格的自由掉落效果。当在某行或某列有连续 3 个或以上相同的水果元素时，这些水果爆炸消失，然后从游戏上方掉落几个新的水果填充在空白处。代码如下：

```
def drop_groundless_tiles(self):
    """
    在所有列中从下到上进行处理：
    a)计算空的单元格或向下移动这些空的单元格
    b)顶部落下的 tiles 与空的单元格一样多
```

```
            :return:
            """
            tile_grid = self.tile_grid

            for x in range(COLS_COUNT):
                gap_count = 0
                for y in range(ROWS_COUNT):
                    if tile_grid[x, y] is None:
                        gap_count += 1
                    elif gap_count > 0:  #从 Y 移动到 y-gap_count
                        tile_type, sprite = tile_grid[x, y]
                        if gap_count > 0:
                            sprite.do(MoveTo(self.to_display((x, y - gap_count)), 0.3 *
gap_count))
                        tile_grid[x, y - gap_count] = tile_type, sprite
                for n in range(gap_count):  #遍历统计空的单元格的数量
                    tile_type = choice(self.available_tiles)
                    sprite = self.tile_sprite(tile_type, self.to_display((x, y + n + 1)))
                    tile_grid[x, y - gap_count + n + 1] = tile_type, sprite
                    sprite.do(
                        MoveTo(self.to_display((x, y - gap_count + n + 1)), 0.3 * gap_count) +
                        CallFuncS(self.on_drop_completed))
                    self.view.add(sprite)
                    self.dropping_tiles.append(sprite)
```

(8) 编写函数 on_drop_completed()检查掉落是否完成，填充空白时不要忘记进行碰撞检测，看是否满足行和列中有 3 个或 3 个以上相同的水果。代码如下：

```
    def on_drop_completed(self, sprite):
        self.dropping_tiles.remove(sprite)
        if len(self.dropping_tiles) == 0:  # 全部落下的
            self.implode_lines()  # 检查新的碰撞
```

(9) 编写函数 on_tile_remove()，功能是如果满足游戏消除规则条件，则在碰撞后发生爆炸，并让爆炸的水果消失。代码如下：

```
    def on_tile_remove(self, sprite):
        status.score += 1
        self.imploding_tiles.remove(sprite)
        self.view.remove(sprite)
        if len(self.imploding_tiles) == 0:  #碰撞爆炸完成后，跌落一个 tile 填补缺口
            self.dispatch_event("on_update_objectives")
            self.drop_groundless_tiles()
            if len(self.objectives) == 0:
                pyglet.clock.unschedule(self.time_tick)
                self.dispatch_event("on_level_completed")
```

13.4.7　进度条

编写文件 ProgressBar.py，绘制一个统计游戏倒计时的进度条，代码如下：

```python
class ProgressBar(cocos.cocosnode.CocosNode):

    def __init__(self, width, height):
        super(ProgressBar, self).__init__()
        self.width, self.height = width, height
        self.vertexes_in = [(0, 0, 0), (width, 0, 0), (width, height, 0), (0, height, 0)]
        self.vertexes_out = [(-2, -2, 0),
            (width + 2, -2, 0), (width + 2, height + 2, 0), (-2, height + 2, 0)]

    def set_progress(self, percent):
        width = int(self.width * percent)
        height = self.height
        self.vertexes_in = [(0, 0, 0), (width, 0, 0), (width, height, 0), (0, height, 0)]

    def draw(self):
        gl.glPushMatrix()
        self.transform()
        gl.glBegin(gl.GL_QUADS)
        gl.glColor4ub(*(255, 255, 255, 255))
        for v in self.vertexes_out:
            gl.glVertex3i(*v)
        gl.glColor4ub(*(0, 150, 0, 255))
        for v in self.vertexes_in:
            gl.glVertex3i(*v)
        gl.glEnd()
        gl.glPopMatrix()
```

13.4.8　主程序

本实例的主程序文件是 Main.py，功能是编写主函数 main()，调用前面的功能函数显示指定大小的窗体界面。文件 Main.py 的主要实现代码如下：

```python
def main():
    script_dir = os.path.dirname(os.path.realpath(__file__))
    pyglet.resource.path = [join(script_dir, '..')]
    pyglet.resource.reindex()
    director.director.init(width=800, height=650, caption="Match 3")
    scene = Scene()
    scene.add(MultiplexLayer(
        MainMenu()
```

```
    ),
        z=1)
    director.director.run(scene)

if __name__ == '__main__':
    main()
```

本实例执行后的效果如图 13-3 所示。

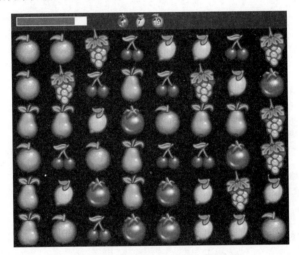

图 13-3　水果连连看游戏的执行效果

第 14 章

人工智能版 NBA 季后赛
预测分析系统

美国职业篮球联赛(National Basketball Association)，简称美职篮(NBA)，是美国四大职业体育联盟之一。在本章的内容中，将详细介绍使用 Scikit-Learn+Numpy+Matplotlib+Seaborn+Pandas 技术开发一个机器学习系统的过程，根据收集的 NBA 技术统计数据预测季后赛的球队成功的秘诀。

14.1　NBA 赛制介绍

美职篮是由北美 30 支职业球队组成的男子职业篮球联盟，分为东部联盟和西部联盟，每个联盟又被划分为 3 个赛区，各赛区由 5 支球队组成。每个赛季结束后到下一赛季开始前，会举行 NBA 选秀，选秀后有各球队新秀 NBA 夏季联赛，NBA 季前赛、NBA 常规赛通常在十月份打响，季前赛包含 NBA 海外赛。其中，在 2 月份有一项特殊的表演赛事——NBA 全明星赛，NBA 常规赛结束后，东、西部联盟分别由前八名进入季后赛，决出东西部冠军，晋级 NBA 总决赛，总决赛的获胜者将获得总冠军。

扫码看视频

14.2　项目介绍

本项目的功能是根据球队数据预测 NBA 球队进入季后赛的概率，使用机器学习技术根据球队的统计数据来区分季后赛球队和非季后赛球队。本项目使用 Scikit-Learn 创建和优化模型，在开始之前需要考虑一个问题：按照常理说，超级巨星越多的球队有更大的概率获得更好的季后赛排名。而其他球队，如湖人队有勒布朗·詹姆斯和安东尼·戴维斯是超级巨星，这是毫无疑问的。然而，尽管没有一个真正意义上的超级巨星，或者没有一个与勒布朗·詹姆斯、科怀·伦纳德等类似的球员，多伦多猛龙却是 2020 赛季季后赛的有力竞争者，他们在 2019—2020 赛季，获得了 NBA 季后赛席位的第二种子的席位。很多人肯定很好奇：是什么让缺少超级巨星的一支球队成为季后赛的竞争者？在本项目中，将使用机器学习技术来寻找答案。

扫码看视频

需要注意的是，篮球是一项永远在变化的运动，规则、什么位置最占优势和指导策略都会发生变化，但伟大的团队会关注某些基本原则。有些球队能够专注于并发展出一支伟大球队的基本要素，这样做就能进入季后赛。另一方面，非季后赛球队可能没有天赋，也没有足够的空间来获得和发展他们的球员。总的来说，如果球队集中他们的资源，无论是教练组还是球员，来提高他们的抢断、篮板、进攻效率和防守效率，就能使球队在季后赛中更有竞争力。

14.3　机器学习和数据可视化

经过前面的介绍，了解了 NBA 联赛的基本信息。在本节的内容中，将使用 Scikit-Learn 技术开发一个机器学习项目，将 NBA 历史的技术统计作为数据集进行建模，可视化分析季后赛球队的成功秘诀。

扫码看视频

14.3.1　预处理数据

为了使数据更易于分析和建模,对初始数据集进行了一些更改和添加:

- 增加了"年份"栏。
- 增加了"季后赛"栏。
- 重命名历史团队。
- 添加高级统计列。

在数据集中添加了一个"季后赛"栏,对于进入季后赛的球队,末尾的星号被删除,并在"季后赛"栏中标记为 1,将没有进入季后赛的球队标记为 0。代码如下:

```
#使用 Box Score 统计得分信息
def add_adv_stats(df):
    df["PPM"] = df["PTS"]/df["MP"] #Points per Minute
    df["POSS"] = 0.96*((df["FGA"]+df["TOV"])+(0.44*df["FTA"]-df["ORB"])) #球权
    df["DRBP"] = df["DRB"]/(df["DRB"] + df.mean()["ORB"]) #防守篮板率
    df["DE"] = 100*(df.mean()["PTS"]/df["POSS"]) #防御效率
    df["OE"] = 100*(df["PTS"]/df["POSS"]) #进攻效率
    df["ED"] = df["OE"] - df["DE"] #效率差
    df["TR"] = (df["TOV"] * 100) / (df["FGA"] + (df["FTA"]*44)+df["AST"] + df["TOV"])
#周转率
    df["EFG%"] = df["FG"] + (0.5*df["3P"]/df["FGA"]) # effective field goal %
    df["FTR"] = df["FTA"]/df["FGA"]  #罚球率-球队投篮的频率
    return df
```

Box Score 提供了简单的统计数据,可以结合使用,更好地显示球队的进攻和防守表现。为了更好地衡量进攻表现,将以下统计数据添加到数据集中:

- 每分钟得分数。
- 一个持球回合。
- 进攻效率。
- 有效命中率%。
- 罚球率。

为了更好地衡量防守表现,将以下统计数据添加到数据集中:

- 防守篮板率。
- 防御效率。

为了更好地衡量整体性能,将以下统计信息添加到数据集中:

- 效率差。
- 周转率。

14.3.2　创建绘图函数

为了提高代码的重用性，将常用的绘图功能编写成功能函数，以便于在后面的程序中调用。

(1) 编写函数 compare_two_groups()，功能是绘制两个直方图比较两组数据，代码如下：

```python
from matplotlib import pyplot
def compare_two_groups(df1, df2, vars, n_rows, n_cols):
    fig=plt.figure(figsize=(15,15), facecolor="white")
    for i, var_name in enumerate(vars):
        ax=fig.add_subplot(n_rows,n_cols,i+1)
        df1[var_name].hist(bins=20, ax=ax, label="df1") #直方图
        df2[var_name].hist(bins=20, ax=ax, label="df2") #直方图
        ax.set_title(var_name+" Distribution")
        pyplot.legend(loc="upper right")
    plt.tight_layout()
    plt.show()
```

(2) 编写函数 f_importances()绘制特征图，代码如下：

```python
def f_importances(coef, names):
    plt.figure(figsize=(15,15), facecolor="white")
    imp = coef[0]
    imp,names = zip(*sorted(zip(imp,names)))
    plt.title("Feature Importance")
    plt.barh(range(len(names)), imp, align='center')
    plt.yticks(range(len(names)), names)
    plt.grid(True)
    plt.show()
```

(3) 编写函数 time_series_stat()绘制时间序列图，代码如下：

```python
def time_series_stat(df, vars, n_rows,n_cols):
    fig=plt.figure(figsize=(15,15), facecolor="white")

    playoff = df[df["Playoff"] == 1]
    non_playoff = df[df["Playoff"] == 0]
    years = df["Year"].unique()

    for i, var_name in enumerate(vars):
        ax=fig.add_subplot(n_rows,n_cols,i+1)
        ax.set_title(var_name+" Time Series")
        playoff_data=[]
        non_playoff_data=[]
        for year in years:
            playoff_average = playoff[playoff["Year"] == year][var_name].mean()
```

```
        non_playoff_average = non_playoff[non_playoff["Year"] == year][var_name].mean()
        playoff_data.append(playoff_average)
        non_playoff_data.append(non_playoff_average)
    ax.plot(years, playoff_data)
    ax.plot(years, non_playoff_data)
    ax.grid(True)


plt.tight_layout()
fig.legend(["Playoff", "Non Playoff"], loc='lower right', fontsize="x-large",
bbox_to_anchor=(0.98, 0.025))
plt.show()
```

(4) 编写函数 compare_decades_boxplots()处理整个数据集，代码如下：

```
import matplotlib.pyplot as plt
def compare_decades_boxplots(df_dict, variables, n_rows, n_cols):
    """
    =>创建传入的所有变量的箱线图
=>df_dict，数据应该是带有=> decade: df
    """

    fig=plt.figure(figsize=(25,25), facecolor="white")

    #首先获取所需的变量
    for i, var_name in enumerate(variables):
        ax=fig.add_subplot(n_rows,n_cols,i+1)
        ax.set_title(var_name +" Box Plot")
        ax.yaxis.grid(True)
        ax.set_xlabel('Decade')
        ax.set_ylabel('Observed values')
        data=[]
        #从每个数据帧获取所选变量
        for decade, dataframe in df_dict.items():
            data.append(dataframe[var_name])

        ax.boxplot(data, labels=df_dict.keys())

    plt.tight_layout()
    plt.show()
```

(5) 编写函数 single_heatmap(df)，绘制一个包含 df 中所有变量的热图，代码如下：

```
import seaborn as sns
def single_heatmap(df):
    sns.set(style="white")
    corr = df.select_dtypes("float64").corr()
    mask = np.zeros_like(corr)
    mask[np.triu_indices_from(mask)]=True
```

```
    ax = plt.subplots(figsize=(25,25))
    ax = sns.heatmap(corr, annot=True, linewidths=0.5, cmap="coolwarm",
square=True, mask=mask)

    plt.show()
```

(6) 编写函数 single_histogram()绘制单峰直方图，代码如下：

```
def single_histogram(df, variables, n_rows=7, n_cols=5):
    """
    =>为从 df 传入的每个变量创建直方图
    """
    fig=plt.figure(figsize=(15,15), facecolor='white')
    for i, var_name in enumerate(variables):
        ax=fig.add_subplot(n_rows,n_cols,i+1)
        df[var_name].hist(bins=20,ax=ax)
        ax.set_title(var_name+" Distribution")
        ax.set_xlabel("%s" % var_name)
        ax.set_ylabel('Observed values')
        plt.tight_layout()

    plt.show()
```

(7) 编写函数 compare_playoff_count(df)绘制季后赛数据对比图，对比统计的时间。代码如下：

```
def compare_playoff_count(df):
    grouped = count_decade_playoffs(df)
    plt.figure(figsize=(15,10), facecolor="white")
    plt.bar(grouped["Team"], grouped["Playoff"])
    plt.xticks(rotation=90)
    plt.ylabel('# of Playoff Appearances')
    plt.xlabel('Team')
    plt.title('Playoff Appearances Between {}-{}'.format(df["Year"].min(),
df["Year"].max()))
    plt.tight_layout()
    plt.show()
```

(8) 编写函数 get_team_decade_stats()获取所选球队十年内所有的统计信息，代码如下：

```
def get_team_decade_stats(team, decade, n_rows=5, n_cols=5):
    decade_df = decade_dict["{}'s".format(decade)]
    stat_cols = decade_df.select_dtypes("float64").columns
    team_df = decade_df.loc[decade_df["Team"] == team]
    team_stat_df = team_df[stat_cols]

    fig=plt.figure(figsize=(25,25), facecolor="white")
```

```
# get the desired variable first
for i, var_name in enumerate(stat_cols):
    ax=fig.add_subplot(n_rows,n_cols,i+1)
    ax.set_title(var_name +" Box Plot")
    ax.yaxis.grid(True)
    ax.set_xlabel(var_name)
    ax.set_ylabel('Observed values')
    ax.get_xaxis().set_visible(False)

    ax.boxplot(team_stat_df[var_name])
fig.suptitle("{}'s in the {}'s".format(team, decade), size=25)
plt.tight_layout()
fig.subplots_adjust(top=0.95)
plt.show()
```

14.3.3　数据集分解

为了便于访问十年前的数据，将数据集分解成一个以十年为键的字典，以及相应十年的数据集。例如，调用 decade_dict["1980's"]将返回包含 1980—1989 年所有数据的数据集。分解数据集的具体流程如下。

(1) 加载数据，打印显示数据集中的前 5 条信息。代码如下：

```
import matplotlib.pyplot as plt
import numpy as np
import pandas as pd

main_og = pd.read_csv("renamed_teams.csv")
main_df = add_adv_stats(main_og)
main_df.head()
```

执行后会打印显示数据集中的前 5 条信息，如图 14-1 所示。

	Rk	Team	G	MP	FG	FGA	FG%	3P	3PA	3P%	2P	2PA	2P%	FT	FTA	FT%	ORB	DRB	TRB	AST	STL	BLK	TOV	PF	PTS	Year
0	1	San Antonio Spurs	82	240.9	47.0	94.4	0.498	0.6	2.5	0.252	46.4	91.9	0.505	24.7	30.8	0.801	14.1	30.7	44.7	28.4	9.4	4.1	19.4	25.6	119.4	1980
1	2	Los Angeles Lakers	82	242.4	47.5	89.9	0.529	0.2	1.2	0.200	47.3	88.6	0.534	19.8	25.5	0.775	13.2	32.4	45.6	29.4	9.4	6.7	20.0	21.8	115.1	1980
2	3	Cleveland Cavaliers	82	243.0	46.5	98.1	0.474	0.4	2.3	0.193	46.0	95.8	0.481	20.8	26.9	0.772	15.9	29.0	45.0	25.7	9.3	4.2	16.7	23.6	114.1	1980
3	4	New York Knicks	82	241.2	46.4	93.6	0.496	0.5	2.3	0.220	45.9	91.2	0.503	20.7	27.7	0.747	15.1	28.1	43.2	27.6	10.7	5.6	19.7	26.4	114.0	1980
4	5	Boston Celtics	82	242.4	44.1	90.1	0.490	2.0	5.1	0.384	42.1	84.9	0.496	23.3	29.9	0.779	15.0	30.0	44.9	26.8	9.9	3.8	18.8	24.1	113.5	1980

图 14-1　数据集中的前 5 条信息

(2) 获取年度统计数据，然后按照 10 年分组对数据进行排序。代码如下：

```
"""
   => yearly_index[0] = 1980-81 NBA 赛季球队统计数据
   => yearly_index[39] = 2018-19 NBA 赛季球队统计数据
"""
yearly_dfs = [x for _, x in main_df.groupby("Year")]

#按十年分组对数据排序
bins = [-1, 1989, 1999, 2009, 2019]
labels = ["1980's", "1990's","2000's","2010's"]
binned_df = main_df.groupby(pd.cut(main_df['Year'], bins=bins, labels=labels))
binned_df.head(3)
```

执行后会输出：

```
DRB  TRB  AST  STL  BLK  TOV  PF   PTS  Year Playoff PPM  POSS DRBP DE   OE   ED   TR
     EFG% FTR
0    1    San Antonio Spurs    82   240.9    47.094.40.498    0.6 2.5 0.252
     46.491.90.505    24.730.80.801    14.130.744.728.417.44.1  117.4    25.6
     1117.4   19801    0.495641 108.72192    0.711776 93.749261    1017.821460
     16.072199    1.295579 47.003178    0.326271
1    2    Los Angeles Lakers   82   242.4    47.5817.9    0.529    0.2 1.2 0.200
     47.388.60.534    117.8    25.50.775    13.232.445.6217.4    17.46.7  20.0
     21.8115.1    19801    0.474835 103.60320    0.722706 98.381128    111.096955
     12.715827    1.585666 47.501112    0.283648
2    3    Cleveland Cavaliers  82   243.0    46.598.10.474    0.4 2.3 0.193
     46.095.80.481    20.826.90.772    15.9217.0    45.025.717.34.2 16.723.6
     114.1    19800    0.469547 106.30656    0.699950 95.879310    107.331100
     11.451790    1.261234 46.502039    0.274210
231  1    Golden State Warriors82   240.3    42.587.90.484    3.0 17.10.324
     317.6    78.80.503    28.234.90.809    11.2217.1    40.224.117.26.0 17.3
     24.5116.3    19900    0.483978 104.98176    0.700673 97.089243    117.781149
     13.691906    1.039101 42.517065    0.397042
232  2    Phoenix Suns 82   242.1    43.287.10.496    2.1 6.6 0.324    41.180.4
     0.511    26.333.10.795    12.832.345.225.78.1  6.1 15.522.3114.9    19901
     0.474597 100.18944    0.722086 101.733273    114.682745    12.949472
     0.978103 43.212055    0.380023
233  3    Denver Nuggets   82   241.5    45.397.70.464    2.8 8.3 0.337    42.5
     817.5    0.475    21.226.80.789    14.330.945.127.717.94.0 13.925.0114.6
     19901    0.474534 104.72832    0.713107 97.324197    1017.425989    12.101792
     1.054228 45.314330    0.274309
509  1    Sacramento Kings 82   241.5    40.088.90.450    6.5 20.20.322    33.4
     68.70.487    18.524.60.754    12.932.145.023.817.64.6 16.221.1105.0
     20001    0.434783 98.90304 0.720838 103.056485    106.164583    3.108098
     1.337406 40.036558    0.276715
510  2    Detroit Pistons  82   241.8    37.180.90.459    5.4 14.90.359    31.8
     66.00.481    23.930.60.781    11.230.041.220.88.1  3.3 15.724.5103.5
```

```
20001     0.428040 94.90944 0.707022 107.392896   1017.051323  1.658427
1.072551 37.133375   0.378245
511 3   Dallas Mavericks 82   240.6   317.0   85.90.453   6.3 16.20.391
32.6617.8   0.468   17.221.40.804   11.4217.8   41.222.17.2 5.1 13.7
21.6101.4   20000   0.421446 93.71136 0.705634 108.765892   108.204598
-0.561294   1.288442 317.036671   0.249127
804 1   Phoenix Suns 82   240.6   40.782.80.492   8.9 21.60.412   31.861.2
0.520   117.9   25.80.770   11.131.943.023.35.8 5.1 14.820.9117.2
20101   0.458022 93.93792 0.719578 108.503570   117.311518   8.807949
1.178250 40.753744   0.311594
805 2   Golden State Warriors82   240.6   40.686.50.469   7.7 20.60.375
32.965.90.499   117.9   25.40.782   17.2217.2   38.422.417.34.1 14.7
23.0108.8   20100   0.452203 917.04896   0.701392 102.904661   1017.844667
6.940006 1.184338 40.644509   0.293642
806 3   Denver Nuggets   82   241.2   38.181.40.468   6.6 18.50.359   31.5
62.90.500   23.630.60.772   17.830.541.421.08.3 5.1 13.922.5106.5
20101   0.441542 94.04544 0.710434 108.379520   113.243130   4.863610
0.950297 38.140541   0.375921
```

(3) 从 binned_df 提取 binned 数据，这样可以通过索引标签访问这些数据，结构是 {key:dataframe}。代码如下：

```
decade_dict = dict(list(binned_df))
decade_dict["1980's"].head()       #获取 80 年数据
```

执行效果如图 14-2 所示。

	Rk	Team	G	MP	FG	FGA	FG%	3P	3PA	3P%	2P	2PA	2P%	FT	FTA	FT%	ORB	DRB	TRB	AST	STL	BLK	TOV	PF	PTS	Year
0	1	San Antonio Spurs	82	240.9	47.0	94.4	0.498	0.6	2.5	0.252	46.4	91.9	0.505	24.7	30.8	0.801	14.1	30.7	44.7	28.4	9.4	4.1	19.4	25.6	119.4	1980
1	2	Los Angeles Lakers	82	242.4	47.5	89.9	0.529	0.2	1.2	0.200	47.3	88.6	0.534	19.8	25.5	0.775	13.2	32.4	45.6	29.4	9.4	6.7	20.0	21.8	115.1	1980
2	3	Cleveland Cavaliers	82	243.0	46.5	98.1	0.474	0.4	2.3	0.193	46.0	95.8	0.481	20.8	26.9	0.772	15.9	29.0	45.0	25.7	9.3	4.2	16.7	23.6	114.1	1980
3	4	New York Knicks	82	241.2	46.4	93.6	0.496	0.5	2.3	0.220	45.9	91.2	0.503	20.7	27.7	0.747	15.1	28.1	43.2	27.6	10.7	5.6	19.7	26.4	114.0	1980
4	5	Boston Celtics	82	242.4	44.1	90.1	0.490	2.0	5.1	0.384	42.1	84.9	0.496	23.3	29.9	0.779	15.0	30.0	44.9	26.8	9.9	3.8	18.8	24.1	113.5	1980

图 14-2　提取的 binned 数据

14.3.4　绘制统计分布图

为了更好地理解数据集，接下来让我们看看每个变量是如何分布的。

(1) 使用函数 describe()分组数据，代码如下：

```
main_df.describe()
```

执行效果如图 14-3 所示。

	Rk	G	MP	FG	FGA	FG%	3P	3PA	3P%	2P	2PA
count	1104.000000	1104.000000	1104.000000	1104.000000	1104.000000	1104.000000	1104.000000	1104.000000	1104.000000	1104.000000	1104.000000
mean	14.442029	80.722826	241.702627	38.752989	83.801268	0.461997	4.941304	14.085326	0.332275	33.814583	69.716123
std	8.193506	5.679342	0.840499	3.301491	4.645912	0.021420	3.064903	8.223425	0.047597	5.355127	10.486057
min	1.000000	50.000000	240.000000	30.800000	71.200000	0.401000	0.100000	0.900000	0.104000	23.100000	41.900000
25%	7.000000	82.000000	241.200000	36.300000	80.475000	0.447000	2.400000	7.400000	0.319000	29.900000	62.000000
50%	14.000000	82.000000	241.500000	38.300000	83.500000	0.460500	5.000000	14.100000	0.345500	31.800000	66.500000
75%	21.000000	82.000000	242.100000	41.100000	87.100000	0.476000	6.900000	19.300000	0.363000	38.500000	79.000000
max	30.000000	82.000000	244.900000	48.500000	108.100000	0.545000	16.100000	45.400000	0.428000	48.200000	96.000000

图 14-3　数据分组

(2) 查看 1980 年到 2019 年间技术统计数据的总体分布图，并绘制对应的技术统计图。代码如下：

```python
all_float_vars = main_df.select_dtypes(include=["float64"]).columns
single_histogram(main_df, all_float_vars, 7, 5)
```

执行效果如图 14-4 所示。

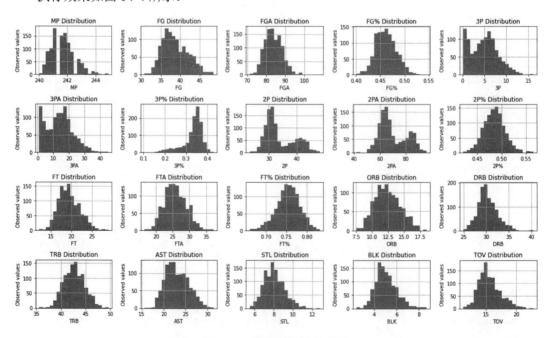

图 14-4　绘制的技术统计图

由此可见，大多数数据是正态分布的，只留下一些倾斜的数据，一个很好的例子就是三分球。NBA 在最开始的时候，每一场比赛的进球都是 2 分。在 1979 年才开始引进了三分球，直到现在为止。为了展示 2 分场目标和 3 分场目标之间统计分布的差异，1979 年引入了 3 分线。在 1979 年之前，NBA 会将所有球场进球计算为 2 分。在 20 世纪 80 年代和 90 年代，NBA 见证了伟大的球员，如迈克尔·乔丹、魔术师约翰逊、拉里·伯德和许多其他人。在这段时间里，大部分投篮都是中投或篮下(扣篮/上篮)，总共得 2 分。球队很少投 3 分球。直方图支持这一观察结果，其中 2PA 技术统计的 2P 是双峰的，左最大值大于右最大值，3PA 的 3P 严重向右倾斜。

最近，像斯蒂芬·库里、达米安·利拉德和詹姆斯·哈登这样的球员已经在他们的阿森纳队中增加了三分球，三分球命中率也相对较高。3 个指针的频率增加，意味着尝试的指针减少了 2 个。这进一步解释了 2PA 和 2P 中的双峰分布。双峰分布可以看作是从少投 2 分球到多投 3 分球的转变。通过下面的代码绘制直方图：

```
all_float_vars = main_df.select_dtypes(include=["float64"]).columns
compare_decades_boxplots(decade_dict, all_float_vars, 7,5)
```

执行效果如图 14-5 所示。

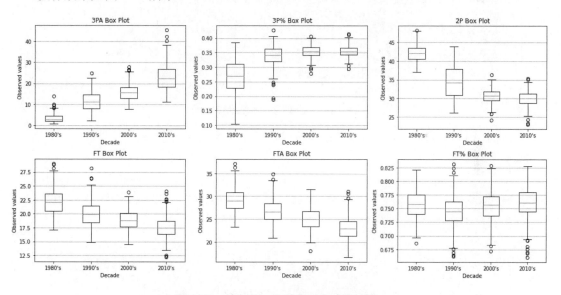

图 14-5　绘制的二分球和三分球统计图

我们比较一下 20 世纪 80 年代和 2010 年间的 3 点相关数据和 2 点相关数据，对于 3 分统计数据，20 世纪 80 年代的球队通常每场比赛投 2 到 4 个三分球(3 分)，其中 1 到 2 个球(3 分)，命中率在 22%到 31%(3 分)之间。然而，2010 年的球队每场比赛投出 19 到 26 个三分球(2010 年多出 6 到 8 个)，其中 7 到 10 个投篮命中率在 33%到 36%之间。对于二分球的统计，20 世纪 80 年代的球队通常每场比赛投 82 到 88 个二分球(2 分)，其中 40 到 43 分，命中率约为48%到50%。在2010年的球队中，58到62投二分，命中率约为48%到51%，与20世纪80年代相似。我们可以调用函数single_heatmap()绘制热点图，代码如下：

```
single_heatmap(main_df)
```

执行效果如图14-6所示。

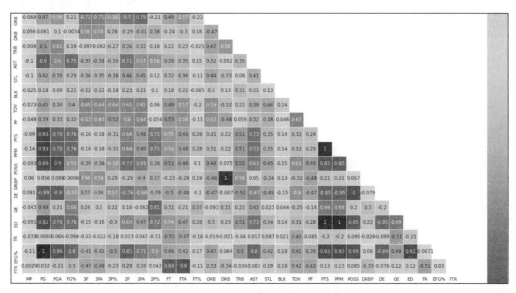

图14-6　绘制的技术统计热点图

（3）使用如下代码统计每支球队的季后赛数据，统计一支球队在季后赛中出现的次数。代码如下：

```
counted = count_decade_playoffs(main_df)
counted
```

执行后会输出：

```
0     Atlanta Hawks          26
1     Boston Celtics         30
2     Brooklyn Nets          19
3     Charlotte Hornets      10
4     Chicago Bulls          26
5     Cleveland Cavaliers    19
6     Dallas Mavericks       21
7     Denver Nuggets         22
8     Detroit Pistons        23
9     Golden State Warriors13
10    Houston Rockets        29
11    Indiana Pacers         26
```

```
12    Los Angeles Clippers 11
13    Los Angeles Lakers    32
14    Memphis Grizzlies      10
15    Miami Heat    20
16    Milwaukee Bucks    24
17    Minnesota Timberwolves    9
18    New Orleans Pelicans  7
19    New York Knicks    21
20    Oklahoma City Thunder27
21    Orlando Magic    15
22    Philadelphia 76ers    23
23    Phoenix Suns 25
24    Portland Trail Blazers    32
25    Sacramento Kings 13
26    San Antonio Spurs    36
27    Toronto Raptors    11
28    Utah Jazz    28
29    Washington Wizards    16
```

然后通过如下代码绘制球队在季后赛中出现的次数的统计图：

```
compare_playoff_count(main_df)
```

执行效果如图 14-7 所示。

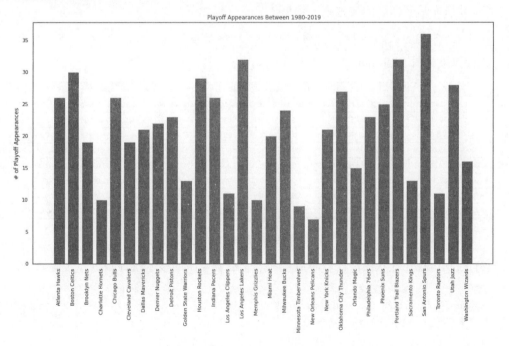

图 14-7   球队在季后赛中出现次数的统计图

14.3.5 比较季后赛和非季后赛球队的技术统计数据

接下来开始比较季后赛和非季后赛球队的技术统计数据，具体实施流程如下。

(1) 获取非季后赛球队的技术统计数据信息，代码如下：

```
main_df[main_df["Playoff"] == 0].describe()
```

执行效果如图 14-8 所示。

	Rk	G	MP	FG	FGA	FG%	3P	3PA	3P%	2P	2PA	2P%
count	480.000000	480.000000	480.000000	480.000000	480.000000	480.000000	480.000000	480.000000	480.000000	480.000000	480.000000	480.000000
mean	17.827083	80.666667	241.691250	38.050625	83.966458	0.452744	4.844792	14.071667	0.328087	33.208750	69.895208	0.475119
std	7.659323	5.787227	0.859217	3.069562	4.479214	0.018880	2.854819	7.823797	0.044257	4.891111	9.731274	0.019533
min	1.000000	50.000000	240.000000	30.800000	71.200000	0.401000	0.100000	1.000000	0.122000	25.300000	50.200000	0.421000
25%	12.000000	82.000000	241.200000	35.800000	80.700000	0.440750	2.800000	8.450000	0.317750	29.700000	63.100000	0.463000
50%	19.000000	82.000000	241.500000	37.600000	83.650000	0.450500	4.900000	14.350000	0.341000	31.400000	66.700000	0.474000
75%	24.000000	82.000000	242.100000	40.100000	87.000000	0.465000	6.600000	18.950000	0.354250	36.900000	77.050000	0.487000
max	30.000000	82.000000	244.300000	47.700000	108.100000	0.506000	13.000000	37.000000	0.407000	46.700000	95.800000	0.543000

图 14-8 非季后赛球队的技术统计数据

(2) 获取季后赛球队的技术统计数据信息，代码如下：

```
main_df[main_df["Playoff"] == 1].describe()
```

执行效果如图 14-9 所示。

	Rk	G	MP	FG	FGA	FG%	3P	3PA	3P%	2P	2PA	2P%
count	624.000000	624.000000	624.000000	624.000000	624.000000	624.000000	624.000000	624.000000	624.000000	624.000000	624.000000	624.000000
mean	11.838141	80.766026	241.711378	39.293269	83.674199	0.469115	5.015545	14.095833	0.335497	34.280609	69.578365	0.492756
std	7.624478	5.599220	0.826400	3.373571	4.769852	0.020532	3.217483	8.524297	0.049811	5.646112	11.037333	0.020959
min	1.000000	50.000000	240.000000	30.800000	71.300000	0.409000	0.100000	0.900000	0.104000	23.100000	41.900000	0.431000
25%	5.000000	82.000000	241.200000	36.600000	80.200000	0.454000	2.200000	6.800000	0.322750	30.000000	61.275000	0.479000
50%	11.000000	82.000000	241.500000	38.750000	83.300000	0.468000	5.000000	14.000000	0.351000	32.000000	66.050000	0.492000
75%	18.000000	82.000000	242.100000	41.900000	87.100000	0.484000	7.100000	19.425000	0.367000	39.600000	79.975000	0.506000
max	30.000000	82.000000	244.900000	48.500000	99.300000	0.545000	16.100000	45.400000	0.428000	48.200000	96.000000	0.565000

图 14-9 季后赛球队的技术统计数据

(3) 绘制可视化柱状图，比较季后赛和非季后赛球队的技术统计数据。代码如下：

```
all_float_vars = main_df.select_dtypes(include=["float64"]).columns
compare_two_groups(main_df[main_df["Playoff"] == 1], main_df[main_df["Playoff"]
== 0], all_float_vars, 8, 4)
```

执行效果如图 14-10 所示。

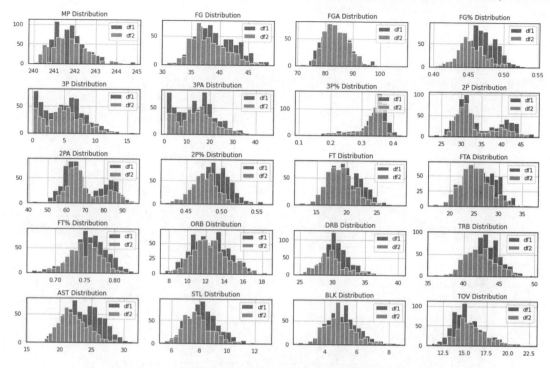

图 14-10　比较季后赛和非季后赛球队的技术统计数据(柱状图)

(4) 绘制可视化折线图，比较季后赛和非季后赛球队的技术统计数据。代码如下：

```
all_float_vars = main_df.select_dtypes(include=["float64"]).columns
time_series_stat(main_df, all_float_vars, 8, 4)
```

执行效果如图 14-11 所示。

14.3.6　创建模型

到目前为止，把所有的东西放在一起，小的差异的积累促成了季后赛和非季后赛球队之间的指标。让我们回顾一下是什么造就了一支季后赛球队：

- 更多的分数(PTS)。
- 更多的出手(FGA)。
- 更多的罚球(FTA)。
- 更少的进攻篮板(球)。
- 更多的防守篮板。
- 更多的抢断(STL)。

- 更多的盖帽(BLK)。
- 更少的失误(TO, TR)。

接下来我们根据上面的数据集创建模型，在建模之前，数据集被分解为一个训练集和测试集，每个模型将从训练集"学习"，并使用测试集进行测试。

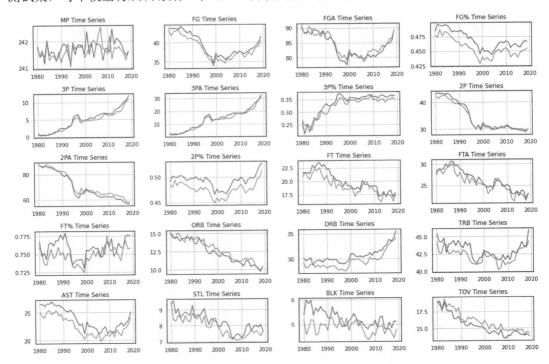

图 14-11　比较季后赛和非季后赛球队的技术统计数据(折线图)

(1) 逻辑回归。

首先分割训练数据，然后分别实现模型训练和测试功能。代码如下：

```python
from sklearn.model_selection import train_test_split
X_train, X_test, y_train, y_test = train_test_split(predictors_data, labels,
test_size=0.2)
from sklearn.linear_model import LogisticRegression
from sklearn.preprocessing import StandardScaler
from sklearn.pipeline import Pipeline

#定义逻辑回归
log_clf = LogisticRegression(random_state=42)

#创建"管道-预处理"数据
baseline_log_clf = Pipeline(steps=[
```

```
                ("scaler", StandardScaler()),
                ("logistic", log_clf)
                ])
#训练模型
baseline_log_clf.fit(X_train, y_train)
#测试模型
baseline_log_clf_score = baseline_log_clf.score(X_test, y_test)
# 当前参数
print("Current Hyperparameters:",log_clf.get_params)
```

执行后会输出：

```
Current Hyperparameters: <bound method BaseEstimator.get_params of
LogisticRegression(C=1.0, class_weight=None, dual=False, fit_intercept=True,
            intercept_scaling=1, l1_ratio=None, max_iter=100,
            multi_class='auto', n_jobs=None, penalty='l2',
            random_state=42, solver='lbfgs', tol=0.0001, verbose=0,
            warm_start=False)>
```

(2) 使用随机森林算法，打印输出当前的参数。代码如下：

```
from sklearn.ensemble import RandomForestClassifier
#定义逻辑回归
rnd_clf = RandomForestClassifier(random_state=42)

baseline_rnd_clf = rnd_clf.fit(X_train, y_train)
baseline_rnd_clf_score = baseline_rnd_clf.score(X_test, y_test)
print("Current Hyperparameters:", rnd_clf.get_params)
```

执行后会输出：

```
Current Hyperparameters: <bound method BaseEstimator.get_params of
RandomForestClassifier(bootstrap=True, ccp_alpha=0.0, class_weight=None,
                criterion='gini', max_depth=None, max_features='auto',
                max_leaf_nodes=None, max_samples=None,
                min_impurity_decrease=0.0, min_impurity_split=None,
                min_samples_leaf=1, min_samples_split=2,
                min_weight_fraction_leaf=0.0, n_estimators=100,
                n_jobs=None, oob_score=False, random_state=42, verbose=0,
                warm_start=False)>
```

(3) 使用支持向量机(SVM)算法，打印输出当前的参数。代码如下：

```
from sklearn.svm import SVC
# 定义 SVM
svm_clf = SVC(random_state=42, probability=True)
```

```
baseline_svm_clf = Pipeline(steps=[
                    ("scaler", StandardScaler()),
                    ("svm", svm_clf)
                    ])
baseline_svm_clf.fit(X_train, y_train)
baseline_svm_clf_score = baseline_svm_clf.score(X_test, y_test)
print("Current Hyperparameters:", svm_clf.get_params)
```

执行后会输出：

```
Current Hyperparameters: <bound method BaseEstimator.get_params of SVC(C=1.0,
break_ties=False, cache_size=200, class_weight=None, coef0=0.0,
    decision_function_shape='ovr', degree=3, gamma='scale', kernel='rbf',
    max_iter=-1, probability=True, random_state=42, shrinking=True, tol=0.001,
    verbose=False)>
```

（4）获取基准性能指标，代码如下：

```
from sklearn.metrics import precision_score
from sklearn.metrics import recall_score
from sklearn.metrics import f1_score
from sklearn.metrics import accuracy_score

baseline_metric_data = {
                        "Model": [],
                        "Precision": [],
                        "Recall": [],
                        "F1 Score": [],
                        "Accuracy": [],
                        }
for clf in (baseline_log_clf, baseline_rnd_clf, baseline_svm_clf):
    clf.fit(X_train, y_train)
    y_pred = clf.predict(X_test)
    try:
        if (clf[1] and clf.__class__.__name__ == "Pipeline"):
            baseline_metric_data["Model"].append(clf[1].__class__.__name__)
            baseline_metric_data["Precision"].append(precision_score(y_test,
y_pred))
            baseline_metric_data["Recall"].append(recall_score(y_test, y_pred))
            baseline_metric_data["F1 Score"].append(f1_score(y_test, y_pred))
            baseline_metric_data["Accuracy"].append(accuracy_score(y_test, y_pred))
        else:
            baseline_metric_data["Model"].append(clf[0][1])
            baseline_metric_data["Precision"].append(precision_score(y_test,
y_pred))
            baseline_metric_data["Recall"].append(recall_score(y_test, y_pred))
            baseline_metric_data["F1 Score"].append(f1_score(y_test, y_pred))
            baseline_metric_data["Accuracy"].append(accuracy_score(y_test, y_pred))
```

```
      except:
            baseline_metric_data["Model"].append(clf.__class__.__name__)
            baseline_metric_data["Precision"].append(precision_score(y_test,
y_pred))
            baseline_metric_data["Recall"].append(recall_score(y_test, y_pred))
            baseline_metric_data["F1 Score"].append(f1_score(y_test, y_pred))
            baseline_metric_data["Accuracy"].append(accuracy_score(y_test, y_pred))

baseline_metric_table = pd.DataFrame(data=baseline_metric_data)
baseline_metric_table
```

执行效果如图 14-12 所示，由此可见，每个模型的默认参数在所有指标上都做得很好，得分都接近或高于 80%。继续通过一些调整，还可以提高这些得分。

	Model	Precision	Recall	F1 Score	Accuracy
0	LogisticRegression	0.858333	0.851240	0.854772	0.841629
1	RandomForestClassifier	0.830645	0.851240	0.840816	0.823529
2	SVC	0.878049	0.892562	0.885246	0.873303

图 14-12　基准性能指标

14.3.7　优化模型

接下来开始优化模型，具体实现流程如下。

(1) 为了优化每个模型，在 Scikit-Learn 中的 GridSearchCV 使用传入的超参数形成的组合创建多个模型。根据指定的得分器选择最佳模型。选择"精准"为模型打分是因为在所有被归类为季后赛球队的球队中，我们想知道有多少是真正的季后赛球队。代码如下：

```
from sklearn.metrics import make_scorer
from sklearn.metrics import precision_score
from sklearn.metrics import recall_score
from sklearn.metrics import f1_score
from sklearn.metrics import accuracy_score

clf_scorer = {
    'precision' : make_scorer(precision_score),
    'recall' : make_scorer(recall_score),
    'f1_score' : make_scorer(f1_score),
    'accuracy' : make_scorer(accuracy_score)
}

refit = 'precision'
```

(2) 实现逻辑回归算法，代码如下：

```
from sklearn.model_selection import GridSearchCV
from sklearn.preprocessing import StandardScaler
from sklearn.pipeline import Pipeline


op_log_clf_pipeline = Pipeline(
    steps= [
    ('standard_scaler', StandardScaler()),
    ('op_logistic', log_clf) # log_clf = LogisticRegression(random_state=42), from
base model
    ]
)

param_grid = {
    'op_logistic__penalty' : ['l1', 'l2', 'elasticnet'],
    'op_logistic__C' : (list(np.logspace(-4, 4, 10)) + [1, 10, 100]),
    'op_logistic__solver' : ['newton-cg', 'lbfgs', 'liblinear', 'sag', 'saga'],
    'op_logistic__max_iter' : [100, 500, 1000, 2000]
}

op_log_clf_scorer = clf_scorer

op_log_clf_gridCV = GridSearchCV(
    estimator = op_log_clf_pipeline,
    scoring = op_log_clf_scorer,
    param_grid = param_grid,
    verbose = True,
    n_jobs = -1,
    return_train_score = True,
    refit = refit,
    cv = 3
)

op_log_clf = op_log_clf_gridCV.fit(X_train, y_train)
```

执行后会输出：

```
Fitting 3 folds for each of 780 candidates, totalling 2340 fits
```

然后分别打印输出旧参数和新参数，代码如下：

```
new_log_clf = op_log_clf.best_estimator_

print("OLD PARAMETERS: \n", baseline_log_clf.get_params , "\n")

print("NEW PARAMETERS: \n", new_log_clf.get_params)
```

执行后会输出：

```
OLD PARAMETERS:
 <bound method Pipeline.get_params of Pipeline(memory=None,
        steps=[('scaler',
                StandardScaler(copy=True, with_mean=True, with_std=True)),
               ('logistic',
                LogisticRegression(C=1.0, class_weight=None, dual=False,
                                   fit_intercept=True, intercept_scaling=1,
                                   l1_ratio=None, max_iter=100,
                                   multi_class='auto', n_jobs=None,
                                   penalty='l2', random_state=42,
                                   solver='lbfgs', tol=0.0001, verbose=0,
                                   warm_start=False))],
        verbose=False)>

NEW PARAMETERS:
 <bound method Pipeline.get_params of Pipeline(memory=None,
        steps=[('standard_scaler',
                StandardScaler(copy=True, with_mean=True, with_std=True)),
               ('op_logistic',
                LogisticRegression(C=21.54434690031882, class_weight=None,
                                   dual=False, fit_intercept=True,
                                   intercept_scaling=1, l1_ratio=None,
                                   max_iter=2000, multi_class='auto',
                                   n_jobs=None, penalty='l1', random_state=42,
                                   solver='saga', tol=0.0001, verbose=0,
                                   warm_start=False))],
        verbose=False)>
```

(3) 实现随机森林算法，代码如下：

```
op_rnd_clf_pipeline = RandomForestClassifier(random_state=42)

op_rnd_clf_param_grid = {
    'bootstrap' : [True, False],
    'max_depth' : (list(np.linspace(10,100,10)) + [None]),
    'criterion' : ['gini', 'entropy'],
    'max_features' : ['auto', 'sqrt', 'log2'],
    'oob_score' : [True, False],
}

op_log_clf_scorer = clf_scorer

op_rnd_clf_gridCV = GridSearchCV(
    estimator = op_rnd_clf_pipeline,
    scoring = op_log_clf_scorer,
    param_grid = op_rnd_clf_param_grid,
```

```
    verbose = True,
    n_jobs = -1,
    return_train_score = True,
    refit = refit,
    cv = 3
)

op_rnd_clf = op_rnd_clf_gridCV.fit(X_train, y_train)
```

执行后会输出：

```
[Parallel(n_jobs=-1)]: Using backend LokyBackend with 2 concurrent workers.
Fitting 3 folds for each of 264 candidates, totalling 792 fits
[Parallel(n_jobs=-1)]: Done 46 tasks      | elapsed:   11.1s
[Parallel(n_jobs=-1)]: Done 196 tasks     | elapsed:   46.8s
[Parallel(n_jobs=-1)]: Done 446 tasks     | elapsed: 1.9min
[Parallel(n_jobs=-1)]: Done 792 out of 792 | elapsed: 2.8min finished
```

然后也需要分别打印输出旧参数和新参数，代码如下：

```
new_rnd_clf = op_rnd_clf.best_estimator_
print("OLD PARAMETERS: \n", baseline_rnd_clf.get_params , "\n")
print("NEW PARAMETERS: \n", new_rnd_clf[0].get_params)
```

执行后会输出：

```
OLD PARAMETERS:
 <bound method BaseEstimator.get_params of RandomForestClassifier(bootstrap=True,
ccp_alpha=0.0, class_weight=None,
                criterion='gini', max_depth=None, max_features='auto',
                max_leaf_nodes=None, max_samples=None,
                min_impurity_decrease=0.0, min_impurity_split=None,
                min_samples_leaf=1, min_samples_split=2,
                min_weight_fraction_leaf=0.0, n_estimators=100,
                n_jobs=None, oob_score=False, random_state=42, verbose=0,
                warm_start=False)>


NEW PARAMETERS:
 <bound method BaseEstimator.get_params of DecisionTreeClassifier(ccp_alpha=0.0,
class_weight=None, criterion='entropy',
                max_depth=20.0, max_features='auto', max_leaf_nodes=None,
                min_impurity_decrease=0.0, min_impurity_split=None,
                min_samples_leaf=1, min_samples_split=2,
                min_weight_fraction_leaf=0.0, presort='deprecated',
                random_state=1608637542, splitter='best')>
```

(4) 实现支持向量机(SVM)算法，代码如下：

```
op_svm_clf_pipeline = Pipeline(
   steps= [
```

```
        ("scaler", StandardScaler()),
        ('op_svm', svm_clf) # svm_clf = SVC(random_state=42), from base model
    ]
)

op_svm_clf_param_grid = {
    'op_svm__kernel' : ['linear', 'poly', 'rbf', 'sigmoid'],
    'op_svm__degree' : [1,2,3,4,5],
    'op_svm__gamma' : ['scale', 'auto'],
    'op_svm__decision_function_shape' : ['ovo', 'ovr'],
    'op_svm__C' : [0.001, 0.01, 0.1, 1, 10]

}

op_svm_clf_scorer = clf_scorer

op_svm_clf_gridCV = GridSearchCV(
    estimator = op_svm_clf_pipeline,
    scoring = op_svm_clf_scorer,
    param_grid = op_svm_clf_param_grid,
    verbose = True,
    n_jobs = -1,
    return_train_score = True,
    refit = refit,
    cv = 3
)

op_svm_clf = op_svm_clf_gridCV.fit(X_train, y_train)
```

执行后会输出：

```
Fitting 3 folds for each of 400 candidates, totalling 1200 fits
[Parallel(n_jobs=-1)]: Using backend LokyBackend with 2 concurrent workers.
[Parallel(n_jobs=-1)]: Done  88 tasks      | elapsed:    8.5s
[Parallel(n_jobs=-1)]: Done 388 tasks      | elapsed:   37.4s
[Parallel(n_jobs=-1)]: Done 888 tasks      | elapsed:  1.3min
[Parallel(n_jobs=-1)]: Done 1200 out of 1200 | elapsed:  2.0min finished
```

然后也需要分别打印输出旧参数和新参数，代码如下：

```
new_svm_clf = op_svm_clf.best_estimator_
print("OLD PARAMETERS: \n", baseline_svm_clf[1].get_params , "\n")
print(new_svm_clf[1].get_params)
```

执行后会输出：

```
OLD PARAMETERS:
 <bound method BaseEstimator.get_params of SVC(C=1.0, break_ties=False,
cache_size=200, class_weight=None, coef0=0.0,
    decision_function_shape='ovr', degree=3, gamma='scale', kernel='rbf',
```

```
    max_iter=-1, probability=True, random_state=42, shrinking=True, tol=0.001,
    verbose=False)>

<bound method BaseEstimator.get_params of SVC(C=10, break_ties=False,
cache_size=200, class_weight=None, coef0=0.0,
    decision_function_shape='ovo', degree=1, gamma='scale', kernel='linear',
    max_iter=-1, probability=True, random_state=42, shrinking=True, tol=0.001,
    verbose=False)>
```

（5）使用上面的算法，打印输出对应的基准性能指标。代码如下：

```python
op_baseline_metric_data = {
                    "Model": [],
                    "Precision": [],
                    "Recall": [],
                    "F1 Score": [],
                    "Accuracy": [],
                            }
for clf in (baseline_log_clf, new_log_clf, baseline_rnd_clf, new_rnd_clf,
baseline_svm_clf, new_svm_clf):
    clf.fit(X_train, y_train)
    y_pred = clf.predict(X_test)
    try:
        if (clf[1] and clf.__class__.__name__ == "Pipeline"):
            op_baseline_metric_data["Model"].append(clf[1].__class__.__name__)
            op_baseline_metric_data["Precision"].append(precision_score(y_test,
y_pred))
            op_baseline_metric_data["Recall"].append(recall_score(y_test, y_pred))
            op_baseline_metric_data["F1 Score"].append(f1_score(y_test, y_pred))
            op_baseline_metric_data["Accuracy"].append(accuracy_score(y_test,
y_pred))
        else:
            op_baseline_metric_data["Model"].append(clf[0][1])
            op_baseline_metric_data["Precision"].append(precision_score(y_test,
y_pred))
            op_baseline_metric_data["Recall"].append(recall_score(y_test, y_pred))
            op_baseline_metric_data["F1 Score"].append(f1_score(y_test, y_pred))
            op_baseline_metric_data["Accuracy"].append(accuracy_score(y_test,
y_pred))
    except:
            op_baseline_metric_data["Model"].append(clf.__class__.__name__)
            op_baseline_metric_data["Precision"].append(precision_score(y_test,
y_pred))
            op_baseline_metric_data["Recall"].append(recall_score(y_test, y_pred))
            op_baseline_metric_data["F1 Score"].append(f1_score(y_test, y_pred))
            op_baseline_metric_data["Accuracy"].append(accuracy_score(y_test,
y_pred))
```

```
op_baseline_metric_table = pd.DataFrame(data=op_baseline_metric_data)
op_baseline_metric_table
```

执行效果如图 14-13 所示。由此可见，随机森林和 SVM 模型能够显著改善，增加 1%~2%。logistic 模型没有得到太多的改善，差异<1%。超参数变化可以在每个模型的单元格中找到。

	Model	Precision	Recall	F1 Score	Accuracy
0	LogisticRegression	0.858333	0.851240	0.854772	0.841629
1	LogisticRegression	0.850000	0.842975	0.846473	0.832579
2	RandomForestClassifier	0.830645	0.851240	0.840816	0.823529
3	RandomForestClassifier	0.833333	0.867769	0.850202	0.832579
4	SVC	0.878049	0.892562	0.885246	0.873303
5	SVC	0.861789	0.876033	0.868852	0.855204

图 14-13　基准性能指标

14.3.8　样本预测

接下来开始实现样本预测功能，具体实现流程如下。

(1) 分别提取 Year、Team、G、Rk 和 Playoff 列的样本，代码如下：

```
x = 0
random_team = main_df.iloc[x].drop(["Year","Team", "G","Rk", "Playoff"])
main_df.iloc[x]
```

执行后会输出：

```
Rk                          1
Team          San Antonio Spurs
G                          82
MP                      240.9
FG                         47
FGA                      94.4
FG%                     0.498
3P                        0.6
3PA                       2.5
3P%                     0.252
2P                       46.4
2PA                      91.9
2P%                     0.505
FT                       24.7
FTA                      30.8
FT%                     0.801
ORB                      14.1
```

```
DRB                30.7
TRB                44.7
AST                28.4
STL                17.4
BLK                 4.1
TOV               117.4
PF                 25.6
PTS              1117.4
Year               1980
Playoff               1
PPM            0.495641
POSS            108.722
DRBP           0.711776
DE              93.7493
OE             1017.821
ED              16.0722
TR              1.29558
EFG%            47.0032
FTR            0.326271
Name: 0, dtype: object
```

(2) 提取洛杉矶湖人队的样本数据，代码如下：

```
year1 = 1980
name1 = "Los Angeles Lakers"
team1 = main_df[(main_df["Year"] == year1) & (main_df["Team"] == name1)]
team1 = team1.drop(["Year","Team", "G","Rk", "Playoff"], axis=1)
team1
```

执行效果如图 14-14 所示。

	MP	FG	FGA	FG%	3P	3PA	3P%	2P	2PA	2P%	FT	FTA	FT%	ORB	DRB	TRB	AST	STL	BLK	TOV	PF	PTS	PPM	POSS	DRBP
1	242.4	47.5	89.9	0.529	0.2	1.2	0.2	47.3	88.6	0.534	19.8	25.5	0.775	13.2	32.4	45.6	29.4	9.4	6.7	20.0	21.8	115.1	0.474835	103.6032	0.722706

图 14-14　洛杉矶湖人队的样本数据

(3) 在逻辑回归和支持向量机中，系数的符号(+/-)和大小决定了它预测的类别以及预测效果。例如，STL 是 1 级(即季后赛球队)的良好预测因子，而 POSS 是 0 级(即非季后赛球队)的良好预测因子。代码如下：

```
log_importance = new_log_clf[1].fit(X_train, y_train)
f_importances(log_importance.coef_, all_float_vars)
```

执行效果如图 14-15 所示。

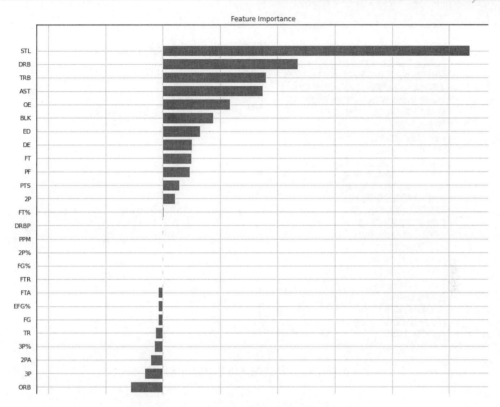

图 14-15　在逻辑回归和支持向量机中的技术指标

(4) 随机森林模型。

随机森林模型根据其纯粹分类的程度对特征进行评分，而不是根据其对正类和负类的分类程度。值越大，特征在分类决策中的贡献越大。代码如下：

```
forest_importance = new_rnd_clf.feature_importances_
feats = {}
for feature, importance in zip(all_float_vars, forest_importance):
    feats[feature] = importance

f_names = list(feats.keys())
f_vals = [list(feats.values())]
f_importances(f_vals, f_names)
```

执行效果如图 14-16 所示。

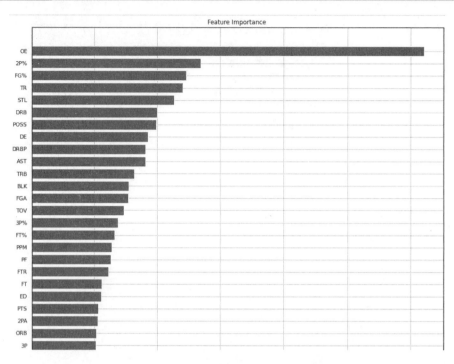

图 14-16　在随机森林模型中的技术指标